规划韬略
绿色筑梦

俞滨洋——著

Planning through Strategy, Dreaming through Green

中国建筑工业出版社

朱荣远　摄

俞滨洋（1963—2019）

福建省福清人。东北师范大学人文地理学博士，研究员级高级城市规划师，长期从事城乡规划、城乡监督管理、科技与产业化工作，为住房和城乡建设事业作出了突出贡献。

曾任住房和城乡建设部科技与产业发展中心（住房和城乡建设部住宅产业促进中心）主任（正司长级）、中国城市规划学会区域规划和城市经济学术委员会副主任；历任黑龙江省城市规划勘测设计研究院院长兼总规划师、黑龙江省建设厅副厅长、哈尔滨市城乡规划局局长、住房和城乡建设部稽查办公室副主任、住房和城乡建设部城乡规划司副司长等职务。出版《寒地、边境、资源型城市发展战略规划初探》专著，主编《哈尔滨印象》《凝固的乐章》等 10 余部著作。

序 一

俞滨洋先生与我相识于中国城市规划年会上，一见如故。他对规划专业的执着，对哈尔滨城市的热爱，深深打动了我。记得就在第一次见面时，他讲了一句震惊我的话，说："哈尔滨是能使中国和美国、中国和俄罗斯最接近的大都会。"

真是没有想到，一个哈尔滨的规划局长为了向规划界强调哈尔滨的重要性，可以找出这样的视角。后来，我也真的去过哈尔滨很多次，每一次都历历在目。有一次，因为哈尔滨旧城方案的评审会和我夫人的生日相冲突，滨洋先生说，那就把夫人请来哈尔滨过生日吧，我也就真的带着夫人一起去了哈尔滨，看了他旧城改建的项目。晚上，我们两对夫妻一起在哈尔滨的餐厅里吃了生日蛋糕。

俞滨洋先生后来到部里主管城市的发展建设，也有很多机会到上海来，我们也还是保持了家庭聚会的方式，讨论城市的发展。此后，他又任住房和城乡建设部科技中心的主任，与我在城科会做的绿色校园工作有很多技术交集。每一次，他谈起他的理想，总让我看到中国城市建设的新的希望和新的动力。

2019年4月，我原也会去参加山东省的评审会，但那天因为学校迎接中央巡视，我不能过去，只能向他请假。想不到评审会后突然传来了滨洋过世的噩耗，我顿时瘫坐在椅子上，没法理解这是事实。

滨洋先生的好，滨洋先生的热情，滨洋先生的阳光，滨洋先生对工作的热忱，滨洋先生对事业的忠诚，像过电影一样一幕一幕在眼前重现。

滨洋先生多年从事城市和区域规划研究，他总结了城市规划的诸多金句，规划的"三个面向"准则：面向世界、面向现实、面向未来；规划的"五定集成"的使命：定性、定量、定位、定景、定施；就是城市规划工作的"三面五定"思想方法。

《规划韬略 绿色筑梦》中，滨洋先生记录了他对俄罗斯、新加坡、马来西亚及北美洲等国家和地区的城市规划、建设状况的考察心得和比较研究成果,"面向世界"思考我国城市在世界经济开发、开放、可持续的大格局中可持续发展的定位,科学建议了调控战略的目标和方向。滨洋先生"面向现实",在实际工作中着力摸清城市和区域系统自然与社会经济条件的地域分异和组合特点,因地制宜,在规划设计中体现和创造城市与区域系统的特色,总结了一系列在城市总体规划修编、城市空间设计、名城保护、城市品牌构塑、灾后村镇重建、城乡治理等,乃至城市规划工作本身中适用的定性、定量、定位、定景、定施的实操方法。"绿色筑梦"正是滨洋先生的"规划韬略"所要面向的未来,以绿色的梦为初心,处理城市和区域系统的可持续发展战略的远近关联,形成在滚动过程中的巨大合力的后劲。

读到本书《规划韬略 绿色筑梦》,也读到了滨洋先生贡献给哈尔滨与黑龙江的思考,重现了滨洋先生带着我们在龙江大地上,在哈尔滨的大街和广场上,对我们讲述的场景。书中的"情怀"二字正是滨洋先生对这块土地的所有思考、工作和贡献的原因和动力。

滨洋先生在书中诠释的"三面五定"的规划工作思想方法及其实践成果,正是由理性规划的技术方法所支撑的绿色永续之梦的实现之韬略。我相信本书会为致力于中国城市永续发展的规划师、学者、决策者带去启发,并特别推荐给哈尔滨和黑龙江的城市领导、城市规划者和所有关心自己所在城市发展的普通哈尔滨读者。

特以此序怀念我们的好学友和好兄弟滨洋先生。

中国工程院院士
同济大学建筑与城市规划学院教授、博导
吴志强
2021 年 4 月 2 日于同济校园

序 二

　　四十年职业生涯，我在规划界交了很多朋友。有学术界的专家学者，有政府部门的主管官员，也有规划编制单位的同行。我相信规划是团队工作，规划成果不是专家的个人创作或技术产品，而是历代规划师、决策者和市民共同努力的结果。

　　接手中国城市规划学会的日常工作后，按照中国科协"建家交友"的宗旨，把学会建设成科技工作者之家，与科技工作者建立良好的互动关系，体会到与专家学者共同推动规划学科建设、规划事业发展和规划学会壮大的成就感，我甚至把自己的网络标签改为"以交朋友为事业"。

　　我与滨洋的相识、相交，是我专业生涯中的一条重要脉络。我们初识于学会的学术会议平台上，合作开始于他担任黑龙江省城市规划勘测设计研究院院长期间，在他就任黑龙江省建设厅副厅长和哈尔滨市城乡规划局局长，以及后来调任住房和城乡建设部稽查办公室副主任、住房和城乡建设部城乡规划司副司长期间，得到他更多的帮助与支持。共同的专业信仰与追求，让我们成为无话不谈的挚友。

滨洋是个讲原则、有追求的理想主义者

　　像绝大多数规划从业者一样，他心目中有着一个人居环境的理想愿景，有着城市规划的专业信仰和专业技术的执着追求。我们俩都不是毕业于传统工科建筑类的规划专业，感谢伟大的改革开放时代，让我们这些地理背景的规划专业人员有了参与规划事业发展的机会，而且在此过程中发挥了独特的作用。

　　记得在中国城市规划学会学术工作委员会的一次会议间歇，我们俩曾经聊起地理学对于规划工作的贡献，他就明确提出，地理学的批判性思维与系统观念对于城乡规划学有着重要的积极作用。他还从自己在规划设计机构和规划管理岗位上的经历，建议学会应该组织有关规划方法论方面的大讨论，让规划师学会从系统全局的角度看问题，摒弃屁股指挥脑袋的习惯；让大家学会把握大局，抓战略问题、方向性问题，不能只盯着建筑，更要关注不同尺度的问题，

做好不同尺度的无缝衔接；他强调城乡规划的先导性、综合性、基础性作用，提倡规划的刚性牵头、弹性协同的统领地位。这些从基层实践中总结出来的真知灼见，无不折射出他对于规划事业的挚爱和对于多学科融合的规划学科建设的理想追求。

伴随着市场化改革的进程，各地城乡规划工作出现了被挑战甚至被肢解的情况，面临种种掣肘的局面，他多次在各个场合反复强调城乡规划的重要作用。他说"规划界自身不能看轻自己"，要看到规划工作对于城市的整体可持续发展至关重要，不可替代，"科学的规划是永久的财富"。调任住建部稽查办工作后，他更是在新的行政岗位上积极作为，对不尊重城市规划、突破城市规划刚性控制的行为坚决地加以纠正，也因此难免得罪个别地方领导。他曾在我办公室聊天时坦言稽查工作的难处，诸多问题缺少理论研究和实践积淀，同时他建议学会应该从规划管理、规划实施的角度强化有关法制、体制机制的研究，学术活动要更好地支撑行政工作。这对于规划学会加强推动这方面的工作，起到了积极的作用。

滨洋是一个站位高、有格局的规划师

无论是他在规划院工作期间，还是在省、市或国家规划主管部门工作期间，他有一个很明显的习惯，善于从国家发展的大局考虑问题。在黑龙江省规划院工作期间，他就专门给我介绍过，他不仅要做好省内的规划设计项目，还要跨省承担一些相对贫困地区的规划项目，有的项目甚至只够覆盖基本成本，但从地方需求的角度，他主张规划师应该有这种担当。响应国家振兴东北老工业基地的战略，他多次呼吁利用独特的自然条件和现有的冰雪运动基础，支持哈尔滨牵头申办冬奥会等大型活动，为城市发展注入新活力。他主张在东部沿海向东开放的基础上，强化东北与北美的开放合作，并且指出哈尔滨至美国的空中航线，具有空中距离最近、物流成本最低的优势，应该纳入国家开发开放的战略部署，"把哈尔滨打造成为中国对北美航空物流之都"。他曾经在地球仪上向我解释，我国现行的北美航线并非跨越太平洋，而是北极航线，因此哈尔滨具有独一无二的门户位置。另外，哈尔滨也有可能成为东南亚与北美航线的技术经停站。在哈尔滨太平国际机场的基础上进行扩建，有可能使其成为东北亚地区重要的枢纽机场，成为我国联系美国和俄罗斯两大国的前沿基地。他对于振兴东北的建议和构想还有很多，充分反应了他对黑土地的一片深厚感情。

20世纪末，我国城镇化水平跨过30%，进入快速城镇化的阶段，针对当时城市发展中的种种情况，他明确指出，"当前我国城市化发展迅速，各级城市综合实力得到增强，伴随而来的资源开发与经济发展、城乡关系、空间开发强度与次序等各类矛盾也有所增强"，必须强调可持续发展的规划思路。他对比了计划经济时期和市场经济体制改革后的规划特点，明确提出规划不仅要关注数量增长，更要"注重城市质量（包括生态环境质量、城市风貌形象质量、城市文化质量等）的逐步提高"。

2015年，在参与筹备中央城市工作会议期间，他提出"城乡规划是落实'两个百年、五位一体'的最重要调控手段，是实现可持续发展的重要保障，是国家治理体系和治理能力现代化的关键环节之一"；更是一针见血地指出了城乡规划存在的弊端，"最为突出的自身问题是所有规划技术和管理都偏重于为经济发展服务，而为社会生态管控的内容要求少，很显然不适应当前国家执政总体战略部署"。他反复呼吁，要从建设生态文明的高度和建设幸福美丽家园的角度，切实改进城乡规划工作，必须"加快推进适应生态文明模式下城乡治理的规划技术创新"。今天回忆起来，他的这些观点无疑是很有见地、针对性极强的，可惜并未得到足够重视。

滨洋是一个善学习、勤钻研的公务员

多少年来，我们的交流中，始终有着对城乡规划的反思和批判，可谓爱之越深、责之越切。出于对专业热爱和一种舍我其谁的精神，他在多个场合呼吁城乡规划改革，这其中有系统思维的冷静思考，也有来自实践一线的切身体会。

最典型的莫过于在他担任住房和城乡建设部科技与产业化发展中心主任期间，一方面他作为单位一把手，可谓千头万绪、日理万机，要为部里的行政工作做好服务，又要操心员工的衣食住行等实际问题。即便如此，他仍时刻不忘老本行。

当时雄安新区的规划正进入深化完善的阶段，他主动与雄安新区对接，提出雄安新区绿色建设的总体构想，组织承担了"雄安新区绿色建筑发展方案"，并且组织力量申请在中国城市规划学会的团体标准中立项专题研究绿色规划标准，在中国工程建设标准化协会承担编制了绿色建材评价标准等项目。

他十分重视信息化建设。21 世纪初，他在哈尔滨任规划局长时，除了常规的机关办公自动化建设外，按照"科技兴规"的战略思路，决定创建规划局门户网站，主动在互联网世界开通面向公众的渠道。他将这个公共网站命名为"规划公园"，2002 年 6 月开通，8 月开通英文版。网站设立了新闻快递、政务公开、法制园地、规划成果、规划研究等板块。不仅有党和国家有关政策的宣传，地方管理部门的工作动态介绍，更有大量有关城市规划建设的知识性、趣味性内容讲解，还设了政府与市民对话、局长信箱、市民献计献策等 16 个特色互动栏目，参与性很强。

一时间这个网站远近闻名，很受网民喜欢，访问量直线上升，并且获得了省市政府的多项奖励。他希望这个官方支持的网站能够成为政府、企业、民众之间沟通的桥梁，成为公众参与城市规划的重要渠道。由于其影响力，中国城市规划学会 2004 年 7 月在泉州举办我国城市规划行业第一个决策民主化问题专题研讨会时，就专门将他们的经验收录在会议论文集中，供全国同行学习和借鉴。

滨洋是一个讲情调、有情怀的文化人

滨洋天生的一表人才，他衣着得体，看重个人的仪表，而且非常重视城市的文化基因及其发展。这一方面得益于家学渊源，另一方面是多年城市规划工作养育了他对于本土文化、城市特色的重视与珍惜。

2019年2月我去哈尔滨出差，散步时拍了一张晨曦中的哈尔滨铁路江上俱乐部照片，随手发给他，却引发他对于哈尔滨历史保护的种种感叹，尤其是对于江上俱乐部等一批有着典型时代特征和俄罗斯风格的历史建筑，近些年来因旅游开发等造成的破坏，可谓痛心疾首。我手机中至今仍然保留着当时我们俩的对话，翻看这些微信文字，他对于哈尔滨文化的珍爱，溢于言表。

在哈尔滨工作期间，他一直热衷于哈尔滨城市文化的研究。希望从城市发展战略的高度，推动音乐之都、东方小巴黎、冰雪名城等城市名片，转化为城市发展的动力，成为城市特色风貌的重要特征。他曾经陪同一批批专家学者，在寒冬腊月体验冰天雪地的美，从兆麟公园的冰雕冰灯，到松花江上的冰雪大世界，总是如数家珍。也多次向来访的客人推介哈尔滨交响乐团、哈尔滨之夏音乐节。甚至2007年在哈尔滨召开中国城市规划年会期间，他执意邀请专家学者们参加一场文艺晚会，《莫斯科郊外的晚上》《喀秋莎》《太阳岛上》《我的哈尔滨》《浪花里飞出欢乐的歌》，一个个精挑细选的节目，让大家充分体验到哈尔滨的艺术特色，至今令人难忘。

他对于城市文化的执着追求，有些事很令我感动。印象深刻的包括他对于哈尔滨建筑风格的研究。他不是建筑学背景的专家，但他对于建筑风格的关注，超出了不少建筑师的境界。

作为远东著名的经济中心，哈尔滨的崛起与中东铁路的兴建直接相关，工商业、交通运输十分繁荣。到20世纪初，哈尔滨已成为著名的国际商贸城市，有关资料介绍境外侨民就有16万人，有19个国家在这里设立了领事机构。相应的建筑风格也受到外来文化的强烈影响。

在哈尔滨，保存着较多的近代建筑，包括闻名海内外的索菲亚教堂、犹太教堂等。在道外区，有不少近代著名的传统商家和公共建筑，比较集中和完整，它们一方面有着中国传统四合院的特征和东北地方特色，满足了居住与仓储的功能需要，格局上类似于前店后厂；另一方面又受近代西洋文化影响，有着富丽豪华、浪漫细腻的气质，以及西式的建筑立面与样式。其中也不乏采用了中国的吉祥象征图案，具有中西文化交融的特征，专家学者将这种建筑风格称为"中华巴洛克"。

滨洋利用他在规划局工作的机会，积极倡导传统建筑的保护、修缮工作，推动设立了占地53公顷、有着257个传统院落的道外传统商市历史文化街区。今天的保护工作很大程度上得益于他当初的四方奔走呼号和在政府部门层面的种种努力。

同样，为了推动中东铁路沿线历史建筑的保护与利用，他可谓殚精竭虑。21世纪初，在吴良镛院士和已故周干峙院士倡导下，中国城市规划学会就城市更新问题与英国、德国同行开展了一系列交流。2004年，我们拟议在双边访问交流的基础上，开展务实的研讨与实践探索，于是策划了面向真实环境的城市更新规划设计竞赛活动。

作为学会的常务理事，滨洋得知这一讯息后，第一时间要求将竞赛场地确定在哈尔滨，并且组织当地专业技术人员物色场地、提出设计条件。很快，竞赛工作准备就绪，选择了哈尔滨市南岗区花园街19世纪末建成的4个居住街坊，很好地诠释了保护与利用，传承与发展的主题。

竞赛由学会和英国文化委员会共同举办，邀请了同济大学、清华大学、东南大学、天津大学等11所国内优秀的高校城市规划设计专业的学生参赛。在竞赛的基础上，又分别在哈尔滨和北京举办了专门的研讨会。这个竞赛应该是近年来学会组织的各类学生设计竞赛活动的起源，这两次论坛也是学会最早聚焦城市更新、文化复兴问题的专题会议。滨洋在哈尔滨论坛上作了题为"从哈尔滨历史文化名城保护与城市复兴看花园街历史街区的规划与发展"的报告，向英国同行详细介绍了哈尔滨历史文化保护的方方面面，得到与会专家的关注和赞许。在此之后，中国城市规划学会开展了一系列城市更新的学术研究、学术交流和境外考察，并且将暂停活动近二十年的城市更新学术委员会重新组建，恢复活动，成为我国城市更新领域重要的学术平台。

滨洋是一个爱公益、敢担当的科技工作者

中国城市规划学会的各项工作得益于像滨洋这样的热心人的帮助与支持。在哪个岗位上，他总是想方设法为学会的各项工作创造条件。他先后担任过学会的城市经济与区域规划学术委员会、学术工作委员会等二级组织的相关职务，2004年当选为学会的常务理事。

早在黑龙江省城市规划勘测设计研究院任职期间，滨洋就主动利用沿边开放的政策优势，为各地规划师开展与俄罗斯同行的交流提供便利，组织经济转型时期的规划建设问题专题研讨会，中俄专家学者就共同面对的转型挑战进行交流。2006年，俄罗斯建筑师联盟在莫斯科市举办俄罗斯第十四届国际建筑节，中国城市规划学会向俄罗斯建筑师联盟发去贺信，滨洋作为中国城市规划学会的代表，出席了这一活动并递交了贺信，将中俄规划师的友谊和合作提升到新的水平。

他在哈尔滨工作期间，哈尔滨作为东道主先后参与主办、承办、协办过学会的诸多公益学术活动，其中不乏滨洋作为幕后英雄的贡献，比如，1990年在哈尔滨召开的国外城市问题研讨会、2002年召开的城市规划新技术应用学术委员会年会和城市战略规划国际研讨会、2005年举办的中英城市复兴论坛和区域规划与城市经济学术委员会年会、2006年召开的中俄城市设计暨建筑风格高层学术论坛等。

调任住建部后，他又多次代表规划主管部门对学会的学术会议给予很大的支持，先后在学会区域规划和城市经济学委会年会、学会历史文化名城规划学术委员会年会和2015中国城市规划年会上，代表规划主管部门致辞。他还积极推动规划学会加强城市规划实施领域的学术研究与交流，在他和一大批来自管理一线的专家学者，以及相关研究机构、高校代表的倡议下，学会于2014年成立了城乡

规划实施学术委员会，拟定了委员会的发展目标，制定了委员会的管理制度，他自己被大家推选为副主任委员。

值得一提的是，他在担任哈尔滨规划局局长和中国城市规划学会常务理事期间，成功地组织承办了 2007 中国城市规划年会。这是中国城市规划年会第一次在东北地区举行，周干峙、邹德慈、张锦秋、丁一汇、钱易等一批院士专家参加了这一行业盛会。会议的主题是"面向和谐社会的城市规划"，除大会学术报告外，还设立了城市总体规划、区域规划、城市生态规划等 10 个专题会场，并且重点围绕快速城市化浪潮下的文化复兴、法制环境下的规划改革、资源短缺条件下的规划创新、城市规划职业发展机遇与挑战、制度创新背景下的城市规划、社会公平视角下的城市规划、城市中心区规划与建设、市场开放下的城市规划服务等大家关注的热点话题进行讨论交流，俄罗斯同行也应邀参会并发言。这次会议上还创新性地举办了与会专家与公众的互动，邀请了陈为邦等著名城市规划专家，与哈尔滨本地的市民代表进行对话交流，取得了很好的效果。

滨洋热心学会的各种公益事业，身先士卒地为同行做出表率，他为中国城市规划学会，乃至规划学术事业所做出的贡献，应该得到后人的尊敬和景仰。他是一个充满激情的人，一个以工作为重很少考虑个人的人，一个始终保持学习精神的人，也是一个承担了太多责任的人，他可谓这一代人的样板。我认识很多规划师朋友，滨洋也许不是位阶最高、成就最大的，但他肯定是我心目中位置最重的，也许这就是一种专业的缘分吧。

应邀为滨洋这本《规划韬略 绿色筑梦》写个序，很多往事涌上心头，我为有这样一位挚友而自豪，为他的离去而痛心。在此记录与他交往交集的点点滴滴，权且作为本书的补充。

是为序。

中国城市规划学会副理事长兼秘书长

石楠

2021 年 6 月 8 日于北京

目 录

第二篇　规划韬略与方法实践

第三篇 绿色筑梦与生态探索

结语 忆人生足迹 悟规划真知
作者简介

"三面五定"方法论①
——一生的精髓

---

① 节选自作者《黑龙江省城市和区域系统相互用及调控对策研究》博士论文（2000 年），略有改动。

"三面五定"是作者多年从事城市和区域规划研究总结的方法论与实践经验。城市和区域系统相互作用调控，应综合运用区域经济地理学、城市地理学、区域科学、规划科学、景观生态学、系统工程学等多门学科的方法，结合城市和区域系统的实际发展特点，遵循面向世界、面向现实、面向未来的"三个面向"的准则和定性、定量、定位、定景、定施的"五定集成"的方法。

　　"三个面向"的准则内涵为：只有面向世界，才能在世界经济开发、开放、可持续发展的大格局中找准城市和区域系统可持续发展的定位，明确调控战略的目标和方向；只有面向现实，才能摸清城市和区域系统自然与社会经济条件的地域分异和组合特点，从而能够因地制宜，突出调控重点，体现和创造城市与区域系统的特色；只有面向未来，才能高瞻远瞩，妥善处理好城市和区域系统的可持续发展战略工程构筑的远近关联，将其置于一个滚动过程中，形成巨大合力的后劲。只有坚持"三个面向"的准则，才能从国内外可持续发展大格局和大趋势中，科学谋划城市和区域系统可持续发展战略，为增强城市与区域的综合实力与发展活力创造条件和新的动力。

　　"定性"是要科学分析城市和区域系统可持续发展所面临的主要问题，发展的优势、潜力、机遇和前景，从而科学界定城市和区域系统调控发展的性质、各组成要素的发展方向。

　　"定量"是要在定性的前提下，充分研究城市和区域系统可持续发展的生态基础与环境容量，在此基础上，确定城市和区域系统可持续发展的调控目标体系与标准体系，从而使各发展目标进一步具体化、量化，使城市和区域系统可持续发展的目标性更加明确。

　　"定位"是要将可持续发展的调控战略落实到空间布局，使城市和区域系统空间资源得到最佳配置、优化组合。

　　"定景"是运用景观生态学和CI理论将城市和区域的可持续发展与形象设计有机结合起来，促进城市和区域系统生态景观建设。

　　"定施"是要明确城市和区域系统可持续发展规划的实施措施，使城市和区域系统发展战略真正落实到发展实践中。

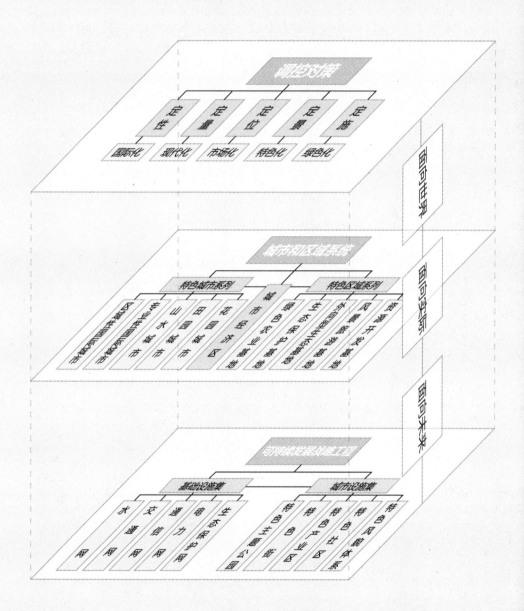

三面五定方法论与实践示意图

第一篇

地理情怀

规划应用

与

关注可持续发展

试论城市可持续发展规划若干问题 [①]

一、一个共识：城市规划实施可持续发展战略的必然性

可持续发展是一条"人口、经济、社会、环境和资源相互协调的既能满足当代人的需求而又不对满足后代人需求的能力构成危害的"[1]道路。城市是人类文明、社会进步的象征和生产力的空间载体，是一定地域内经济集聚实体和纵横交错经济网络的枢纽。统观全球经济态势，经济重心主要集中在城镇集聚区，可以认为，只有城市及其集聚区的持续发展，才会有区域的持续发展、国家的持续发展乃至全球的持续发展。1994年6月在英国曼彻斯特举行"94环球论坛"作为持续发展委员会第一次重要的国际会议，其主题就确定为：城市与持续发展。面对21世纪全球城市时代的严峻形势，城市问题更成为可持续发展最为关注的主题之一。自1992年联合国环境与发展大会召开以来，持续发展已成为联合国环境规划署等国际组织共同关注的主题，而城市已成为可持续发展的两个重要焦点之一。

我国政府在制定《中国21世纪议程》时十分注重人类住区持续发展问题，可持续发展科技行动中，就有开展城市现代化和城市持续发展的研究，为城市现代化和持续发展提供战略、规划、设计、管理的理论模式等重要内容[1]。原副总理邹家华在1996年6月于土耳其伊斯坦布尔举行的联合国第二次人类住区大会高级别会议上明确指出："能否'在世界上建设健康、安全、公正和可持续发展的城市、乡镇和农村'，需要我们以新的视野探索和寻求新的出路。"1998年我国城市化水平达到30.4%，进入城市化发展的迅速增长时期。展望21世纪，城市将是我国现代化建设的主要载体，是国家和各区域实施科教兴国战略与持续发展战略的主要基地。但是由于转型期内许多特殊因素的影响，在城市发展的宏观、中观、微观等方面均出现了不同程度的非持续发展问题，亟待加以调控（表1）。

当前我国城市化发展迅速，各级城市综合实力得到增强，伴随而来的资源开发与经济发展、城乡关系、空间开发强度与次序等各类矛盾也有所增强。这些矛盾，

① 载于《地理学的理论与实践——纪念中国地理学会成立九十周年学术会议文集》，作者：俞滨洋、赵景海。

中国城市可持续发展问题分析表 表1

城市要素	宏观（城市—区域）	中观（城市）	微观（城市社区）
城市经济	城市间职能分工不明确；结构趋同，缺乏特色，重复建设	城市经济活力不足，经济效益差，单纯追求高、大、全	城市中许多企业面临困境
城市布局	大城市建成后不断"摊大饼"式地向外拓展，城乡接合部布局杂乱，乡镇企业过于分散	开发区过多、过滥，土地资源浪费，老城改造更新和历史欠账较多，环境保护不够	社区服务设施、安全保障体系等不尽人意
城市基础设施	大型基础设施建设布局缺乏通盘考虑，以邻为壑、各自为政，重复建设	对城市发展需求认识不足，基础设施建设滞后于社会经济发展	供给不足
城市生态	人口持续膨胀下，区域生态环境恶化、林地、草地退化、沙化、碱化、旱化	"三废"污染加剧，植被、地表破坏严重，地下水资源减少	缺乏公共绿地和休闲环境
城市形象	"千城一面"	城市风貌缺乏鲜明个性和高品位形象特征	"千楼一面"
城市管理	宏观上缺乏统筹兼顾、合理布局，缺乏分类指导	条块分割，存在盲目性、被动性和随意性等短期行为	简单化

必须通过强有力的发展政策加以调控，而可持续发展战略正提供了一种全新的发展理念。城市可持续发展规划一方面强调经济增长和社会进步，另一方面也非常注重城市质量（包括生态环境质量、城市风貌形象质量、城市文化质量等）的逐步提高。可持续发展战略的实施将引导城市走向稳定、协调的发展之路，对城市进一步优化生存环境、创造发展条件、增强城市综合实力和影响力起到积极的推动作用。

二、两个根本转变：国家政策对城市可持续发展规划的指导

城市可持续发展战略的实施，必须以城市可持续发展规划为依托。可持续发展战略规划的制定，首先要遵循国家政策的指导。

从我国的宏观政策来看，我国《国民经济和社会发展"九五"计划和2010年远景目标规划》这一跨世纪的战略中提出，我国经济持续稳定发展的关键在于实现两个根本性转变：一是生产方式由粗放型向集约型的转变，二是经济体制由

计划经济体制向社会主义市场经济体制的转变。两个根本性转变已成为我国社会经济发展战略中重要的举措。两个根本性转变要求城市发展改变原来固有的模式，可持续发展战略的实施与两个根本性转变对城市的具体指导意义是相辅相成的。两个根本性转变要求城市规划进行全方位的战略性变革（表2）。

中国城市可持续发展规划发展方向分析　　　　　表2

规划层面	计划经济	市场经济、可持续发展
规划哲学	以人为中心	人与环境并重
规划目的	贯彻国民经济计划	与国民经济计划相辅相成 / 创造可持续发展的人居环境
规划任务	以建设为主的物质性规划	经济、社会、生态协调发展的综合性规划
规划方针	"十六字"方针："工农结合，城乡结合，有利生产，方便生活"	尊重人、自然和历史文化，创造人与自然和谐共生的可持续发展城市
规划内容	发展规划、布局规划、基础设施规划（平面、静态）	发展规划、布局规划、基础设施规划、生态规划、景观风貌规划、城市管理规划有机结合的环境整体规划（立体、动态）
规划理论	单一的建筑学	建筑学、地理学、经济学、生态学、社会学、园林学、系统工程学等多学科协同的城市学
规划标准	严格贯彻国家标准	与国际标准对接并突出地域性特点
规划方法与技术	定性为主	定性、定量、定位、定景、定施的综合集成与"3S[①]"等技术应用
规划视野	就城市论城市 就区域论区域 就现状论现状	以区域系统观和动态时空统一观研究城市区域化和区域城市化的科学调控问题
规划审美观	空间形式美	生态和谐美
规划价值观	高标准、高消费	适应性、可持续性
规划主体与城市建设投资渠道	政府由上而下进行拨款、投资	政府、企业、商人等多渠道、多方式
规划管理	领导决策存在随意性、盲目性问题	规划管理法制化、科学化，领导决策与民众参与相结合

① 3S 是遥感技术（Remote sensing，RS）、地理信处系统（Geography information system，GIS）、全球定位系统（Global positioning system，GPS）的统称。

三、城市可持续发展规划的若干关键问题

　　实施城市可持续发展战略，必须解决好城市发展的关键性问题。首先，城市可持续发展应当有明确的目标指向，而其目标必然是建立在对城市市情的多视角分析、评价的基础之上，并从中挖掘真正有市场独占性的优势条件，使城市发展目标能够充分发挥城市自然、人文、经济等方面的优势。其次，应构筑具有活力的城市产业链条，健康稳定的经济增长是促进可持续发展战略实施的最大推动力，只有经济发展、人民生活水平提高才是可持续发展的最终目标。同时，充分运用各种经济手段，配合法律手段和行政手段，才能切实提高处理环境与问题的综合能力，达到可持续发展的战略目标。可持续发展的城市产业的发展目标，应当是建立资源节约型的产业结构，在扩大优势产业影响力的同时，注重第三产业和信息产业等高新技术产业的发展，同时，要处理好产业发展的时空序列关系。再次，应重点解决可持续发展的重点问题，即生态建设问题。环境的日趋破坏是提出可持续发展的最根本原因。环境保护是我国的一项基本国策，从实际出发，我国制定了经济建设、城乡建设和环境建设同步规划、同步实施、同步发展，实现经济、社会和环境效益相统一的战略方针，实行预防为主、谁污染谁治理和强化环境管理三大政策，并颁布实施了多部环境和资源保护法律、法规。城市生态环境建设同时面临着城市环境保护和国土整治两方面的困难，其中城市环境保护的水、大气、固体废弃物、噪声四大污染的治理和生态农业区、生态示范区、绿色食品基地、自然保护区等区域生态项目是城市生态建设的重点。最后，城市可持续发展规划的实施，必须重视社会措施，特别是政府支持和公众参与。政府支持的关键是相关法规的制定和实施以及政府工作目标的确定和实施。目前，我国已经制定了多部与可持续发展相关的经济、科技、环境、资源、社会等方面的法律、法规，初步形成了可持续发展的法律框架，各地也根据其发展条件和发展现状制定了部分地方性法规，为可持续发展的实施奠定了坚实可靠的基础。实现可持续发展的目标，还必须依靠公众的支持和参与。只有得到公众的认可，才能将可持续发展的战略目标变为实际行动。所以，要真正重视可持续发展"精神工程"的建设，使可持续发展观念更加深入人心。

四、城市可持续发展系统工程建设：规划实施的项目库

城市可持续发展规划不应仅仅停留在理论上的探讨，更重要的是落实在具体建设上，及时构筑一系列在经济、社会文化、环境生态和基础设施等多领域对城市跨世纪发展有决定影响作用的可持续发展战略工程，是关系到城市集约化、现代化进程关键环节的重要举措。可持续发展规划实施项目库的构筑，其目的在于把城市建设成具有一定规模经济、辐射力较强、社会功能比较齐全、生活方便、环境优美的现代化城市。可持续发展系统工程的建设包括经济、文化、生态、基础设施等多方面系统建设。与历史上重点工程建设相比，可持续发展战略工程具有较大不同（表3）。跨世纪城市可持续发展战略工程的具体要求为：为市场经济发展创造条件；完善文化、教育、医疗卫生、科技、体育、商饮服务等设施，使社会功能进一步健全；配套进行城市的交通、通信、供水、供电、环保等系统建设；加强市容市貌和生态建设，美化城市；逐步壮大城市的综合实力，提高城市的国际知名度，以加快城市现代化、国际化进程等。

城市可持续发展战略工程与历史上重点工程若干比较分析　　　　表3

内容		社会主义计划经济下的重点工程	社会主义市场经济下的持续发展战略工程
建设目的		国民经济计划的落实与深化	在计划宏观指导下创造性地为发展经济、吸引外资、形成良好的人居环境服务
建设背景	影响因素	单一封闭型	复杂性、开放型
	把握因素程度	确定性	不确定性
	建设资金渠道	国家投资渠道单一化	国家、集体、个人、外商多方融资（渠道多元化）
建设措施		以行政手段为主	行政、经济、社会、法律手段并重
建设功能与意义		对城市发展成为我国重要的经济增长点起到了骨干和保证作用	对城市未来发展成为具有经济活力、环境魅力的现代化、国际化城市具有不可替代的战略作用

参考文献

[1]　中国 21 世纪管理中心 . 中国 21 世纪议程 [M]. 北京：中国环境科学出版社，1994.

城市规划在老工业基地改造振兴中的几个对策 ①

党的十六大作出"支持东北地区等老工业基地加快调整和改造"的重大战略决策和部署,为哈尔滨城市的更新和振兴提供了难得的历史性机遇。哈尔滨市已提出"建设国家机械制造业、高新技术产业、绿色食品、医药工业及对俄经贸科技合作基地,建设东北亚经贸中心和世界冰雪旅游名城"的新战略,要调整和优化经济结构,构筑哈尔滨大区域经济格局,提高城市载体功能,全面提升城市综合竞争力,这对城市规划工作既是机遇又是挑战。

1 树立科学的发展观,适应老工业基地改造对城市规划工作的新要求

党的十六届三中全会精神为城市规划工作指明了方向,也赋予了新的内涵。老工业基地调整改造的重大战略决策对城市规划工作也提出了新的更高要求。

1.1 城乡一体、区域协调发展

城市是区域的核心,是区域的增长极,而区域是城市的载体、支撑和扩散的腹地。应打破就城市论城市、就局部论局部、就现状论现状的局面,向以城市—区域系统观和动态时空统一观统筹城市区域化和区域城市化的有序调控方向转变,建立工农结合、城乡一体、区域协调、统一完善的城乡规划体系。振兴老工业基地,不能仅局限于城市自身,而是将哈尔滨大都市圈作为新的空间支撑载体,协调城市与城市之间、城市与乡村之间的各种关系,形成不同结构、不同功能、不同等级和不同层次的地域经济单元。重新聚集并整合各类经济要素,在区域范围内重新调整产业结构和空间结构,促进产业结构和空间结构的有序化和合理化,使区域内各城市产业分工明确、功能互补,避免区域内重复建设、相互竞争,从而增强区域整体功能和综合竞争力。圈内较低层次的城镇,通过吸引、承接较

---

① 原载于《城市规划》2004 年第 4 期。

高层次的城镇的经济辐射，推进技术进步、要素重组、产业升级，壮大自身经济实力，同时拉动圈内经济的整体升位，最终发挥都市圈的龙头作用，带动全省经济发展。

1.2 各产业之间协调发展

振兴老工业基地，不能就工业论工业，而应以工业为主导，以工业提升带动现代服务业和农业的提升，实现工业与农业、服务业的良性互动。要走新型工业化道路，全面提升和优化第二产业，确立工业的主导地位，培育优势产业和支柱产业；巩固农业的基础地位，发展现代农业，推进农业向专业化、标准化、特色化和规模化方向发展；大力发展第三产业，推进服务业的社会化、市场化和产业化，加快发展现代服务业和旅游业。

1.3 经济与社会协调发展

从规划内容上，由以城市建设为主的空间物质性规划向经济、社会、生态协调发展的整体性规划转变。振兴老工业基地，不仅仅是振兴经济，更要把握先进文化的前进方向，积极发展文化事业和文化产业，实现经济和社会的协调发展。要加快发展科技、教育、文化事业，加快科技进步和创新，提高产品的科技含量和市场竞争力；要加强交通、水利、电力、环保等基础设施的规划建设，加快公共卫生及防灾体系设施的规划建设；要充分体现全面建成小康社会的需求，以提高城市环境质量为目标，创造吸引人才的宜居环境、创业环境、就业环境、社会环境和生态环境，注重文化内涵与历史文脉的发掘和城市传统风貌与特色的保护和发扬，同时创造新的城市特色与城市品牌。

1.4 人与自然协调发展

从规划理念上，坚持以人为本、人与自然和谐共生的理念，对人、自然和历史文化给予更多尊重，为经济、社会、环境协调发展提供优化组合的空间载体系统。追求城市的生态价值、健康价值、人与环境间的协调和交流价值及环境公正价值，确保开发建设活动不超出环境容量，不对环境、文化资产和居民健康造成不良影响。振兴老工业基地，要妥善处理好资源开发、利用和保护的关系，处理好经济增长和环境保护的关系，处理好眼前利益和长远利益的关系，坚持可持续发展，实现人与自然的协调发展。要切实保护好基本农田、水源地、自然景观、历史人文景观等资源，节约和合理利用土地；加强生态保护，治理环境污染。

1.5　立足本地与对外开放相结合

坚持借鉴国际先进城市规划理念与哈尔滨实际相结合，依靠本地技术力量与开放规划设计市场、借用"外脑"相结合，与国际规则接轨，采取招投标的方式，邀请国内外一流规划设计单位参与哈尔滨的规划编制，通过引进竞争机制促进规划设计整体水平的提高。采取"走出去，请进来"的办法，派人到国外进行城市规划和建筑方面的考察学习，邀请国外著名城市规划专家来传授世界先进的城市规划理念和知识；引进高级专业人才，充实规划设计和管理队伍。

2　调整工作思路，构筑完整的城市规划调控服务体系

随着老工业基地振兴战略的推进，城市规划工作中的一些重要环节还不能适应新的变化，出现了很多亟待解决的问题：一是城市规划对工业企业项目建设的调控不到位。就项目论项目，还不能完全做到在全市范围内通盘考虑，形成一个完整的发展策略，进行集中统一布局；对中心城区的企业"退城进郊"实现地域转移的调控和指导还不充分，企业在搬迁时往往以自身的意愿进行选址，导致工业布局分散、混乱，不能形成集聚效应和规模效应；尽管部分企业搬迁改造实现"退二进三"，但并未实现资源的合理配置、效益的同步增长，没有体现土地置换的经济价值。二是对企业搬迁后中心城区土地利用的调控不到位。往往是"工业变住宅""拆低建高"，增加了容积率，并没有实现中心城区产业升级、人口居住密度和建筑密度降低、城市绿色空间拓展、人居环境有效改善的目标。三是体制和机制问题使城市规划的实施不到位。现有行政架构下，地区保护、市场分割、盲目招商、低水平重复建设、无序竞争等现象依然存在，还没有实现基础设施共享、分工协作、产业互补、功能协调，从而使得城市规划意图难以实现。

老工业基地调整改造的重大战略决策要求城市规划工作要从城市发展的战略布局和产业载体空间的优化配置的角度，构筑完整的城市规划调控体系，在宏观、

中观、微观不同层面上有序地引导城市—区域经济、社会、环境的协调发展，为振兴老工业基地服务。

2.1 在宏观层面上，将哈尔滨大都市圈作为新的空间支撑载体，按照"核心圈""网络化组合城市圈""拓展圈"三个不同的空间结构层次调控产业和城镇体系

（1）核心圈：范围大体相当于目前的哈尔滨市中心城区，分为内圈和外圈。其中，内圈以现状建成区为主，"退二进三"是其主要规划策略。应控制人口规模，有计划地进行人口外迁，发展以现代服务业为重点的第三产业，聚集商业、物流业、办公职能，建立完善的公共交通网络体系，建设楔形绿地系统，消除环境污染；保护历史建筑；提升城市空间质量，修补并完善城市形象。外圈为满足城市空间扩展需要，一方面应适时进行新区开发，另一方面要以小城镇为依托，积极促进工业聚集，完善近郊工业区的功能，使相邻小城镇和工业组团整合为二级聚集区；建设对外联系出口道路、机场等对外交通和区际交通枢纽；保护轴间开敞空间，控制轴间横向填充和连片发展；将松花江谷地划为农业和休闲用地，严加保护，不准进行工业开发。

（2）网络化组合城市圈：将现状的都市区放大，成为网络化组合城市，由哈尔滨市区及与其相邻的外围市县组成。该圈应以减少对核心圈的压力并为都市圈的发展服务为目的，建设实力强大、就业机会充足的综合性卫星城；将现有铁路设施改造为快速轨道交通系统，使之成为与市中心联系的主要捷运方式；保护自然环境和有特色的文化景观；重点建设卫星城；与核心圈一起，最终形成由主城区、二级聚集区、卫星城和小城镇构成的"网络化组合城市"，并以此作为"大哈尔滨"的关键层次，在此圈层内尽快建成环形高速公路，一方面以此推进组合城市的一体化进程，另一方面强化哈尔滨作为全省交通和综合性中心的地位。

（3）拓展圈：范围是网络化组合城市圈以外的广大地区，发展目标是通过发展城镇经济带动农村经济，避免相对衰落。重点是建设次级中心，促进农村人口的有序流动，并作为区域工业化的基地和人口聚集的中心，以绿色产业为特色，逐步完善服务业体系，创造充足的就业机会，吸引人口，以满足其作为区域中心城市的功能需要。周围县（市）的城镇发展以建立现代农业区中心地体系为基本

目标,有地方特色的农业产业化项目一般应首先向县城集中,然后考虑向每县（市）的 1 或 2 个重点城镇集中。城镇体系面向农业区的服务、行政管理、物资集散和初加工等功能建设要适应农业规模化、集约化转变的趋势。提高县乡经济的非农化水平,推进工业化和城镇化进程。农村地区要营造绿色产业发展环境,加强交通与通信网络建设,改善城乡联系的条件和农村发展环境,逐步扭转城乡差别扩大的趋势。

2.2　中观层面上,应做大、做强哈尔滨市主城区

进一步强化中心城市的集聚功能,通过中心城市不断扩散传统要素和吸纳各种新经济要素,发挥好"龙头"带动作用,不断推进区域与城市互动,促进城市与区域产业结构高层化和区域的城镇化,进而加快现代化进程。

城区要实现集中布置,功能明确,产业互补,以园区形式发展装备制造业、高新技术产业、绿色食品产业和制药工业;发展商业、金融、贸易、信息等第三产业。加大新区开发力度,重点建设松北新区、群力新区、平房开发区和新呼兰区。老城区改造的目标是调整功能结构,要严格控制指标,控制和降低建筑密度,疏散老城区密集人口,改善道路交通状况,治理工业污染,加强环境绿化,充实和完善市政基础设施、公共服务设施,加强历史文化和城市风貌的保护。

郊区要实现工业集聚,突出特色,并有效地为城区服务,要发展汽车及机电配套零部件加工工业、新型建筑材料工业、轻工、电子、医药产品工业以及农副产品深加工业。农副产品深加工业主要布局在远郊的乡镇。

2.3　微观层面上,要强化对项目建设的调控

各类工业项目应发挥聚集效应,形成规模经济,集中选址在工业园区内,形成各具特色的工业园区。将生产上协作密切的企业集中布置,并合理组织运输线路,避免往复运输。严格控制工业用地规模,防止工业无序扩散。加强配套设施建设,注重环境保护,避免企业间相互污染,对工业"三废"实行综合利用。

对于老城区工业企业的"退二进三",应将搬迁与改造相结合,从城市一盘棋考虑,统一筹划,合理布局,量力而行,不能就项目论项目,要加强对企业的引导,宜改则改,宜搬则搬,宜建则建,宜绿则绿,宜高则高,全面整合、优化

配置社会资源。企业搬迁后原用地的建设要同城市绿地、基础设施、文化娱乐设施等建设统筹考虑，实现人居环境的有效改善。打造精品或标志性建筑工程，起到示范带头作用。对工业企业搬迁，要引入市场竞争机制，走整体经营城市之路，激活城市存量资产，多方吸引城市建设资金，从而实现中心城区的整体产业升级、人口居住密度和建筑密度降低、城市承载功能提升和历史文化风貌保护，实现城市绿化环境、景观环境、人居环境、生态环境、文化环境的有效改善。

3 转变工作方式，城市规划要为哈尔滨老工业基地改造振兴做好服务

城市规划工作要适应东北老工业基地改造振兴的新需求，进一步加强规划编制，狠抓实施管理，提高服务质量，完善法规体系，推进科技进步，厉行政务公开，扩大规划宣传，加强队伍建设，在既有工作的基础上，要实现规划工作重心"四移"。

（1）规划工作重心"前移"，提高规划的超前性、科学性和可实施性，为老工业基地改造提供依据。围绕老工业基地改造这个重大目标，加大规划编制工作力度，进一步完善城乡规划体系。编制哈尔滨老工业基地改造产业空间布局规划，实行辟建工业园区、"一区多园"等措施，构建哈尔滨大都市圈产业群，并相应地配套布置区域基础设施体系，为中心城区工业企业搬迁扩散提供载体，为老工业基地改造振兴开辟空间。城市规划工作要超前服务，围绕哈尔滨老工业基地改造和振兴，进一步优化城市土地及空间资源配置，为经济发展提供良好的载体空间。既要规划好全国最具发展前景的机械工业基地和"动力之乡"、汽车工业园、"飞机城"、医药工业园等，为传统工业和国有企业更新改造创造条件，也要规划好开发区、软件园、中俄自由贸易区、民营科技企业示范区等，建设全国最大的绿色食品基地，为发展高新技术产业、扶持民营经济、创造新的经济增长点开辟空间。要提前编制厂区、校区规划，为加快建设提供方便。完善各种设施规划，通过城市规划建设创造良好的人居环境和创业发展环境，以利于招商引资、吸引人才，实现城市规划建设与经济繁荣"双赢"的目标。

（2）规划工作重心"后移"，强化规划实施监督，依法行政，确保各项建设

健康持续快速发展。按照《中华人民共和国行政许可法》的要求，进一步规范规划行政管理行为，严格做到依法行政。正确处理规划审批与批后管理的关系，形成强制性管理与指导性管理相结合的规划实施管理机制，确保各项建设按照规划的意图实施。依据国家强制性规范，严把规划审批关，不断优化城市空间布局、改善城市环境；赋予城市规划更多的科技含量、文化含量、绿色含量和美学含量，通过规划的有效调控，不断推出规划精品佳作。进一步加大城市规划法制建设工作力度，形成完善的规划法规体系。应用卫星遥感技术动态监测规划土地建设使用情况，加大对建设工程的监督检查力度，有效防止违法建设案件的发生。同时，进一步加大对违法建设行为的处罚力度，维护规划的法律权威和群众的合法权益。

（3）规划工作重心"上移"，发挥规划的参谋与咨询作用，积极给领导当好参谋和助手。积极开展学习和调研工作，做学习型、研究型和服务型政府部门，针对城市发展建设中具有战略性的重大问题，制定专门的研究课题，如哈尔滨老工业基地改造产业空间拓展研究、哈尔滨市全面建设小康社会的城市规划研究、哈尔滨基础设施问题及规划对策研究等，集中力量重点突破，及时提出政策措施和合理化建议。设置研究平台，借用"外脑"，广泛吸纳国内外专家学者和社会各界对城市规划的意见和建议，提高对哈尔滨城市发展与规划的认识和水平。此外，对城市重点建设项目超前制定科学的规划预案，为市委、市政府领导决策当好参谋。

（4）规划工作重心"下移"，为基层服务，为群众谋利。进一步转变工作作风，把为基层服务、为建设单位服务、为民造福作为规划工作的出发点和落脚点，正确处理好坚持规划原则与为经济发展服务的关系，进一步简化办事程序、提高工作效率，特别是对重点工业企业项目要深入现场，主动服务。进一步做好政务公开工作，扩大市民参与城市规划的领域和深度，增加规划的公开性和透明度。实施"审批提速""亲民解疑""绿色通道"和"管帮结合"四个工程和"一站式"服务。进一步开发利用现有规划管理信息系统的资源和功能，全面推行电子政务，提高服务质量、水平和效率。

关注城镇化发展

关于开好全国第四次城市工作会议的若干思考和建议 ①

1 办好第四次城市会议的极端重要性和主题建议

1.1 历史回顾

与前三次全国城市工作会议相比，第四次全国城市工作会议所面对的时代背景发生了巨大变化，要解决的问题众多又十分复杂，虽说城市这两个字没有变化，但是其内涵和外延，因人口、产业高度集聚发生了从量变到质变的巨变，城市的地位和作用更加重要。因此，这次会议责任重大、意义重大、影响深远。

第一、二次全国城市工作会议，面对的时代背景是农村包围城市取得胜利后"一穷二白"的新中国，要解决的主要问题是摆脱农业社会，加快以工业建设为中心的经济发展，城市工作的主题是围绕项目建设发展城市。当时的城市规划建设倡导"先生产，后生活"，"工农结合，城乡结合，有利生产，方便生活"，重点工作都是围绕"一五""二五"时期156项重点工程的选址、定点、建设、配套而开展的。

改革开放初期的第三次全国城市工作会议，面对的时代背景是1978年"文化大革命"后处于拨乱反正的中国，要解决的主要问题是工业不发达时期的经济建设和发展，以城市为中心的经济体制改革促进经济发展。那时的城市规划定位是"国民经济和社会发展规划"的深化与继续。应该说，自党的十一届三中全会、全国第三次城市工作会议以来，我国城乡建设事业服务以城市为中心的经济体制改革大局，顺应并促进我国的城镇化由初级进入中级水平阶段，取得了举世瞩目的辉煌业绩，城乡规划建设工作不断在服务大局中发展，成果空前，尤其是科学规划是宝贵财富，得到社会各界广泛认同。

行将召开的第四次全国城市工作会议，既面对改革开放经济建设36年的成

---

① 此文是2015年1月俞滨洋先生在住房和城乡建设部稽查办工作期间按部里为筹备开好第四次城市工作会议献计献策的安排所做的一些思考和建议。

果积累和新常态下不断发展的机遇，更面临人地关系更加紧张的挑战，解决"五位一体"建设和可持续发展问题，以城市为"发动机"和主要载体实现以人为本兼顾公平、效率，核心是以城带乡、以工促农实现城乡公平协调发展。这一切对城市历史责任的定位有着更多、更高要求，城市不仅仅是经济增长的"机器"和聚集地，而且是市民多姿多彩幸福生活的家园，更重要的是促进城乡公平、汇集人类文明尤其是生态文明的荟萃地和治理枢纽。实现城市新使命和新任务，城乡规划仍肩负着前所未有的历史使命。

回顾历史，城乡规划在我国城镇化战略实施过程中发挥了巨大作用，城乡规划是实现国家战略、统筹各项资源的重要手段。好的规划是空间财富，美的城乡是人类遗产，科学规划就是生产力。所以，城乡规划在落实国家战略尤其是城镇规划建设实施各项工作中处于统揽全局、重中之重的关键地位不可动摇！城乡规划在实现城乡居民安居乐业、全面建成全面小康社会目标中创造优质宜居环境的龙头地位不可动摇！

1.2　城乡规划在本次会议召开中的极端重要性

城市是区域的中心，也是影响人类赖以生存的生态环境据点，城市规划建设得好，不仅能够保护延续人工—自然生态复合系统，而且还能够提升人与自然的和谐程度，提高城乡居民的生活幸福指数；反之，将会破坏、摧毁生态环境，激化人与自然的矛盾，造成人与自然的平衡被打破，形成潜在的天灾人祸的隐患。因此，作为最重要的空间载体，城市更是国家治理体系和治理能力现代化的中枢。依法治国从某种意义上看就是要依法治城，依法治城必须服从法定城乡规划。

1.2.1　城乡规划是落实"两个一百年、五位一体"的最重要调控手段

可以认为，在"两个一百年"的中国梦、全面建成小康社会、全面深化经济体制改革、全面依法治国，尤其是政治、经济、社会、文化、生态五位一体，新型城镇化、"三个一亿人"工程等目标下，空前的大规模城乡建设都必须尊重、服从城乡规划，全方位依规办事（实施建设管理）。城乡规划依法行政，上承国家战略下接民生、市场地气，通过"三区四线"强制性内容管制，促进公共空间留足优化、促进市场经济充分发挥城乡空间资源稀缺性的最佳功效任务艰巨。

1.2.2　城乡规划是实现可持续发展的重要保障

当前我国社会转型进入关键时期，呈现新常态，未来几十年空前巨大的建设量如何优化组合，能塑造什么功能和形象，不仅仅是十几亿人安居乐业问题，而且是关系到千家万户、子孙后代、国家发展后劲、国家利益、民族自尊等的大问题，搞得好留下一大笔遗产而搞不好留下重大遗憾。

1.2.3　城乡规划是国家治理体系和治理能力现代化的关键环节之一

通过深入学习贯彻习近平总书记多次批示、指示精神，深切体会到在实践中不断健全、完善、提升城乡规划体系，坚持依法行政，加大治违力度和城乡规划督察力度，不仅是保证城乡公共利益促进各地协调发展的迫切需要，而且是维护国家利益、加快国家治理体系和治理能力现代化的重要组成部分。

1.3　本次会议主题建议

很显然，前三次城市会议主要是在农业文明向工业文明过渡、发展时期召开的，而本次城市会议是在工业文明向生态文明过渡、发展时期召开的。鉴于此，本次城市会议主题理所当然应该突出生态文明，重点强调绿色发展、幸福发展、可持续发展等内涵。建议第四次全国城市工作会议主题为：依法治城，弹性管理，规划先行——建设人与自然共生的幸福家园。会议主题的具体内涵为：继承中国传统智慧，借鉴国际经验，通过城乡规划技术体系、管理体制、监督制度和保障制度的法律调控手段，突出生态文明、绿色文化、地域特色的主题，加强城乡区域治理，依法治城，依法管理，规划先行，推进美丽城乡、美丽中国、生态中国建设的法治化进程，重点让城市成为建设美丽城乡、幸福家园的主战场，走可持续发展之路，实现中国发展的经济模式、社会结构与生态文明转型。

2　新时期城乡规划面临的主要问题和艰巨任务

党的十八大以来，中央积极主动应对国内外环境大势，陆续出台了"五位一体"总体布局、"两个一百年""四个全面"等一系列事关国家和民族命运的大政方针，实现中国梦，走中国特色社会主义道路，促进新型城镇化健康协调可持续发展，给我国的城乡规划工作带来了空前的机遇和挑战，习近平总书记、李克强总理对加强城乡规划、提高工作水平从宏观到微观、从战略到战术提出了一系列高标准和新要求，我国城乡规划转型升级势在必行。面对十分纷繁复杂的问题，如何抓住主要矛盾和关键环节，如何有效引导、约束、服务和调控？城乡规划工作的责任处于第一位！城乡规划牵扯面广，涉及各行各业，全社会各行业都要遵守、执行、维护城乡规划。因此，新时期城乡规划的历史使命和艰巨任务迫切需要在会上申明。

2.1 当前城乡规划工作面临的核心问题

从城市和区域看，经济、资源、环境、人口、社会问题严重，城镇化率刚过50%，便已经出现大城市人口膨胀、交通拥堵、环境污染、历史文化遗产保护利用难、"千楼一面""千城一面"等较为严重的城市病。在此背景下，当前城乡规划面临以下三个必须应对的突出问题。

2.1.1 城乡规划工作被动格局亟待扭转

从城乡规划督察看，虽说依法行政步入正轨，但是城乡规划依法行政存在"控改总"和突破"三区四线"强制性内容等有法不依、执法不严的问题，各地私建、滥建的违法问题十分普遍，屡禁不止，城乡规划的科学性、强制性、严肃性、权威性和可操作性亟待加强。

此外，城乡规划技术体系，一方面，内容丰富但缺乏关键概念主题提炼，与规划治理体系不匹配，难落实，更难评断比较；另一方面，城乡规划治理体系在时间（年度、近期、远期、远景）、空间（国家、省、市、镇在事权分工上不尽明确）和有关专业（如国土、环保、发改、人口、交通等）上衔接不到位，这种被动局面亟待扭转。

2.1.2 城乡规划自身存在的问题亟待改善

再有，城乡规划工作重点与当前国家发展的总体要求不适应的现象还依然存在，主要表现在以下方面：在技术体系方面，重城市轻乡村、重模仿轻创新、重地上轻地下、重表面轻内涵、重眼前轻长远、重经济轻生态社会；在管理体制方面，重程序轻效率、重编制轻管理、重开发项目轻公共设施配套、重技术轻政策、重审批轻服务轻监督轻行业管控等。从上述现状来看，最为突出的自身问题是所有规划技术和管理都偏重为经济发展服务，而为社会生态管控的内容要求少，很显然不适应当前国家执政总体战略部署,深层次看必须力挽狂澜,否则不可持续。加强城乡规划科学研究和创新,不断提升应对市场经济发展复杂情况的调控力度迫在眉睫。

2.1.3 城市无序扩张、"大、洋、怪"建筑等问题亟待解决

从当前现实发展状态来看,城市无序扩张,各类新区琳琅满目,规划采用统一范式,建筑采用统一模板,城市文化建设趋同,千篇一律,文化地标内涵模糊,特色文化趋于淡化,"大、洋、怪"建筑与公众认知中的城乡景观、大地景观、人文景观等应有的美感和秩序不一致。更为严重的是,这些"大、洋、怪"建筑给城乡整体景观结构造成了不协调、给地方政府造成了不必要的经济负担、给建筑规划设计行业造成了重大负面影响。必须下决心治理这一"冰冻三尺非一日之寒"的城市病,这不仅仅关系到由此造成的巨大浪费对国家可持续发展的影响,而且影响城镇化规划健康推进和美丽中国战略有效实施;不仅影响中国在世界上的形象,更关系到子孙后代的精神寄托和中华民族的伟大复兴。

可见,当前城乡规划虽然取得了较大成果,但成果庞杂,缺乏整合,难以形成合力,已经不适应城市新的历史使命,城乡规划工作转型升级势在必行!

2.2 进一步提高认识,明确城乡规划历史责任和艰巨任务

在巩固大量学术成果、已有法制、规划人才队伍、规划产品、管理模式等优势服务国家战略的同时,要积极推进新时期城乡规划工作改革创新,构建适应中央执政理念和发展要求的、激发城市新使命的城乡规划工作新格局。

2.2.1 城乡规划肩负建设美丽城乡幸福家园的重要责任

城乡规划依法行政上承国家战略下接"三区四线"、关注民生,其地位、作用将进一步提升,加强城乡规划是维护国家利益、健全国家治理体系必不可少的重要组成部分,是国家治理能力提高不可或缺的重要力量。城乡规划不仅是科学引导和调控我国新型城镇化最重要的宏伟蓝图,而且更是规划建设美丽城乡幸福家园的终极目标。深化当前城乡规划工作不仅要充分体现战略性、前瞻性和科学性,而且要充分体现地域性、民族性和现代性,更要体现合法性、规范性尤其是政策性。

2.2.2 城乡规划肩负落实国家战略的重要任务

加强城乡规划工作是一个系统工程。党的十八大以来一系列重要会议、重要文件、重要讲话精神，以及国家新型城镇化规划等战略给全国城乡规划战线提出了一系列要求和任务，十分光荣而艰巨，是一个巨大的系统工程。城乡规划任务主要涉及以下两个方面。

1. 城乡规划技术体系方面

既有战略布局也有战略重点；既有经济环境还有社会环境；既有长远大略（2049），也有近期建设（2020）。

既有城市也有乡村；既有地上也有地下；既有促进市场经济发育，优化生存与发展空间的，也有关注民生确保公共利益、公共空间、公共安全的。

2. 城乡规划管理体系方面

既有我部代表国家应完成的任务，也有省、市必须落实的工作；既有适应市场经济发展的弹性服务，也有加强督察不断提高惩防体系执法水平，确保一张蓝图绘到底、树立规划权威性的重要课题。

既有划清城市界限优化城市空间结构的，也有进一步简政放权抓大放小提高效能的；既有打破"千楼一面""千城一面"、治理城市建筑贪大媚洋求怪的要求，也有多出"显山露水、透绿见蓝、记得住乡愁"的精品佳作的任务。

综上所述，城乡规划工作要为美丽中国建设、美丽城乡幸福家园建设切实全力做好优质服务。

3 城乡规划转型新方略

基于上述分析判断，科学谋划新形势下加强城乡规划健康发展、主动有为的新思路和新方略，迫切需要在会上定夺。

3.1 一个工作中心：一张法治蓝图绘到底，建设美丽城乡幸福家园

紧紧围绕服务"两个一百年"的中国梦，围绕新型城镇化健康协调可持续发展，科学绘制人与自然共生发展的绿色生态发展蓝图，规划建设"美丽城乡幸福家园"，这是新时期城乡规划工作的重心。

3.2 三严两转的工作主线：突出严谨规划、严格实施、严肃监督的"三严"规划先行工作主线，实现向市场规制、公共政策转变

城乡规划工作要从计划导向到市场规制转变；从规划技术到公共政策转变；规划改革既要体现战略性和科学性，也要体现政策性尤其是合法性。具体要求如下。

一是由为经济发展服务的传统发展观，向以人为本，进一步向尊重人、自然、历史文化、法治，为城乡居民更好生活和就业提供优质环境的科学发展观转变。老城改造不是大拆大建，而是以风貌特色、遗产保护和功能优化为主。

二是由市场经济对资源配置起基础作用向着起决定作用转变，进一步由粗放向集约、由庞大专业技术向配套实用技术和公共政策转变。在市场发挥决定性作用的同时，也要发挥好法律规章制度的管理调控作用。

三是由就城市论城市、就乡村论乡村向构筑城乡空间一流的公共服务、基础设施、交通网络、生态环境、特色风貌体系转变，构建绿色生态、功能联动、资源共享的城乡一体化。

四是由主城区物质空间规划向不断增加科技、文化、法制、智慧、绿色、人文、幸福、健康含量的覆盖城乡的全域规划转变。

五是由定性为主的传统规划向面向复杂统一以大数据为依据的规划分析、预测目标、实施评估、适时调整全过程的定性与定量综合集成规划转变。

六是由住建部门主导的专业规划向政府主导、住建部门牵头管帮结合、加强监督、相关部门积极配合、专家咨询、公众参与的综合性权威规划转变。

4　加强新时期城乡规划工作新举措

当前加强城乡规划工作具体举措提出4个方面、21个重点建议，迫切需要在会前与会上讨论、确定，会后落实。

4.1　加快推进适应生态文明模式下城乡治理的规划技术创新

及时构筑覆盖城乡、分工明确、主动有序、技术和政策有机协同的城乡规划体系势在必行。

　　研究制定"一张法治蓝图干到底"的技术体制框架。"一张法治蓝图"绘到底要纵横拧成一股绳，要纵向到底、横向到边全覆盖，即纵向从上到下，将全国建成小康和远景实现中国梦的"美丽城乡幸福家园"的建设项目和建设量全口径纳入全国城镇体系规划—省域城镇体系规划，市、县域城镇规划层层落实；横向从南到北、从东到西优化布局这些项目和建设量，使其在中心城（老城区）、规划新城区、近郊区、远郊区城乡一体化格局中各得其所，从而达到可预测、可约束、可实施、可参与、可评估、可监督、可调控。

　　以"显山露水透绿见蓝"为目标实施"双管双控"的规划技术标准。建设美丽城乡幸福家园应当借鉴国际成功经验，双管双控！一方面针对人多地少的国情特点，用生态环境容量尤其是人均规划建设用地指标约束城市规模和边界；另一方面，按照生态城市、美丽乡村、天人合一的理念，应该使城市总体布局与城市所在地的山水林田路和历史文化街区相容相敬、共荣共生，任何一座城市都应该围绕公共利用和公共安全，留足、优化公共空间，从城市中心到近郊、远郊都应该规划辟建颇具规模的步行街区、中心公园、足球场、运动场、滨水绿带、郊野公园等。

　　尽快健全体现历史记忆、地域特色、人文特点的城市设计和建筑设计的各项技术标准。要建立城市设计多维辅助分析决策系统，为多方案比选、优中选优提供技术支撑。要坚持"城市要发展，特色不能丢"（任震英）！新的建筑规划设计方针要在原来"实用、经济、美观"的基础上，增加"人文、现代、地域"三个要求，构建"3+3"中国特色建筑风格总体方针。

　　积极创新城乡规划技术方法和理念。城乡规划应从面向世界、面向实际、面向未来"三个面向"维度，重点做好定性、定量、定位、定景、定施（政策）"五定"方面的基本内容。积极探索运用生态城市、天人合一等规划方法，改变传统的"格式化"的空间技术处理方法，尊重自然的原生态系统，实现人与自然共生共荣的规划目标。深入研究城市规模过大、房地产空房率过高、道路交通拥堵严重、城市安全隐患较多等城市问题，切实制定合理、合法、合情的城市规划技术方法和对策。

　　加大城乡规划在住房和城乡建设部内外的联合力度，分不同尺度切实搞好"多规合一"。城镇体系规划、城市规划及镇、乡、村规划与风景名胜区规划等城乡规划，要与人口规划、国民经济和社会发展规划、土地利用规划、环保规划、交通运输规划等做好不同尺度的无缝衔接，应强调城乡规划的先导性、综合性、基础性等刚性牵头、弹性协同的统领作用。

4.2 加快完善适应国家治理体系和治理能力现代化的管理体制改革

要以美丽城乡幸福家园为发展目标（总目标、子目标和年度目标），以绿色GDP、生态文明、绿色文化、生态城市等为制度改革的出发点，尽快制定和完善相关法律、法规及规章制度，及时调整城乡规划工作思路，推进城乡规划治理体系和治理能力的现代化建设。

深化制定树立城乡规划权威性的各项法律细则，依法、依规审批规划。譬如，围绕会议主题，出台一份有关城市工作"规划第一"的纲领性文件和国策。依据此文件成立中央城乡规划领导小组和国家城乡规划委员会，牵头城乡规划依法行政、抓大放小、优质服务等工作，减少个别领导、重点项目对城乡规划编制、管理和实施的干预，强化市场、公众、生态等要素在城乡规划管理环节中的重要作用。

构建以生态容量为基础、建设总量为主线的规划管理改革框架。改变传统的项目审批制度，建立以生态容量为基础、建设总量为主线的区域调控制度，生态容量与建设总量在大尺度刚性匹配、小尺度弹性调节。对于生产、生活功能空间的开发建设，主要以全域规划确定的建设总量为主。建设总量管控可根据城市发展的实际能力、市场变化特点和政府作为，采取"恩威并重"的管控体制，突出弹性管理的特点。国家尽快出台城乡规划服务省市恩威并举、奖惩并重的系列举措，健全完善的领导问责制度。

建立与生态容量、建设总量、事权结构相匹配的可考核指标管理体系。根据生态容量现状、区域利益格局和功能需求结构确定城乡空间总建设量的构成，重点是要厘清不同事权、不同部门、不同区域、不同类型的城乡空间总建设量的总量和结构组成，实现城乡空间结构优化。在总量指标控制方面，重点厘清地上与地下、改建与新建、中心与边缘郊区、城市与乡村的城乡空间总建设量调控总量。在结构指标控制方面，重点厘清公共设施、市政设施、住房建设、生态建设、低碳环保、公共安全、历史文化名城等不同用地类型的城乡空间总建设量调控总量。

如表1所示平衡表是建立在厘清责任事权的基础上的，也是与各部门规划、各县市规划对接的主要接口。因此，只有法定规划明确了一定发展区域内各区域主体的发展责任，才能促进生态保护好、城市建设好、居民生活好，真正实现人与自然共生的幸福家园的目标。但同时，相应的统计考核制度也需要建立和完善，才能做到可监督、可评估、可操作。

城乡空间总建设量综合平衡表   表1

序号	分类	年度	5 年	10 年	20 年
一	地上				
	地下				
二	改建				
	新建				
三	中心				
	边缘				
	郊区				
四	城市				
	乡村				
五	公共性				
	保障性				
	安全性				
	经营性				
……	……				

探索区域性城镇体系规划实施管控制度。整合现有技术力量和管理手段，加快国家层面的"一路一带"、京津冀、海西、长三角、珠三角等区域性城镇体系规划的编制工作，加强区域空间统筹协调发展的实施管控制度，保障美丽中国、美丽城乡健康有序建设。

尽快制定新时期城乡规划建设管理考评制度。譬如，城乡规划建设管理要与"五位一体"总体布局和发展绿色 GDP 等国家战略实施关键环节相对应，与领导政绩考核、问责制度挂钩，算好"两增"两笔大账，"一增"是通过美丽城乡幸福家园规划实施不断增加对拉动绿色 GDP 的百分比，另"一增"是通过绿色、节能、低碳环保生态城乡规划实施，不断加大节能减排的贡献百分比。

加强城市风貌和设计工作的管理。党中央、国务院近期尽快制定出台《关于加强城市设计管理工作的通知》，远期在《城乡规划法》修订时将其纳入，并专设城市设计篇章。另外，在《城乡规划法》修订时要加强设计行业管理方面的规定。

地方城市宜在保持开放和弹性的基础上，进一步抽象指导城市规划建设的一般性导则，供规划管理部门参考，并将明确可以进行规约控制的部分纳入城市总体规划、城市控制性详细规划的强制性内容予以立法，其他部分可以弹性指导操作的内容作为自由裁量参考。

制定差异化的、接地气的城乡规划管理制度，强化省级管控。根据我国东、中、西的差异，住房和城乡建设部要积极促进当前地方偏重经济发展、忽视社会生态发展的城乡规划管理制度的改革，从生态文明建设、美丽中国建设的战略高度制定相关制度引导不同地区、不同类型、不同层次的城乡规划改革。譬如，东部沿海发达地区开发强度较大，重点是城乡用地的优化调整，增强城乡居民的幸福空间感；中西部地区经济发展动力不足，重点是"多规合一"下的城乡空间功能的统筹协调，保障大尺度的生态安全格局。

建立地上、地下规划建设统一管理的"立体"许可制度。改变当前地上规划与地下规划管理审批相分离的现状，加快制定地上、地下开发建设统筹管理的制度，实施统一规划编制、统一规划审批、统一建设监督的"立体"许可制度。

完善其他各种法律、法规相关配套制度，依法、依规审批规划。譬如，依法实施规划竣工核实验收证制度，符合批复的法定规划才能验收，否则一票否决。建立年度城乡规划实施评估制度和报告制度。尽快出台将城市设计成果与"一书两证"制度有机衔接的规定。进一步完善拆迁、拆违等法律、法规。

4.3　强化监督体制改革创新

要以人为本，按照国家赋予城市的新任务和新使命，积极推进城乡规划监督体制改革创新，从项目督察转型到全方位督察，保障美丽城乡、幸福家园的可持续发展。

构建部—省—市联动的规划督察垂直管理体制，共同研判规划执行执法情况。在部—省—市联动的规划督察体制下，加强规划建设后实施效果的评估机制建设，以便指导和提升后续规划编制的科学性。

加快完善城乡规划监督体制，依法、依规监督实施规划。加大城乡规划督察力度，建立城乡规划督察局（部）及省、市城乡规划督察网络，设立国家城乡规划总督察；尽快出台《城乡规划督察条例》。

加强城乡规划重点专项工作的常态化检查。以生态、宜居、文明等为重点目标，以新的制度为标准，配合全国人大常委会开展城乡规划法尤其是针对总体规划、保障房规划、"控改总""三区四线"和"楼怪怪"等的专项检查。成立拆违领导小组，加大对拆违等工作的监督力度。对违规、违法行为不改正的，可实行规划建设审批的"一票否决制"和主要领导问责制度。

营造良好的城乡规划督察舆论氛围。大力表彰城乡规划在生态城市、绿色发展、人文特色等方面遵纪守法的典型，在国务院网站、《人民日报》设专栏公开曝光严重违法的典型。

4.4 健全城乡规划工作保障体制

通过政府引导、公众参与、市场检验的方式，还要健全城乡规划工作的各项保障制度，提高我国社会各界和居民的城乡工作责任意识。

健全以生态文明为导向的城乡规划评优工作保障制度。譬如，配合争创中国人居奖、联合国人居奖、"十个一"最佳实践奖和城乡规划创意奖、创新奖、质量奖、公众参与奖和国际合作最佳范例奖评选。"十个一"是指：一个低碳环保绿色配套的保障房住区、一个历史文化街区保护更新、一段综合管廊、一个村庄规划、一个宜人特色公园、一个特色市场、一条特色街、一个城市雕塑、一个出城口、一段滨水空间。在658座城市开展市徽、市雕、市花、市树、市歌创优活动。

及时总结各地城乡规划从宏观到微观50年不落后的好案例，可以从历年评优项目中结合实施效果筛选，总结中外历史文化遗产和"联合国人居奖"好案例成功经验，尤其是总结可以借鉴国际上人多地少人地矛盾突出国家的成功案例。

建立城乡规划宣传教育基地，大力搞好规划宣传培训，提高城乡规划工作的生态文明意识。一方面，要创建中国城乡规划展馆，以展示中国名城名镇名村风采，展示世界各国名城沙盘，展示中外经典建筑模型。举办城乡规划书记市长培训班，

集中培训 658 座城市市委书记、市长；在中央电视台设城乡规划大讲台；拍摄
城乡规划故事片、专题片；请作家写城乡规划三部曲，出版中外系列城乡规划图
（丛）书；在幼儿园、中小学、大学开设城乡规划课程，搞好城乡规划科普工作；
开辟中外城市规划建筑旅游专线，举办城乡规划知识全国竞赛，举办美丽城乡幸
福家园摄影大赛。

　　加强城乡规划工作的信息化建设。加强调查研究、开展首次全国城乡规划普
查，加强总结、统计分析、评估。建立统一标准平台的年度统计制度、国家城乡
规划地理数据信息与统计分析评估系统、城乡规划科学技术中心和网络。

京津冀协同发展战略规划若干思考和建议 [①]

　　从人类历史发展轨迹中可以看出，不同时期、不同阶段都客观存在世界首都或世界首位城市，这些世界首位城市往往是人口最为集中、产业最为先进、设施最为完善的高度城市化地区，对人类文明进步发挥了核心的引领和推动作用。伦敦、东京、巴黎等发达国家城市的经验表明，世界首位城市地区一般集聚了千万级人口规模，集聚了世界顶级的金融服务、高等教育服务、医疗服务等，占据了所在国家 1/5~1/4 的 GDP 份额，其中，服务业占据国家服务业的 1/4 左右。世界首位城市地区的吸引力、辐射力堪称历史空前！世界首位城市地区一定是世界最具魅力的枢纽和舞台！

　　经过近 40 年的改革开放，深圳的开放、浦东的开发，带动了珠三角、长三角的快速发展，支撑了我国从一个贫穷弱国走向世界经济第二大国，但要实现"中国梦""两个一百年"奋斗目标，实现中华民族的伟大复兴，我国还有较长的路要走。从这个意义上来说，中央选择京津冀协同发展作为国家战略，意义深远、任务艰巨、责任重大。新京津冀是要充分利用我国制度的优越性，借鉴国际最先进的理论和方法，科学规划、精心建设和依法治理，规划建设世界超一流的城市—区域综合体，与时俱进，重振雄风，实现从出口导向、中国制造到创新导向、中国创造的发展模式转变，实现中华民族伟大复兴。

---

① 此文是 2015 年俞滨洋先生在住房和城乡建设部稽查办工作期间作为一名规划老兵对正在贯彻落实的京津冀协同发展战略的思考和建议。本文从大国首都驻地、国家战略性地区、特殊行政区划三个角度认识了京津冀特殊性；并从特殊性角度剖析了京津冀在功能、产业、空间、生态四大方面存在的问题，透视了京津冀雾霾、贫困、城市病等发生的根源。面对当前京津冀的特殊性和核心问题，本文深入领悟了中央将京津冀协同发展提升为国家战略的真正内涵和战略意图，即作为实现中国梦、"两个一百年"奋斗目标的标杆和样板。根据中央的战略意图，本文做出了京津冀"四双优化"发展格局的基本判断，提出了把京津冀建设成世界智都、世界创造基地、世界首善之区，承担中华民族伟大复兴的引领和标杆任务的建议。到 2049 年"第二个一百年"时，京津冀将是中国参与全球竞争的高地、世界参与亚太发展的舞台、世界级城镇群的引领者。以此构建了京津冀世界级辐射源、孵化器、示范区的新功能体系，"一圈一群"的新布局体系，世界级创新、文化、生态、宜居的新形象体系，以及五大新政策体系。

一、对京津冀地区的基本认知

京津冀位于东北亚中国地区环渤海心脏地带，是中国北方经济规模最大、最具活力的地区，越来越引起中国乃至整个世界的瞩目。2013 年京津冀地区生产总值 6.2 万亿元，占全国的 10%；总人口 1.1 亿，占全国的 8%；土地面积 21.7 万 km²，占全国的 2.26%。历史上，京津冀之间存在范围之争、功能之争、产业之争，直到现在也未停止过。其核心原因是对京津冀地区的认知不足。

（一）对京津冀特殊性的认识

研究京津冀协同发展，首先要充分认识京津冀地区的特殊性，否则会陷入盲目分析。研究、规划、建设、发展京津冀的特殊性前提有三个方面。

京津冀作为大国首都驻地是京津冀协同发展的基本出发点。北京的政治、文化、国际交往、科技创新等功能地位不容改变。天津责任近期是带动"小津冀"，远期才会有"三北"。河北责任是服务北京、加速崛起。

京津冀作为国家战略性地区是京津冀协同发展的核心基础。京津冀地区有首都、央企、首都机场、天津港、北京—天津综合交通枢纽等国家级核心设施，是我国国家级战略性资源高度聚集地区。

京津冀行政区划体制的特殊性是京津冀协同发展的客观前提。目前，京津冀是 1 个首都、2 个直辖市、3 个行政区的"123"行政区划格局，这一格局的特殊性将会持续较长时间，短期内难以改变。

因此，京津冀问题研究必须立足上述三点，才能厘清协同发展过程中存在的核心问题，才能科学确定未来京津冀协同发展的高度、深度、广度。

（二）京津冀协同发展面临的核心问题

由于对京津冀特殊性认识的不足，这些特殊性在市场经济土壤中引发的负面效应没有及时进行干预调控，导致其越来越凸显，概括起来主要有以下几个方面的核心问题。

功能体系"欠连接"，各自为政多头建设，国际化步伐缓慢。北京是知识型功能体系，天津是加工型功能体系，河北是资源型功能体系，固化的行政区经济导致区域功能的断裂，北京国际化不需要河北，天津沿海化不需要腹地，梯次联动格局难以形成，区域空间格局运行效率较低，国际化步伐相比于东京、伦敦、纽约、巴黎要慢。

产业体系"欠分工"，标准不高重复建设，全球化整体竞争力难以形成。北京服务业体系与北京工业体系的矛盾主要是自我封闭，不与周边协调发展；北京服务业以中小企业为主，中小企业追求聚集性区位；北京科教文卫职能扩展有距离摩擦限制，就近原地扩建。北京工业体系自我完善，不与周边产生关联。北京服务业体系与天津大工业体系、河北地方工业体系的矛盾主要是封闭加雷同；天津是国家企业占主导，北京是创新企业占主导，河北是地方企业占主导，集群自我配套，相互封闭，不给周边机会；譬如，京津冀汽车发展雷同。自我封闭的产业建设带来的是低水平、标准不高的重复建设，不仅造成资源浪费，还难以形成全球整体竞争力。

空间体系"欠整合"，低水平无序建设，世界竞争高地发展受限。目前，京津冀城镇体系格局存在高富与低穷的矛盾，即高等级中心城市"富胖"式"摊大饼"，而低等级中小城市"瘦穷"式"吃财政"；京津冀城市与农村的矛盾主要是中心城市外围贫困带的农村，中心城市内部"贫民窟"（集体建设用地也是农村）的农民。核心城市是"城市病"，非核心城市是"相思病"。总体上京津冀空间体系建设相互脱节，低水平无序建设，缺乏整合，世界竞争高地发展受限。

生态体系"欠共治"，过度消耗低投入建设，国际高端品质塑造艰难。目前，津冀重化工业产业园区过度扩张、无序建设，区域污染加剧；中心城市与产业园区近距离、大规模产城融合，城市污染加剧；中心城市的人口过度膨胀，"城市病"突出，区域承载压力加大，生态安全风险加大，同时中心城市的城镇化质量也不断降低。过度的开发建设导致生态格局的破坏，城镇化质量持续下降；低投入的生态建设导致区域开发格局陷入封闭无序状态，缺乏共建共治，国际高端品质的生态环境难以形成。

综上所述，京津冀目前所出现的区域性雾霾、环京贫困带、城镇体系断层、发展阶段悬崖、大城市病严重、农村发展无序等表象问题不是偶然的，其背后折射的是在京津冀特殊性前提下缺乏有效的协同发展，实质上是功能体系的欠连接、产业体系的欠分工、空间体系的欠整合、生态体系的欠共治。京津冀协同发展要做的首要事情是打破行政壁垒，政府驱动建设设施网络和生态网络；市场驱动产业分工和空间优化。借鉴世界各国首都地区的成功经验，广泛开展首都合作。

二、"京津冀协同发展"提升为国家战略的认识

（一）中央对京津冀地区发展战略的要求

习近平总书记在 2014 年 2 月 26 日提出"京津冀协同发展是一个重大国家战略"的论断，强调实现京津冀协同发展是面向未来打造新的首都经济圈、推进区域发展体制机制创新的需要，是探索完善城市群布局和形态、为优化开发区域发展提供示范和样板的需要，是探索生态文明建设有效路径、促进人口经济资源环境相协调的需要，是实现京津冀优势互补、促进环渤海经济区发展、带动北方腹地发展的需要，是一个重大国家战略，要坚持优势互补、互利共赢、扎实推进，加快走出一条科学持续的协同发展路子来。

（二）"京津冀协同发展"作为国家战略的内涵诠释

从习近平总书记对"京津冀协同发展"的"四个需要"以及对北京城市规划建设的"五点要求"综合考虑可知，"京津冀协同发展"提升为国家战略，是从国家利益、民族利益角度实现"中国梦""两个一百年奋斗目标"提出来的。为此，"京津冀协同发展"不仅仅是解决北京"城市病"的问题，更为重要的是"国之方略"的战略问题。实现"中国梦"，迫切需要改善、优化、提升京津冀！且为"三北"、中原乃至全国、世界提供示范和样板，意义极其重大，作用极其重要，影响极其深远！

从这个意义上来说，"京津冀协同发展"提升为国家战略的真正意义在于京津冀崛起是实现"两个一百年"奋斗目标、中华民族伟大复兴的重要标志。毋庸置疑，中央对"京津冀协同发展"是大思路、大战略、大布局！其战略任务是在跨区域体制上要创新引领，在跨区域空间组织上要创新引领，在跨区域生态建设上要创新引领，在跨区域发展责任上要创新引领。为此，"京津冀协同发展"不是简单的职能疏解，也不是简单的功能整合，更不是简单的空间组织重组和生态体系共治，而是集政治、经济、文化、生态、社会于一体的系统性协同发展改革创新，围绕营造一个优化组合的国际首都、强国富民的枢纽而建设，其核心是要树立一个"五位一体"建设的典范，使之成为面向世界竞争的中国高地。

（三）发展趋势判断："四双优化"的发展格局

根据中央对京津冀协同发展的战略要求，以及提升为国家战略后的价值取向，

结合京津冀特殊性的认识和现实问题的解决，对未来京津冀协同发展趋势做出如下判断。

双层级的功能体系优化和构建是京津冀发展的客观要求。以世界智都为核心的功能体系建设，以世界创造为核心的功能体系。

双线索的产业体系优化和构建是京津冀发展的总体趋势。以北京为核心的区域创新共同体，重点发展世界级高端服务业；以天津—石家庄为核心的区域产业链条体系，重点发展世界级现代制造业。

双板块的空间体系优化和构建是京津冀发展的现实需求。北京智都建设主要是北京与近距离周边、北京与近距离中心城市之间的空间组织逻辑，核心考虑高级人才宜居创业的服务空间需求；而津冀工业化主要是港口门户与中心腹地的空间组织逻辑，核心是考虑工业产品成本节约的服务空间需求。京津冀大服务业、大工业两条线索组织空间结构变迁与升级。这两条线索的城镇体系层级与组织是不同的。

双类型的生态体系优化和构建是京津冀发展的基本底线。生态文明建设不是简单的种树林、建公园、修湿地等，更为重要的是要构建生态安全格局和生态服务格局的双类型生态空间体系。生态安全格局是底线，如消除雾霾、保障水质等；生态服务格局是保障，如为城乡居民提供慢行系统、健身广场等休闲娱乐的生态空间。

综上所述，"四双优化"发展格局态势是"京津冀协同发展"作为国家战略的本质性所在。

三、"京津冀协同发展"战略规划的若干建议

根据上述对"京津冀协同发展"的认识和判断，结合京津冀发展实际，从面向世界、面向未来和面向实际的视野，对"京津冀协同发展"战略规划提出以下粗浅认识和规划思考。

（一）战略目标（新定位）

2014 年国家发展改革委牵头编制的《京津冀协同发展规划总体思路框架》确定了"京津冀协同发展"的总体目标：以首都为核心的世界级城市群，区域整体

协同发展改革引领区，全国创新驱动经济增长新引擎，生态修复环境改善示范区；北京的总体定位是政治中心、文化中心、国际交往中心、科技创新中心，天津是全国先进制造研发基地、北方国际航运核心区、金融创新运营示范区、改革开放先行区，河北是全国现代商贸物流重要基地、产业转型升级试验区、新型城镇化与城乡统筹示范区、京津冀生态环境支撑区。目前，这一总体定位已经基本获得中央认可并即将批复。

根据前述分析判断，"京津冀协同发展"的战略定位应当站在"两个一百年""中国梦"的高度，站在实现中华民族伟大复兴的高度，确定京津冀发展定位和战略目标。基于此认识，对上述总体定位的内涵应当解读为：把京津冀建设成世界智都、世界创造基地、世界首善之区，承担中华民族伟大复兴的引领和标杆任务。在2049年"第二个一百年"时，京津冀将是中国参与全球竞争的高地、世界参与亚太发展的舞台，使之成为世界级城镇群的引领者。

（二）战略重点（新功能）

围绕上述"世界智都、世界创造基地、世界首善之区"的战略定位，未来京津冀应当发挥国际创新服务的辐射源、世界现代制造业的孵化器、世界生态文明建设的示范区的三大功能效应和作用，改变当前京津冀功能定位、战略任务、发展目标不明确的格局。

为此，未来"京津冀协同发展"应当围绕"国际创新服务的辐射源、世界现代制造业的孵化器、世界生态文明建设的示范区"的三大功能目标构建京津冀新的功能体系。在传统生产职能、交通职能的基础上，重点建设首都职能、国际职能、创新职能、创造职能、生态职能五大功能体系，以承担中央赋予的更大、更艰巨的历史使命和发展责任。

首都的核心职能在北京，非核心职能可适当于外围选址布局；主要承担国家党政军机构驻地职能。

国际职能主要包括国际交往、世界文化等方面，主要承担国际机构服务、国际商务会展、世界文化交流等方面的业务，重点建设国际交往中心、世界文化创意创作中心（影视、时尚、书画、动漫、设计）、世界文化娱乐中心（购物、展示、美食、博物馆、主题公园）、世界体育竞技中心（冠军舞台、奥林匹克中心）、世界文化教育中心（世界性大学建设）。

创新职能主要包括科技、金融、技术、信息等方面，重点建设世界知识创新基地（大学、科研机构、研发总部）、世界金融创新中心、世界要素市场交易中心（人才、技术、资金、专利、版权、房地产）、国际青年创新中心。

创造职能主要是在航空航天、装备制造、电子信息、生物制药、节能环保等高端制造业方面发挥中国制造的职能，重点建设航空研发园、生物技术园等。

生态职能主要是在生态安全格局得以保障的前提下提升生态服务的功能，重点建设国家公园体系、历史文化保护区、自然生态湿地等大型区域性生态空间或廊道。

在新的功能体系下，北京未来核心任务是强化人才、资金、技术、知识等方面的世界控制力和影响力的建设，重点是为工业方面服务的资本、技术人才、品牌设计等产业，为现代服务业方面服务的知识、技术人才、信息等产业；概括起来是金融商务、科技研发、文化娱乐、服务外包、信息服务、创意创新等。

（三）战略布局（新布局）

京津冀是小沿海与小内陆、大中心与大门户错综复杂的战略性地区。北京是世界现代服务业发展的门户，天津是世界创造基地的门户。针对京津冀的特殊性和当前面临的核心问题，京津冀地区空间体系组织应当"打破一亩三分地"的惯性思维，以世界智都、世界创造基地两条线索，组织京津冀"双板块"的空间体系布局。

基于这一认识，京津冀战略布局应处理好国际化与本土化的关系。根据国际经验，大服务业链条空间布局垂直关联性强，一般近域建设节点新城；大工业链条空间布局水平分工关联性强，一般近中域建设零部件基地，远域建设生产分基地。

结合京津冀客观实际，京津冀战略布局宜按照"一圈一群"进行组织。"一圈"是新首都经济圈，主要服务于世界智都建设布局；"一群"是新沿海城镇群，主要服务于世界创造基地建设布局；"一圈一群"的战略布局相互交叉、相互渗透，"一圈"以北京为核心构建大服务业网络体系，"一群"以天津、石家庄为主副中心构建大工业网络体系；共同形成镶嵌式布局的复杂空间网络系统，构建世界级城镇群——京津冀城镇群。

（四）战略项目（新形象）

根据上述新定位、新功能、新布局，作为世界智都、世界创造基地建设，应当在区域发展形象、城市发展品质上下功夫，有意识地通过一些战略性项目引导京津冀协同发展和转型升级，树立创新京津冀、文化京津冀、生态京津冀、宜居京津冀等新形象。主要从以下四个方面进行战略项目策划。

（1）功能提升体系

● 世界性大学聚殊地、世界赛场聚集地、世界首都博物馆、世界宗教文化研究中心；

● 时尚创意公园、世界书画展览基地、影视创作中心、动漫创作基地；

● 世界娱乐购物之都、世界美食之都；

● 世界门户枢纽。

（2）产业升级体系

● 国际金融城；

● 世界要素市场交易中心、世界知识版权公园、世界专利市场；

● 世界传媒基地、世界会议会展基地、国际设计创新基地；

● 都市工业公园；

● 世界智谷、世界新硅谷。

（3）空间协同体系

● 北京首都新区（中央第二办公区），大学城变国际城、国际青年创新中心，中关村变国际村，三里屯变国际社区；

● 天津航空城和宇宙城、滨海国际社区、央企总部基地；

● 河北未来城市试验基地、国际慢城、国际生态城、生态产业公园、节能环保工业区、高端中小企业园区。

（4）文化生态体系

● 特色区风貌建设，如北京古城保护、天津意式风情区等；

● 国家公园体系建设；

● 世界公园建设。

（五）战略措施（新政策）

针对京津冀特殊性，"京津冀协同发展"除了功能、产业、空间、形象等方面的战略举措外，还要有新的政策方面的支持，甚至政策顶层设计意义大于空间优化整合意义。

• 加大对京津冀核心城市旧城改造方面的政策支持，推动世界首都城市空间品质的塑造。譬如，北京要加大三环以内的旧城改造力度，树立国际城市、全球城市的空间品质形象。老城区应当 N 增 N 减。核心城市职能疏解之后，要增加开放空间、市民舒适度、交通方便度、地下空间连通度、环保力度、人的文明素质、混合使用等，减少开发强度、环境污染、危险、住宅比例、交通堵塞、城市病、违法建设等。

• 原则上不鼓励另辟新区，但可考虑建设首都新区。针对核心城市的职能疏解，中央要给予土地、税收、水资源等方面的政策支持，积极鼓励在地方中心城市原有新区进行统筹开发建设，原则上不鼓励另辟新区。

建议建设首都新区，承载首都职能的非核心部分。首都新区宜选择在首都核心区的半小时地铁通勤圈内，并距离门户枢纽较方便的位置。首都新区要按照世界一流的国际首都形象进行建设，充分展现中国特色的、具有世界风采的大国强国形象。

• 加快京津冀区域管理体制改革，建议成立首都建设管理委员会。针对新京津冀的战略任务，首先制定京津冀发展的负面清单和战略性产业的管控清单，淘汰影响京津冀长远发展形象的落后产业，科学管控京津冀金融、科技、教育、信息、技术、高端装备等战略性产业。除此之外可由市场起决定性作用的产业应当交给市场进行合理调控。其次，要识别影响京津冀战略任务的战略空间，其规划建设统一由中央政府统筹管控，如 CBD、港口区、国际城等。为此，建议成立首都建设委员会，负责产业管控和空间治理，并赋予规划建设审批权限。

• 制定生态补偿机制和新的领导考核机制，构建统筹管理的生态经济版图。为了保障京津冀发展的世界级目标定位，应当对空间分类管理，制定科学的生态补偿机制，制定合理的人口流动管控机制，制定以空间目标管控为导向的领导考核机制，构建统筹管理的生态经济版图。

• 加快京津冀交通、基础设施、公共服务、社会保障等方面的一体化改革。尤其是要取消具有地域等级差异和歧视的相关政策制度，促进高端要素在京津冀世界首都城市地区合理流动和组合。

建设国家中心城市的规划建议与举措 [①]

近年来，关于"国家中心城市"的学术研究和政府导向日益凸显。"国家中心城市"概念起源于原建设部 2005 年版《全国城镇体系规划（2005—2020 年）》，兴起于 2016 年国务院批准的由国家发展改革委和住房和城乡建设部编制出台的《成渝城市群发展规划》《促进中部地区崛起"十三五"规划》，将重庆、成都、武汉、郑州确定为国家中心城市。目前，长沙、沈阳、南京等省会城市也提出了建设国家中心城市的设想。针对当前全国各地超级城市、特大城市的发展形势和诉求，通过国家中心城市健全全国城镇体系规划职能结构，切实提高城乡规划落实、服务国家新型城镇化健康发展的水平和执行力，已经成为当务之急。

一、建设国家中心城市的战略意义

国家中心城市是在全球城市体系格局中具有重要节点作用，在国家社会经济文化创新格局中处于战略引领地位，在跨省区域空间发展格局中处于中枢辐射功能的城市。国家中心城市应重点体现以下六大职能：一是在全球化深度推进中凸显国际门户、文化交流、创新中心的链接作用；二是在宏观经济发展与全国新型城镇化发展中发挥战略引领、均衡布局的中心辐射作用；三是在国家科技创新体系中发挥核心组织作用；四是发挥在全国交通、信息网络中的门户与枢纽作用；五是在城市文化事业发展及绿色发展中发挥示范地位作用；六是在国家实施相对均衡的城镇化发展战略中，发挥就近就地城镇化享受高质量公共服务的作用。

因此，从现实意义来看，通过国家中心城市的全球竞争有助于提升中国在全球治理体系中的话语权（政治意义）；通过国家中心城市的领头羊和示范作用有助于落实国家"一带一路"倡议、"京津冀协同发展"战略、长江经济带战略等实施，有利于支撑"十三五"规划的实施（经济意义）；通过国家中心城市的均

[①] 此文是 2017 年 1 月俞滨洋先生在住房和城乡建设部城乡规划司工作期间作为一个规划老兵，结合正在编制的《全国城镇体系规划（2016—2030 年）》，对新时代国家中心城市全国"一盘棋"布局方案和管控举措的一些思考和建议。

衡布局有助于发达地区国家级职能有序疏解、不发达地区国家级职能有序承载，有利于全国人口流动的合理科学布局，有利于城市群的协调发展和整体竞争力提升（空间意义）。从长远意义来看，对于解决区域发展不平衡问题、城乡发展不平衡问题、区域性环境生态问题，推动绿色城市和美丽中国建设具有重大战略意义。

二、国家中心城市规划布局框架（初步思考）

在"三大阶梯"国家自然地理和"四大区域板块"国家经济发展的大格局基础上，依据国家中心城市承担的责任和任务，以每座国家中心城市辐射带动 80 万~100 万 km² 的国土范围为基础，本轮《全国城镇体系规划（2016—2030年）》规划确定以国家中心城市为战略引领，构建"五横四纵"经济发展轴，串联全国 656 座城市、1568 个县城、20515 个建制镇、11315 个乡，推动全国空间框架优化完善，建立结构高效、功能完善、布局合理、社会和谐的新型城镇体系空间格局。

（一）规划布局方案

国家中心城市主要根据城市综合实力、全球城市体系地位、国家空间格局地位作用、所在城市群地位作用等各方面因素综合平衡考虑。方案如下。

方案一：全国规划布局北京、上海、广州、深圳、重庆、天津、成都、南京、杭州、武汉、青岛、西安、沈阳、郑州、厦门 15 座国家中心城市。此方案是从全国城市中心性地位和综合性职能方面考虑出发，原则上省内腹地不冲突、省际腹地不重复。其中，深圳、天津两大城市在国家发展格局中具有重大国家经济战略意义，所以深圳与广州、天津与北京近距离建设国家中心城市。

方案二：全国规划布局北京、上海、广州、深圳、重庆、天津、成都、南京、杭州、武汉、青岛、西安、沈阳、郑州、厦门、长沙、大连、宁波、济南 19 座国家中心城市。此方案在方案一基础上，重点考虑沿海港口城市与中心城市的双核驱动的国家战略意义，尤其是对内陆地区的辐射带动作用。

方案三：全国规划布局北京、上海、广州、深圳、重庆、天津、成都、南京、杭州、武汉、青岛、西安、沈阳、郑州、厦门、长沙、大连、宁波、济南 19 座国家中心城市，以及乌鲁木齐、昆明、南宁、哈尔滨、呼和浩特、拉萨6座边境型国家中心城市。此方案在方案二基础上重点考虑"一带一路"倡议引领国家空间格局由沿海开放走向全面开放，边境地区的中心城市建设承担着"一带一路"倡议实施的国家责任。

（二）建设时序

在建党100年的2021年，规划确定北京、上海建设成为第一批国家中心城市，并向全球城市发展迈进。

在国家"十五五"期末的2030年，规划确定广州、深圳、重庆、天津、成都、南京、杭州、武汉、青岛、西安、沈阳、郑州、厦门建设成为第二批国家中心城市，北京、上海提升为在亚太地区具有相当影响力的全球城市。乌鲁木齐、昆明、南宁、哈尔滨、呼和浩特、拉萨6座边境型国家中心城市初步支撑"一带一路"倡议的全面实施。长沙、大连、宁波、济南积极培育国家中心城市功能，力争跨入国家中心城市行列。

在中华人民共和国成立100年的2049年，规划确定重庆、天津、成都、南京、杭州、武汉、青岛、西安、沈阳、郑州、厦门、长沙、大连、宁波、济南、乌鲁木齐、昆明、南宁、哈尔滨、呼和浩特、拉萨建设成为具有核心竞争力的国家中心城市，北京、上海、广州、深圳建设成为在世界经济格局中具有重大影响力的全球城市，形成全球城市引领、国家中心城市支撑的全面开放的国家区域发展格局，实现中华民族伟大复兴的中国梦！

三、支持国家中心城市建设的若干规划举措

国家中心城市是国家城镇体系的重要组成部分，是国家工业化、城市化和信息化的核心空间载体。国家中心城市更多的是代表国家利益和国家意志来推动国土开发格局的优化。在布好全国"一盘棋"的同时，还需要制定支持国家中心城市建设的得力举措。具体建议举措如下。

（一）加强国家中心城市的规划编制管理

国家中心城市"一盘棋"确定后，要尽快明确国家中心城市功能构成和技术标准，加强住房和城乡建设部对国家中心城市的规划编制管理，不能一哄而上。

国家中心城市承担国家空间开发格局优化的艰巨任务，应从国家利益角度推进国家级现代服务业聚集区（总部基地、创新基地、国际教育城、国际医疗城、国家级物流园区等）、国家级产业园区（国家级新区、自贸区、经济开发区、高新区、保税区等）、国际社区（国家领事馆区、国际交流区、国际住区等）、国际性交通枢纽的"三区一枢纽"功能规划建设。

（二）建立国家中心城市"地与人、绿、水"挂钩的规模管控制度

落实"以水定人、以水定地、以水定产、以水定城"的原则，将环境容量和城市承载力作为确定城市发展规模的基本依据，将农业转移市民化人口、绿色经济增长总量作为确定国家中心城市发展规模的重要依据，划定城市增长边界和生态控制红线，建立"地与人、绿、水"挂钩的建设用地管控体系。

（三）建立国家中心城市建设用地指标奖励制度

建立国家中心城市承担的国家战略定位与建设用地指标核算挂钩制度。经全国城镇体系规划部际联席会议审查同意，国家中心城市建设用地指标可以在国家标准规定的范围内上调至10%。

建立国家中心城市增绿奖励建设用地指标制度。将绿色发展与建设用地奖励挂钩，在城市总体规划确定的建设用地范围内，除规划确定的绿地外，每增加 $1km^2$ 连片绿地的城市，给予 $1km^2$ 建设用地奖励指标。

（四）加大绿色基础设施相关政策对国家中心城市的倾斜力度

优先在国家中心城市因地制宜地推行多规合一、海绵城市、生态城市、综合管廊、绿色建筑、住宅产业化等试点和示范性工程。对于按照城市总体规划留足城市公共空间并得以强制性控制的城市，经住房和城乡建设部门会同发展改革、国土等有关部门对城市公共空间进行勘察评估和论证，符合国家规定标准要求的，可给予城市公共空间建设用地总量10%的指标奖励，用于城市"三生"空间优化。

（五）建立国家中心城市重点空间的动态管控制度

将历史文化名城、国家级风景名胜区、国家绿道体系、国家级开发区和新城新区、国家级城镇群涉及的城镇密集地区等对落实国家空间开发格局有重大影响的地区划定为国家中心城市监控重点区域。监控重点区域的规划编制和实施情况作为住房和城乡建设部门对省级政府进行规划督查的重点内容。明确城镇空间、农业空间和生态空间，划定城镇开发边界、基本农田保护红线、生态控制红线，重点加强对历史文化和生态环境资源的保护，推动形成绿色低碳的生产、生活方式和城市建设运营模式。

（六）建立国家中心城市规划建设实施的动态考评制度

建立国家中心城市规划实施考核评价制度，探索建立正面/负面清单制度。住房和城乡建设部门对各省（自治区）人民政府、国家中心城市的人民政府落实本规划的情况开展考核评价。每年针对已支持的、待考核支持的国家中心城市进行全国城乡规划建设的好坏案例评价，建立规划建设的正反面清单制度。对规划建设优秀的城市给予建设用地指标奖励；对规划建设差的城市给予建设用地指标核减，并要求及时进行整改。

提升对北美洲战略，把哈尔滨打造成为中国对北美航空物流之都 ①

从中国和北美的空中联系通道来看，无疑黑龙江省是中国至北美空中距离最短的省份，哈尔滨太平国际机场是中国距离北美最近的航空港。哈尔滨是我国以及东南亚至北美航线的必经之路，每周有200多个北美航线航班飞越哈尔滨上空，哈尔滨太平国际机场目前也是北美航线的备降机场。充分利用并发挥这一地理区位优势，把哈尔滨打造成为中国对北美航空物流之都，具有十分重要的意义。

一、绝对地理位置优势是哈尔滨成为中国对北美航空物流之都的前提条件

随着全球经济一体化进程的加快和中国加入WTO（世界贸易组织），国际合作与竞争日益加剧，物流业的重要性被越来越多的国家和地区所重视，物流业的发展对于培育新的经济增长点，推进经济结构的调整，增加就业，增强城市的服务功能和竞争力，促进城市经济社会全面、快速、和谐发展都具有重要意义。

1.哈尔滨是中国对北美航空物流成本最低的城市

区位理论认为，同样的货物运送距离越长，费用越高。航空物流作为物流业的重要组成部分，对洲际、洋际间的货物运输起到举足轻重的作用。在航空物流中，空中距离同样是影响飞行时间、飞行成本的关键因素。飞行距离越长，飞行的时间就越长，飞机油耗就越多，飞行成本就越高。

从中国与美国的空中联系来看，无论国内哪座城市到美国的空中航线都要经过哈尔滨，哈尔滨是中国与美国空中航线最短的城市，具有绝对的地理位置优势。目前，我国航空以京、沪、粤为门户机场，洲际间旅客及货物运输基本上通过这三个机场完成，国内其他城市也只能通过这三个机场中转实现洲际间客货运输，直接后果就是造成飞行距离长、飞行时间长、飞行成本高，尤其是回航率非常

---

① 此文是俞滨洋先生对哈尔滨长年研究后提出的未来发展战略构想，写于2007年。

高。例如，从哈尔滨飞往洛杉矶，需经北京中转，飞往美国途中又会飞过哈尔滨上空；回航同样如此，从洛杉矶飞往哈尔滨，途经哈尔滨，然后再从北京回到哈尔滨。从飞行距离来看，哈尔滨到洛杉矶 9000km，哈尔滨到北京 1000km，单程飞行距离增加了 2000km，飞行距离增加了 22%；从飞行时间来看，哈尔滨到洛杉矶 10h，哈尔滨到北京 1.5h，单程飞行时间增加了 3h，飞行时间增加了 30%；从飞行成本来看，以飞机油耗 10t/h、航油 5000 元 /t 计算，单程航油成本增加 15 万元，航油成本增加了 30%；从货物运输成本来看，即使按哈尔滨到北京的国内货运单价 3 元 /kg 计算，国际货运单价更高，单程每吨货运成本将至少增加 6000 元运费。通过简单计算，不难看出，通过中转的客货运输造成了资源和能源的极大浪费，这同国家建设节约型社会的要求显然是背道而驰的，也同物流业最大限度降低物流成本的目标追求不相一致。

2. 东南亚至北美航线远程飞行需技术经停

从东南亚对北美的航空物流来看，因东南亚至北美的空中航线属于远程飞行，按照航空技术要求，超过 16h 的航程，中途必须在北纬 45° 左右地区选择合适机场进行技术性落地经停，进行加油、维护等。目前的技术经停机场一是日本的札幌，位于北纬 45°；二是俄罗斯的哈巴罗夫斯克，位于北纬 49°。哈尔滨太平国际机场为北纬 47°，目前东南亚国家的波音 747 货机每天都从哈尔滨市上空飞赴北美。哈尔滨太平国际机场经几年扩建，跑道、雷达、通信等均已具备起降重载波音 747 货机条件，完全有条件成为国际航班的技术经停机场。同时，哈尔滨与札幌、哈巴罗夫斯克相比，在经济发展、城市基础设施建设、物流集散等方面都具有优势，因此哈尔滨太平国际机场不仅可以成为东南亚至北美航线技术经停的理想选择，而且具备成为东亚地区航空物流之都的前提和条件，也将使哈尔滨在东北亚地区区域经济合作中提升竞争力。

二、把哈尔滨打造成为中国对北美航空物流之都的可行性

1. 从历史基础上看

哈尔滨在历史上就曾经凭借区位优势成为重要的国际性经贸城市。20 世纪 20 年代末，哈尔滨呈现出"北满经济中心及国际都市"的"黄金时代"，成为

中国东北最大的商业市场与物资集散中心；当时有 17 万外国移民，有 18 个国家设立了领事馆、1 个国家设立代办处。在一个国家政治中心之外的都市里设立如此众多的外交领事机构，这不仅在国内，就是在国外其他大城市的发展历史上也不多见。1922 年，哈尔滨同世界 40 多个国家和地区的 100 多个城市和港口保持着经常性的商贸联系。1907 年 1 月 21 日，美国在哈尔滨设立领事馆，坐落于现南岗区东大直街 281 号，砖木结构，折衷主义建筑风格，现为哈尔滨市三类保护建筑。

2002 年 10 月 28 日，中国东方航空股份有限公司开通了上海经哈尔滨至洛杉矶航线，这是哈尔滨飞往美国的第一条航线，哈尔滨也成为中国第 4 个直飞美国的航空港，但由于组织不得力、宣传不到位导致规模不足而在两年后停止了飞行。哈尔滨虽然没有足够的客流量来支持，但是可以作为中转站来吸引全国客流，这样既可以减少飞行距离和时间，又可以降低飞行成本。

2. 从经贸发展来看

"十五"期间，哈尔滨市经济社会保持快速高质量发展，综合实力不断增强。在国家统计局 2004 年、2005 年两年发布的中国综合实力百强城市排序中，哈尔滨均列第 10 名；2007 年全年实现生产总值（GDP）2436.8 亿元，同比增长 13.5%。

从对外贸易方面来看，目前哈尔滨对拉丁美洲、北美洲、欧洲进出口增势较快。2002 年，哈尔滨对拉丁美洲进出口 2867 万美元，增长 203.8%；对北美洲进出口 13908 万美元，增长 61.4%；对欧洲进出口 35872 万美元，增长 46.3%；对亚洲进出口 64300 万美元，增长 6.5%。对主要贸易伙伴日本、美国、新加坡、德国、法国、意大利、俄罗斯分别完成进出口 24501 万美元、13174 万美元、4032 万美元、10809 万美元、4363 万美元、2922 万美元、4533 万美元。哈尔滨最大最好的品牌"哈啤"于 2004 年被美国安海斯集团（Anheuser-Busch Limited）收购。美国商务部长 2004 年访华把哈尔滨列为第一站，从侧面也能说明美国政府和企业已经开始认识到哈尔滨的重要性。

随着经济全球化的加速，哈尔滨市将成为国际资本和技术转移的重要场所、外资进一步聚集的热点地区，有利于哈尔滨具有低成本、低价格优势的传统劳动密集型产品的生产与出口，将进一步促进哈尔滨出口贸易。黑龙江省丰富的农产品、机电产品、精深加工的医药产品以及哈尔滨独特的寒地景观和地域文化将成为对外贸易的增长点。

3. 从机场发展来看

哈尔滨太平国际机场目前是国内中型机场、国际定期航班机场，与东北其他三大机场互为备降机场，并具备发展成为东北亚区域性门户枢纽机场的条件。2007年，旅客吞吐量首次突破400万人次。

国家在"十一五"期间将加大对铁路、公路、民航等基础设施的投资建设，特别是西部大开发和东北振兴等区域开发。这些政策的实施为哈尔滨的发展提供了各方面的有利条件与强有力支撑。近几年在东北四大机场中，哈尔滨太平国际机场旅客吞吐量、货邮吞吐量、飞机起降架次、增长趋势均处于第一。哈尔滨太平国际机场完全符合在短期内成为东北三省的中心机场、东北亚门户枢纽机场的定位。

4. 从申办冬奥会来看

2009年哈尔滨将举办第24届世界大学生冬季运动会，同时哈尔滨也是中国唯一一座申办冬季奥运会的备选城市。尤其是竞争申办奥运会要求提供能达到国际服务标准的机场。例如，举办2010年冬季奥运会的加拿大温哥华国际机场是北美西海岸第二大国际客运枢纽，也是日益扩展的货运集散中枢，每周635个航班直飞美国各地，116个航班直飞亚洲，56个航班直飞欧洲；频繁航班飞往不列颠哥伦比亚省内各区域中心；优质的空运服务——全球前10家空运转运公司、前10家空中货运公司中的9家以及FEXDEX和UPS的区域中枢均设在此；一个自由贸易区，允许进口货品在从加拿大出口之前，免关税及免税贮存。2005年其过往旅客达1640万人次，货物吞吐量22t，飞机起降27万架次。

三、对策及建议

（1）从国家战略重新认识哈尔滨的区位优势，国家应把哈尔滨在对北美贸易发展中的重要区位优势提高到战略层面，将哈尔滨作为中国乃至东亚对北美客货运输的中转枢纽，进一步加强对美贸易，加强与北美的经济合作，把哈尔滨打造成为中国及东亚对北美的航空物流之都。调整国家机场发展规划，将把哈尔滨建设成为区域性枢纽列入中长期发展规划。争取开辟哈尔滨为国内各地及东南亚国家飞往北美航班的技术经停站，并积极争取开辟哈尔滨太平国际机场为环北极国际航线经停机场之一。把哈尔滨作为对北美物流的集散枢纽纳入国家物流发展总体规划。制定相应优惠政策，鼓励哈尔滨物流业发展，培育哈尔滨作为中国对北美航空物流的市场，完善各种"软件""硬件"条件。

（2）省市政府应进一步加以重视，加强哈尔滨空港工业园区建设和招商引资，吸引更多的北美企业到哈尔滨投资。进一步做好城市规划和机场规划，并预留好机场及相配套的服务设施发展用地。

（3）加快机场基础设施建设，如多条跑道、大容量的停机坪、大容量的候机楼、大容量的中转厅、足够数量的登机门和值机柜台、旅客进出港系统、货物进出港系统、行李中转系统等。进一步开拓至周边亚洲国家的国际航线，同时增加国内和港澳台航线，吸引国外主要航空公司通航。

（4）建立配套的航班服务，如现代化高效的航油供应、航空食品供应、航空货物装卸和快捷的飞机维修服务等地面服务保障体系以及便捷的转机流程。机场、航空公司、海关、边检、检疫部门的协调配合为客流、货流迅速分流创造条件，保证乘客在短时间内完成国内到国际、国际到国内的航班转机，保证货物、邮件、行李迅速到达顾客手中。

（5）吸引国际大的物流公司把哈尔滨太平国际机场作为其基地，吸引更多的国内外航空公司和成熟的基地航空公司驻场，有利于快速中转服务的实现。成熟的基地航空公司表现为航线多、航班密度大、飞机型号多、飞机利用率高。基地航空公司的良好发展将促进机场的建设发展，将为哈尔滨太平国际机场打造成为门户枢纽机场奠定基础。

哈尔滨城史纪元、城市建设纪念日的城市地理学考察 [①]

关于寒地都市哈尔滨城史纪元的界定，众说纷纭，所以有必要运用城市地理学的理论和方法，从城市的基本概念入手，从城市、城史、城市化及其影响因素和制约条件等多方面推导出城史纪元的概念，从而根据史实客观地界定哈尔滨城史纪元。

一、确定哈尔滨城史纪元和城市建设纪念日具有重要的现实意义

——是哈尔滨作为国际寒冷地区尤其是东北亚一个重要的大都市文化（学术）基础建设的迫切需要。

——是古为今用，再造哈尔滨跨世纪发展机遇，优化哈尔滨投资环境，即"文化搭台经贸唱戏"的重要举措。

——是哈尔滨乃至全省各界人士作为故乡人应知故乡事的急切需要。

二、确定哈尔滨城史纪元应遵循二条原则

——科学性原则。不同人士可以从不同学科的视角研讨哈尔滨城史纪元问题，但千条江河归大海，只要用科学的方法研究这个问题，就应该殊途同归，得出一致结论，因为哈尔滨城史纪元是客观存在的，是可以计算的年代，因此有可能科学地明确城史纪元这个概念的内涵与外延。

——地域性原则。哈尔滨与其他城市相比，既有共性，但更有其个性，即地域性。因此，只有实事求是地分析研究哈尔滨的形成与发展历史，才能真正解开哈尔滨城史纪元之谜。

---

① 此文是俞滨洋先生于 1995 年 12 月撰写，并公开载于哈尔滨市城市规划局、哈尔滨市城市规划学会编的《二十世纪哈尔滨城市规划文选》。

三、从城市地理学观城史纪元

城市地理学认为，城市是规模大于乡村和集镇的、以非农业人口为主的聚落，是一定地域范围的政治、经济文化中心，城史就是城市形成发展的历史。城市作为社会生产力发展到一定阶段的产物，是城市化的结果。城市化通常指人口向城市地域集中和乡村地域转化为城市地域的过程，城市化本质上是居民从事农业转化为第二产业和第三产业并向城市集中，以及居民生活方式和城市空间组织的演变过程。城市化的进程和特点受生产力发展水平、社会劳动分工的深度和生产资料所有制性质等多种条件所组合的社会经济、历史背景制约。影响城市发展的因素是多方面的；农业的发展产生剩余产品，是城市形成发展的基础；工业生产的发展和集聚是影响城市发展的主导因素；对外交通运输业的发展是城市的主导因素；对外交通运输的发展是城市形成发展的基本条件之一；第三产业的发展对城市发展具有不可忽视的影响。

鉴于纪元是历史上纪年的起算年代（见《辞海》第 2637 页），那么城史纪元应该是城市形成发展过程中客观存在的可计算的年代，是城市具备城市基本特性的最初年代，是城市化的起始年代。因此，城史纪元的界定应从两方面着手：一方面，应在城市形成发展的历史轨迹中，摸清促成城市形成的深刻的社会经济历史背景与有关重大的社会经济历史背景以及有关重大社会经济历史事件、人物影响城市形成的诸多条件因素，找准直接诱导因素；另一方面，应充分认准和把握住在该社会经济历史背景下，尤其是直接诱导因素作用下所形成的城市基本特征，主要为：第一，率先形成非农业产业和城市历史职能，始在一定地域范围内承担一定的职能（如政治、经济和文化中心或其中一个方面）；第二，开始有非农业人口聚集，其规模大于乡村和集镇；第三，开始建成城市化空间地域及相关的城市物质面貌。

四、从历史事实界定哈尔滨城史纪元应为 1898 年

哈尔滨作为城市是近代史的产物。哈尔滨作为聚落的历史虽然可以追溯到公元 1097 年，但长时期受地理位置偏远、自给自足的小农经济、封闭的政策等条件

因素的制约，一直发展缓慢。19世纪末期，哈尔滨仍停留在村落的聚落形式上，直到1898年中东铁路修建。哈尔滨是在沙皇俄国独占下新建的城市，它是作为中国城市史上的殖民地城市而形成的，它的城市建设和中东铁路的修筑是同时开始的。

1898年，哈尔滨已具备了城市的"资格"，其集中表现在四个方面。

第一，1898年，中东铁路建设指挥中心（铁路建设局）和护路队司令部始设置于哈尔滨（今香坊区），哈尔滨已行使区域政治、军事中心的城市历史职能。

第二，1898年，哈尔滨开始有以建筑业为主，机械、木材工业为辅，商业、金融、文化、教育综合发展的非农业产业。其中，建筑业职工在该年末已有2.5万人之多。

第三，1898年，哈尔滨开始有较大规模的非农人口聚集，该年末总人口规模已在3万以上，其中非农业人口占总人口的85%以上。

第四，1898年，哈尔滨开始有城市化地域。1898年修筑中东铁路的第一批俄国人一踏上哈尔滨，就马上从阿什河地区招募中国劳工，在当年征用土地4000俄亩（合65400市亩）。筑路修道，建造房屋。在该年末，哈尔滨已初步形成了由铁路建设用地、工业用地、对外交通运输用地、生活居住用地、行政管理用地以及特殊用地（军事用地）等构成的城市地域系统，这些用地主要分布在今道里江岸至香坊一带，1898年哈尔滨城市物质面貌已开始成型。

五、应进一步明确城史纪元、建城之时、城市诞生日、建城年代、城市建设纪念日等几个概念及其关系及关联

概念＼推断	时间（可计算单位）			判断	
	年	月	日	主观性	客观性
城史纪元	√				√
建城之时		√	√		√
城市诞生日		√	√		√
建城年代	√				√
城市建设纪念日			√	√	

由上表可见，这些概念内涵与外延上均有所不同，但有密切关联，其有时间计算上的不同，更有主客观差异，具体言之：

城史纪元与建城年代类似，城市的诞生日是城史纪元与建城年代可界定的具体日期（月、日）；但建城之时与城市诞生日有根本性差异，经过"建城之时"的"十月怀胎"后，"一朝分娩"这一"朝"才应为城市诞生日；而城市建设纪念日则具有主观性和人为性，既可取建城之时，也可取城市诞生日，须根据具体情况而定。鉴于此，哈尔滨城史纪元等几个概念应界定为：

哈尔滨城史纪元，1898 年；

哈尔滨建城年代，1898 年；

哈尔滨建城之时，1898 年 6 月 9 日；

哈尔滨城市诞生日，1898 年 12 月末某日（如 12 月 31 日）；

哈尔滨城市建设纪念日，1898 年 12 月 31 日。

把哈尔滨城市建设纪念日界定为 1898 年 12 月 31 日有四点依据：

第一，1898 年末哈尔滨已行使区域中心（政治、军事）职能，开始有非农产业，开始有较大规模的非农人口聚集，开始有城市化地域和城市物质面貌。

第二，上述四点客观史实及特征是从 1898 年 6 月 9 日开始经过一段建设过程（半年时间）才得以实现的，即哈尔滨具备城市的基本物质特征的时间在 1898 年 12 月。

第三，哈尔滨建城是由沙皇俄国强行牵头进行的，具体建设事宜却是中国人所从事，因此经过哈尔滨早期市民的主体——中国广大劳工的艰苦、辛勤建设于当年即见成效，可谓年中耕耘、年终收获。

第四，历史是人民创造的，我们要真正纪念的应是中华民族的炎黄子孙在这块土地上的功绩，将 1898 年末作为城市建设纪念日，有利于辞旧迎新、总结反思、运筹未来，也有利于与哈尔滨冰雪节在时间的前置和后移相衔接。

综上所述，哈尔滨城史纪元的确是 1898 年，城市建设纪念日可定为 1898 年 12 月 31 日。虽然任何一个具有民族自尊心和自豪感的炎黄子孙都不情愿承认这个充满屈辱的年代，但这些毕竟是史实，况且哈尔滨早已回到了中华民族的怀抱，它已成长为我国最重要的综合性城市之一。愿我们牢记哈尔滨城史纪元这个不平凡的年代，发奋图强，为哈尔滨的现代化和国际化不懈努力！

中国城市化转型及"健康规划"初探 [①]

"中国的城市化将深刻影响 21 世纪人类发展"（Stiglitse，2000）。国际机构在 2010 年 3 月对我国城市化水平最近的一次评估——联合国经济与社会事务部人口司发布的《世界城市化展望（2009 年修正版）》中指出："中国在过去 30 年中城市化速度极快，超过了其他国家，目前全球超过 50 万人口的城市中，有四分之一都在中国。"[1]2009 年我国城市化水平为 46.6%，超过发展中国家 2 个百分点，已接近世界平均水平（50.3%）；2005—2009 年，我国城镇人口年均递增 1494 万，占世界年均净增人口（6360 万）的 23%。我国的城市化速度和城市人口增长规模空前。

然而，大建设与大变革时代仍然需要冷静思考（吴良镛，2003）[2]。改革开放 30 多年来，我国的城市化进程和社会经济发展一样在取得巨大成就的同时，凸显的问题也很多，面临的挑战也很大。我国仍然是个发展中国家，经济全球化正在促成全球化的城市网络，我国的政治、经济结构、社会、居民生活方式正处在转型"进行时"，我国快速城市化正面临着严峻的现实问题和政策困境。"十二五"期间，中国城市化必须转型，实现从追求数字的"快速城市化"到追求健康发展、质量、特色的"健康城市化"的转型。

关于城市化问题的研究正逐渐深入，学术界也存在中国城市发展问题和战略选择的争论。本文将从城市和区域规划调控视角提出我国城市化转型的"健康规划"理念，希望为我国城市化转型提供一种思路。

1 中国城市化转型势在必行

1.1 改革开放 30 年，中国城市化喜忧参半：取得的历史成就、存在的问题要求中国城市化转型

始于 1978 年的改革开放为中国城市化提供了宽松的氛围和制度环境（叶裕

① 原载于《转型与重构——2011 中国城市规划年会论文集》，作者：俞滨洋、王洋。

民，2007）[3]，使中国城市化进入了高速发展的轨道，城市化水平从 17.78%（1978）一跃提高至接近 50%，中国城市化已进入快速发展的"城市化中期"阶段。而且，中国城市化从一开始就结合国情，从最初的乡村改革到以小城镇为主体的城市化道路，再到大、中城市产业结构的升级，可以说，不断有所研究，不断有所实践，取得了瞩目的成就，概括为以下六大方面（周干峙，2009）[4]。

1）城市化水平快速提高，城镇体系整体实验力不断增强，城镇布局有所优化，城市风貌和特色进一步突出，加强城乡统筹形成共识。

2）城市增长。城市化水平由不到 20% 上升到 46.6%，仅用 30 年的时间完成了一些发达国家近百年的历程，而且，城市居民生活水平、城市社会经济发展水平基本协调。

3）城市住房从 1.9 亿多人的人均住房面积 6.7m²，增长到现今 6 亿多人的人均住房面积约 30m²，住房质量、成套率、配套设施与居住环境大为改观。尽管分配使用不均衡，但人均状况总体已脱离了贫困落后。

4）城市基础设施水平逐年提高。城市给排水、供电、供热、通信、道路、绿地、公共交通等服务设施，已经具备了现代化城市的基础，只是尚未完全普及，大部分老城还完成了老化设备的更新，城市生活环境和投资环境大大改善。

5）城市面貌发生了根本变化。从北京、上海这样的大都会到地方上的中小城市，街道、建筑、景观等都有了显著变化。城市历史街区也得到一定保护。

6）城市规划与管理，在实践中取得了自己的经验，形成了自己的体系。从 1990 年 4 月 1 日颁布实施《中华人民共和国城市规划法》到 2008 年 1 月 1 日颁布实施《中华人民共和国城乡规划法》，城市规划与管理逐步完善、法制化。

在肯定巨大成就的同时，社会各界开始对 30 年来的中国城市化进程进行反思。有学者指出：中国城市化的社会背景、前提、样态及规模具有特殊性。中国城市化走过的是制度型城市化，区域与区域之间的经济与社会发展整合难度比较大；中国城市化走过的是资源高消耗型的城市化；中国城市化走过的是区域多元型的不平衡发展的城市化，中国的城市化出现了农业社会、工业社会、新兴工业化社会和后工业社会的多种区域社会类型；中国城市化走过的是在 GDP 考核引导下的城市化，几乎所有的中国城市都在单纯追求城市综合竞争力，迫使城市盲目扩张（张鸿雁，2010）[5]。

这些特殊性引发了多层次、多类型和混杂型的相关社会问题，最为突出的是以下六大方面。

1）城市化机制和调控问题。中国当前还没有构建一个有利于城市化健康发展的机制，对城市的发展缺乏动态测度与调控。

2）城市社会发展问题。随着城市人口的不断增加，城市有效就业需求扩张不足，城市住房不足，城市贫困迅速增加；城市基础设施、公共服务设施建设滞后于城市人口和经济的发展，难以满足居民多样化的空间需求。

3）城乡发展不平衡和区域发展不平衡继续扩大，省际、省内之间的发展也是差异巨大。

4）资源危机与环境问题。水资源匮乏，农业耕地减少；城市水污染、空气污染、噪声污染、生活垃圾和建筑垃圾污染治理不到位，影响城市环境。

5）城市管理问题。城市规划管理、城市用地管理、城市公共住宅管理、基础设施管理等方面的公众满意度不高，特别是社会管理方面有待加强。

6）城市规划的科学性。规划设计很多时候并不能真正反映普遍的市民愿望，城市规划师的职业责任感、领导的科学决策能力和公众参与都需要加强。

城市化进程中的实际问题错综复杂，亟待加以调控，迫切要求我国当前城市化转型。

1.2　新时期面临的机遇和挑战要求中国城市化转型

"十二五"时期是我国城市化持续推进和健康发展的关键时期，面临的一系列机遇和挑战要求我国城市化转型。

1.2.1　全球化的知识经济时代对中国城市化质量提出考验

在知识经济时代，知识和人力资本替代自然资源和物质资本成为推动经济增长的核心动力；知识经济时代以高新技术和产业及服务业为先导，传统制造业也将呈现高技术化发展趋势；知识经济时代将形成新的产业链分工，现代制造业开始大规模由发达国家向发展中国家转移；中国要在知识经济背景下赢得全球化发展中的崛起，城市化发展质量面临严峻考验。

1.2.2　产业结构的调整要求中国城市化与之相适应

根据我国现有国情和有效转移农村剩余劳动力的要求，提高就业供给能力是我国产业发展面临的重要任务。目前我国产业发展的总体趋势是以装备制造业为先导,一般工业、轻工业向深加工工业转型,第三产业迅速发展。现代装备产业和深加工工业的发展实际上是整个产业体系在更高体系技术层次上广泛扩张的过程,是一个国家技术结构、市场结构和空间结构重构的过程。城市是现代产业发展的重要载体,中国城市化需要与新时期产业结构的转型相适应。

1.2.3 城乡统筹的发展目标对中国城市化提出考验

一方面,经济全球化使得城市群成为一种具有全球意义的城市与区域发展模式,正在塑造着中国区域空间的发展(叶裕民,2007)[3]。中国已经初步形成珠三角、长三角、环渤海湾、闽东南沿海四个巨型城市密集区。中国城市人口和经济向东部沿海城市群进一步集聚的趋势仍在继续;另一方面,"社会主义新农村建设"和"区域协调"发展战略又要求缩小城乡差距和区域差距。而当前这种必然也是必要的不平衡,对中国城市化是一种考验。

1.2.4 综合交通条件的改善对中国"协同城市化"是一种考验

"四纵四横"的国家高速铁路网、高速公路网,"两纵三横"的水运通道,以及航空和沿海港口的建设,将逐步实现"安全、高效、绿色"的综合交通系统规划目标,中国将进入8h交通圈,并将全国23个城市群有机联系在一起。预计带来的同城效应,区域时空文化的整合,将有望促进区域经济的协同发展,对传统时空下的区域规划提出挑战(陶希东,2010)[6],甚至在不久的将来可能形成新的中国城市空间结构体系。

2 中国城市化转型方向前瞻

2.1 "十二五"期间,要"积极稳妥"推进城市化

速度普遍减缓已是当前世界城市化发展的普遍趋势。与世界相比我国城市化速度已经很快,城市化发展快于社会文明的进步,陆大道院士课题组认为我国城市化存在冒进现象(陆大道,姚士谋,刘慧等,2006)[7];Friedmann评价中国城市化进程为"要使颈骨折断似的、非常危险的城市化速度"(Friedmann,2006)[8]。陈明星撰文分析我国应该已经迈过城市化的拐点,2008~2009年我国城市化速度年均递增下降为0.825个百分点,恰好是个见证(陈明星,2011)[9]。

从"加速"向"减速"转变，是城市化发展的客观规律，盲目地以发达国家城市化为短期目标，盲目加速可能会适得其反，影响和阻碍我国经济社会发展中各种问题的妥善解决，甚至还会加剧。实际上，只有经济社会发展了，城市经济的规模增长了，就业面扩大了，生活水平提高了，才能容纳更多的新增城镇人口，刺激产业和各种社会事业的发展（周干峙，2010）[4]。美国学者 D.E.Bloom 等在《Science》杂志上撰文分析通过加速城市化推动经济发展缺乏依据，往往达不到政策的既定目标（David E. Bloom， David Canning， Gunther Fink， 2008）[10]。

中国城市化应该寻求一种更适度、更合理的"健康发展"的城市化道路。

2.2　提升城市化质量，向"健康城市化"转型

从"加速"向"减速"并不是说不要城市化，实现更高的城市化水平是我国必须长期坚持的目标。而衡量城市化水平的标尺是什么？单纯强调经济发展，以城市数量增长、规模扩大和城市人口增长为标尺衡量城市化水平的价值取向显然是片面的。城市化是一个区域发展问题，是城市文明的扩展，是一个区域经济、社会、人口、空间结构的根本性转变。面对我国当前多方面的城市化质量低下，我国城市化转型应该做出什么样的选择？

国家"十一五"规划中就指出："促进城市化健康发展"，"健康"成为城市化发展的重要目标，走"健康城市化"道路，提升城市化质量必然成为"十二五"时期城市化转型战略的重要选择。

已有不少学者对"健康城市化"进行了有益探索。关于"健康城市化"尚没有确切的定义，综合我国学者顾朝林、姚士谋等的研究，应该这样理解"健康城市化"的内涵：①城市化需求与自然资源和生态环境的承载力之间达到平衡，并具有可持续发展的能力；②实现区域范围内城市地区及其腹地农村地区的协调发展，让农民分享城市化成果；③满足人在健康、医疗、教育、文化等多方面的需求，使城市化与社会文明程度相适应；④营造出"功能好、形象佳、交通畅"的城市空间形态。基于这样的理解，"健康城市化"正是科学发展观与建设和谐社会的要求。

"十二五"时期要高度重视城市化进程中的资源节约和环境保护问题；重视城乡统筹，协调推进城市化与新农村建设（陈明星，2011）[11]，加快城乡经济社

会一体化发展；重视农民工及其家属市民化过程中的政策协同机制（周小刚，陈东有，叶裕民，等，2010）[12]；重视解决城市社会公平、公共服务空间和道路交通方面的问题，走有中国特色的"健康城市化"道路。

3 构建中国城市化转型的"健康规划"体系

要实现向"健康城市化"的转型，需要多维度支撑。针对"健康城市化"的内涵与目标，笔者提出"健康规划"体系。

3.1 规划哲学

"健康规划"理念并不全盘否定当前城市化带来的经济、社会方面的进步，而是试图从城市所在的整个区域去理解城市，从城市空间形态形成的本质去理解城市本身，如从地理板块的生态进化和广大农村地区的发展方面去思考城市化发展方向，从解决城市社会问题为切入点引导城市规划。

3.2 规划任务

城市化是一个区域发展问题，是农村地域上城市生活方式的扩展。单纯地就城市论城市、就农村论农村的规划是不科学的。城乡关系是区域内极为重要的关系；同时，城市化发展需要多维支撑，涉及经济、产业、资源、环境的支撑以及大量的立法、管理、国民素质提高等多方面。所以"健康规划"要求区域发展规划、产业分布规划、资源配置规划、市政设施规划、交通规划、用地规划、社区规划、景观规划等多个层面和阶段的优化叠合，"健康规划"要求处理好城市与农村、城市与郊区、城市中心与城市边缘、城市地上空间与地下空间等几对关系。

3.3 规划指导方针

"健康规划"要以全民生活满意度的提高为核心目标，优先考虑资源环境的承载能力，深入贯彻城乡协调、区域协调的国家政策，落实科学发展观，做到"七规合一"（国民经济规划、产业配置规划、资源利用规划、人口区位规划、城市用地规划、住房保障规划、城市景观规划）。规划项目的设计要尊重城市发展的历史文脉，充分考虑城市居民的使用；规划项目的实施要逐步形成领导决策和公众参与相结合的机制。规划管理要积极应用现代信息技术，实现动态调控。

3.4 "健康规划"的主要内容

3.4.1 以"区域"的视野

1）把城市规划融入区域生态环境的大背景中

实现城市发展过程中资源、环境、经济、社会协调发展的前提是保证区域整体生态环境不被破坏。在制定城镇体系规划、城市总体规划、城市详细规划之前，要充分研究论证能源、水土资源等对城镇布局、功能分区、基础设施配置以及交通组织等方面的影响，确定适宜的城镇规模、城市职能，加强土地资源、能源、水资源利用方面的引导与调控，实现各种资源的合理节约利用。

2）统筹城乡土地规划，城市的希望在于城市之外

城市土地开发的组织形式直接影响到城市建成环境，而城市空间结构正是其建筑环境的概括，是指城市的各项活动的空间位置和格局、活动空间的相互作用（P. Healey, S.M. Barrett, 1990）[13]。因此，城乡土地规划中要将城市建设用地扩展与村镇建设用地整理挂钩，引导农民相对集中建房来节约用地，将农村以占有的非农建筑用地节约出的土地置换用于城镇发展，提高土地等资源的利用效率（王婧，方创琳，2011）[14]；另外，要做好城市开发的管制，严格限制各地城镇规划盲目扩大、城市不断蔓延、不断圈地的现象。

3.4.2 从注意城市生活质量的视角

1）创造融合的城市社区空间

一座健康发展的城市期望多元与平等的机会，而全球化和经济重组趋于导向一种极化的趋势（黄怡，2006）[15]。因此，城市社区规划中要基于家庭社会经济特征，分析住宅所有权、住房条件、满意程度、服务开支、经济来源、对改善服务的支付意愿等，研究平面、空间形态的设计和设施的布置怎样影响日常的社区生活，以及人们如何相互联系；考虑规划实施过程的可行性和城市地方机构的能力，提出可供选择的规划方案。

2）解决城市交通问题

城市交通规划需融合公共交通体系，强调高效率、多模型和环境友好特征，

以减少交通拥挤、污染和事故，使便捷、安全出行成为可能。鼓励慢速交通，对短途交通来说，实行无机动车交通，可以使开放空间实现充分利用。城市交通枢纽的高密度和混合开发可以产生复合的经济、社会效益，但应妥善处理好车站地区的复合交通秩序。

3）保护城市生态空间

城市的生态空间主要是指城市中保持着自然景观的地域，包括城市及其周围的大面积水域、林地等生态源区，以及河流、道路等生态廊道。它们对于提升城市环境质量、维持生物多样性及为城市居民提供宜居环境及休闲娱乐均具有重要现实意义。因此，需要以立法的形式控制城市功能用地的开发规模和强度，加强城市的生态空间管制，保护这些生态源区和生态廊道，以构建安全可靠的城市生态安全网架，并发挥其生态服务功能。

3.4.3　动态调控

综合集成的最优理论和方法是实现"健康城市化"的技术支撑。将不断演化的资源、环境、社会和经济因子在时空关系中的转变与相互作用统筹考虑；运用"3S""云计算""要素贡献率和弹性分析"等理论、技术、方法加以综合集成，并以动态监控体系对城市问题加以追踪、预警和系统调控，从而促进宏观、中观、微观齐头并进，实现区域协调健康发展。

4　结语

中国正面临城市化带来的伟大变革，正处在城市化由中级阶段向高级阶段迈进的关键时期。本文提出的中国城市化应向"健康城市化"转型，提出"健康规划"理念，把科学发展观深入到城市规划的设计和实施过程中，寻求城市发展与生态承载相适应、城市建设与乡村相和谐、使全民享有城市文明的各种设施和成果的城市化发展，建设有中国特色的现代化城市和城乡一体化空间格局，这可能是我国城市规划工作者下一步工作的重点。

参考文献

[1] 钱中兵.联合国报告说中国是世界上城市化速度最快的国家 [EB/OL]. (2010-03-26). http：//news. Xinhuanet.com/world/82010-03/26/content_13248056..htm.

[2] 吴良镛.面对城市规划的"第三个春天"的冷静思考 [J]. 城市规划, 2002 (2)：9-14.

[3] 叶裕民.中国可持续发展总纲：中国城市化与可持续发展 [M]. 北京：科学出版社, 2007.

[4] 周干峙.研究开拓新一轮甲子的第一春——在 2009 年中国城市规划年会学会上的讲话 [J]. 城市发展研究, 2009, 16 (11)：1-8.

[5] 张鸿雁.中国城市化理论的反思与重构 [J]. 城市问题, 2010 (12)：2-8.

[6] 陶希东.高铁时代中国大都市圈发展战略重建研究 [J]. 现代城市研究, 2010 (6)：11-15.

[7] 陆大道, 姚士谋, 刘慧, 等 .2006 中国区域发展报告——城镇化进程及空间扩张 [M]. 北京：商务印书馆, 2007.

[8] Friedmann J.Four theses in the study of China's urbanization[J].International Journal of Urban and Regional Research, 2006, 30 (2)：440-451.

[9] 陈明星."加速城市化"不应成为中国"十二五"规划的重大战略选择——与陈玉和教授等商榷 [J]. 中国软科学, 2011 (3)：1-9.

[10] David E Bloom, David Canning, Gunther Fink. Urbanization and the wealth of nations[J]. Science, 2008, 319：772-775.

[11] 陈明星."十二五"时期统筹推进城乡一体化的路径思考 [J]. 城市发展研究, 2011, 18 (2)：37-41.

[12] 周小刚, 陈东有, 叶裕民, 等 .中国一元化户籍改革的社会政策协同机制研究 [J]. 人口与经济, 2010 (4)：1-5.

[13] Healey P, Barrett S M. Structure and agency in land and property development process：Some idea for research[J]. Urban Studies, 1990, 27：89-103.

[14] 王婧, 方创琳.中国城市群发育的新型驱动力研究 [J]. 地理研究, 2011, 30 (2)：335-347.

[15] 黄怡.为人的城市——第 8 届亚洲城市规划院校联合会国际大会议题综述 [J]. 城市规划学刊, 2006 (2)：28-37.

黑龙江省城市化机制与对策研究 [①]

黑龙江省位于我国东北部，全省土地面积 45.39 万平方公里，人口 3628.5 万（1997 年），是我国重要石油工业、煤炭工业、森林工业、重型机械工业基地和商品粮基地，以其寒地、资源和边境的省情特色在国内独树一帜。在我国 50 年的社会主义经济建设中作出了巨大贡献的黑龙江省，在世纪之交面临着"二次创业"的重任，面临着既有对资源进入开发后期的产业结构调整的困难，又有边境开放、寒地开发良好前景的发展格局。与社会经济发展同步，黑龙江省城市化进程也面临着机制转型和优化调整。从历史和发展的观点剖析黑龙江省城市化进程的规律，选择合理的城市化道路是黑龙江省跨世纪发展的重要课题，同时也是我国可持续发展战略实施的重要保障。

1 黑龙江省城市化进程的历史与现状特点

1.1 城市化发展历史

在不同的发展阶段，黑龙江省城市化的影响机制不同，城市发展特征各异（表 1）。总的来说，地处边境寒冷地带、基于资源开发的黑龙江省城市化进程与我国大部分地区有较大差异，其突出的特点是近代城市化的突发性和现代城市化的快速发展。

中华人民共和国成立后黑龙江省城市化发展经历了 4 个发展阶段：①较快发展时期（1949~1957 年），这一时期黑龙江省完成了全国十分之一的工业基本建设工程，建成了全国重点项目 22 项，其间人口非农化水平由 24.9% 提高到 38.8%，城市数量也由 5 座增加到 8 座；②大起大落时期（1958~1962 年），受"大跃进"的影响，1960 年人口非农化水平高达 48.1%，国家调整政策后又降至 1962 年的 38.5%；③停顿时期（1963~1979 年），由于"文革"中知识青年"上山下乡"、

① 原黑龙江省杰出青年科学基金资助项目"黑龙江省城市化与人居环境调控研究"阶段性成果。载于《城市规划》1999 年第 8 期。作者：俞滨洋、赵景海。

黑龙江省城市化发展历史简表   表1

发展阶段	城市化发展特征	城市化机制	城市发育特点	主要城市
古代城市化萌芽期（1898年前）	城市发展的不连续性	政治统治和军事防御	城市规模小且职能单一，多为军政要冲和驿站	金上京会宁府（今阿城）、卜奎（今齐齐哈尔市）等
近代城市化萌芽期（1899~1945年）	近代城市产生的突发性	铁路等交通设施建设及帝国主义的资源掠夺	城市规模增大；职能多样化，主要为帝国主义军政统治中心，商品倾销中心，工业生产基地与掠夺资源的物资集散地；城市沿铁路分布	哈尔滨、齐齐哈尔、牡丹江、佳木斯等
现代城市化发展期（1946年至今）	城市化发展的持续性	工业化和产业层次高级化	城市数量、规模增长迅速，城市职能类型多样化，形成以哈尔滨为中心的网络式城市布局体系	哈尔滨、齐齐哈尔、牡丹江、佳木斯、大庆、鸡西、鹤岗、双鸭山、七台河、伊春、黑河、绥芬河等

城市人口下放农村等因素，全省城市化发展出现停滞态势，1979年人口非农化水平较1963年下降2个百分点，城市也仅增加2座；④稳步发展时期（1980年至今），随着改革开放不断深入，农村城市化取代资源型城市的发展成为城市化进程的主要推动力量，1997年人口非农化水平达到45.02%，城市数量也提高到31座。

1.2 城市化现状发育特点

（1）1997年，黑龙江省31座设市城市（不含辖县）占有全省31%的土地面积，74.94%的人口，76.35%的国内生产总值，84.98%的工业总产值，73.52%的农业产值，城市对社会经济发展的贡献率比全国平均高出1倍以上。

（2）人口城市化的高水平与基础设施城市化的低水平共存。至1997年初，黑龙江省非农业人口占全省总人口的45.02%，其中城镇非农业人口占总人口的38.42%。黑龙江省的人口城市化水平居全国第5位。但由于长期受"重生产、轻生活"思想影响，城市基础设施欠账多，城市设施指标远低于全国平均水平。

（3）全省城市化资源、边境、寒地特色鲜明。丰富的自然资源、边境省份和中国最北的地理位置是省情中最具有特色的部分，全省形成了资源型、重型的经济结构,厚重朴实的寒地人居特点及资源型城市、边境口岸城市等城市类型。同时,全省城市化进程也面临着城市产业结构偏重、综合效益较差、城市功能和空间布局需进一步优化等问题。

(4)受到自然资源的地域分布、区域开发时序、宏观产业布局等因素的影响,全省城市化发展地域分异与城镇分布密度反向相关。全省城镇分布密度明显呈现出西部高于东部、南部高于北部、平原高于山区等特点;而区域人口城市化水平则正与此相反,全省三大经济区松嫩经济区、三江经济区、兴安经济区城市化水平分别为33.9%、43.6%、52.0%。

(5)城市现代化、资源型城市结构转型、农村城市化是全省城市化进程面临的三大问题。黑龙江省城市化发展与全国城市化发展所面临的共性问题之一是城市现代化与农村城市化的共同发展,特殊性问题是资源型城市的结构转型,这是未来全省城市化健康发展的关键。

2　黑龙江省城市化发展机制

当前,黑龙江省城市化发展的内在机制主要在于产业优化和体制转型,即"两个根本转变"在产业结构和体制结构中的体现将决定未来黑龙江省城市化的速度与质量。

2.1　产业结构优化

黑龙江省处于工业化发展的中期,其工业化进程略快于全国平均水平。在未来相当长的时期内,工业化仍将是全省城市化的决定性因素。随着全省工业结构进入稳定调整时期,工业部门吸纳劳动力的能力将有所下降,但工业仍将是促进城市经济增长的主要力量。资源型、重型工业结构的高级化和小城镇的工业增长将是促进全省经济发展和城市化进程的重要因素。

第三产业以高就业容量和较强的发展潜力成为推动城市化发展的新动力,对于第三产业相对落后的黑龙江省其作用将更加明显。

农业现代化将进一步提高农村劳动生产率、解放农村劳动力,进而促进城市化的发展,这对相对人少地多、农业机械化水平较高的黑龙江省影响略小。

2.2 经济体制转型

黑龙江省现有城市化发展格局是在计划经济体制下依靠自然资源的开发形成的，在向市场经济体制转变的过程中，作为与省情密切相关的资源、边境、寒地三大要素城市化的影响机制不再是单一的促进或限制作用，而是随着市场和国际、国内政治、经济形势的发展而变化（表2）。

可见，全省城市化机制已由单一的计划经济体制下的资源开发为主的工业化转变为市场经济体制下多要素、多途径、多类型发展机制，只有立足自身的社会经济系统进一步协调，提高城市化质量，才能使全省城市化进程得以健康、协调、有序发展。

体制转型与黑龙江省城市机制对比　　　　　　　　　　表2

体制	丰富的自然资源	边境区位	寒地因素
计划经济	主要促进因素。全省城市化的发展主要基于对自然资源的开发利用	主要限制因素。作为边防地区，边境城市的发展受到限制	限制因素之一。寒冷的气候增加城市的运营成本，降低城市吸引力
市场经济	不定因素。资源的开发受市场的调节，部分资源型城市陷入困境，部分前景好的资源成为促进城市化的因素	不定因素。边境区位有利于利用国内外两种资源、两个市场，改革开放促进了边境城市的繁荣，但随国际政治气候变化	待开发因素。仍有一定的限制作用，但寒地已逐渐成为黑龙江省参与市场竞争新的视点和经济增长点

3 黑龙江省城市化发展目标

黑龙江省城市化的发展，应体现省情特点并顺应城市化机制，遵循国家的城市发展政策以保证与国家城市化进程的良好协调，促进全省社会经济的持续发展。全省城市化发展的总体目标是，加强城市和区域基础设施、社会设施的建设，积极优化经济结构和经济布局，寻求一条具有黑龙江特色的高质量、内涵式发展、速度适中的可持续发展的城市化道路，逐步实现资源、边境、寒地型城市化发展空间的现代化和国际化。

3.1 城市化发展模式的选择

黑龙江省城市化进程应从目前单纯依靠资源开发的重数量的外延型发展模式逐步向重质量的内涵式发展模式转变，在适度城市化速度之下，建设与资源、边境、寒地特色相协调的城市发展空间，逐步优化省域内城市与城市、城市与乡村之间的功能分工，强化省域资源的保护和生态环境的建设，促进经济、社会、资源、环境的可持续发展。

3.2 人口城市化目标

适当放慢人口城市化发展速度，逐步调整黑龙江省人口城市化内部结构，以高质量的农村城市化和第三产业的发展取代原有资源开发型的城市人口增长。在现有户籍制度之下，预计至 2010 年，黑龙江省城镇非农业人口占全省总人口的 46.7%，至 2020 年达到 55.6%，至 2050 年全省进入城市化发展后期，人口城市化水平将达到 70% 以上。

3.3 城市现代化目标

建立黑龙江省城市现代化目标体系，逐步实现黑龙江省城市发展的现代化，形成具有黑龙江省特色的经济发达、人民生活富裕、社会服务体系和基础设施完善、科技文化繁荣、资源可持续利用、高质量生态环境、管理体系高效的城市化空间。

4 黑龙江省城市化主要对策

4.1 城市发展战略对策

（1）加快全省城市现代化、国际化发展进程，建设区域性和专业性、国际性城市，为黑龙江省与世界经济一体化接轨创建良好的发展机遇。将哈尔滨市建设成为寒地国际性城市；借鉴国外边境国际化都市的发展模式，将黑河、绥芬河等边境口岸城市建设成为跨国合作的边境国际性城市；将五大连池市等建设成为具有国际意义的旅游城市。

（2）注重城市发展质量，进一步完善城市基础设施和公共设施建设，提高城市建设档次。完善城市住宅、道路、给排水等基础设施建设，强化城市商业、医疗、卫生、教育、体育等公共设施的配套发展，建设方便、舒适、安全、优美的可持续的城市人居环境。

（3）根据各城市不同的自然、人文、经济等要素，创造出具有鲜明地方特色、优美景观风貌、高水准建筑艺术，特别是体现资源、边境、寒地省情特点的景观风貌特色体系。

（4）制定合理宽松的政策，促进农村人口向小城镇的合理流动。逐步改变二元户籍结构，放宽农民常住地户口迁移政策，准许农民在一定条件下迁移到小城镇落户；同时，加强小城镇常住人口、流动人口、外来人口的管理，建立起适应新体制的小城镇户籍管理制度。

4.2 城镇体系结构优化

（1）逐步完善以哈尔滨为中心的城镇体系"点轴"开发系统。其中，由绥芬河、满洲里及哈大铁路构成的黑龙江省域的"T"形一级点轴系统和哈尔滨—绥化（北安、佳木斯）、齐齐哈尔—富裕（嫩江、北安）、牡丹江—林口（佳木斯、东方红）三个"Y"形系统是近期内全省城镇体系发展和产业布局的重点。

（2）正确处理城市综合发展与专门化的关系，促进城镇体系职能结构优化。中心城市应重点完善城市的中心地职能；小城市应逐步提高专业化水平，改变产业结构趋同、低水平竞争的状况，有效组织小城市间的协作；资源型城市应着重改变产业结构单一、层次偏低的状况，强化城市综合职能，加强在市场经济中的竞争力和应变力。

（3）促进中心城市的发展，加快若干城市群的建设。重点建设哈尔滨、齐齐哈尔、牡丹江、佳木斯、大庆等实力较强的中心城市，以高标准、高效率、辐射力强的中心城市带动整个区域社会经济的增长。借鉴国内外"城市群""都市圈"等发展模式，加强对已具雏形的哈尔滨—大庆—齐齐哈尔城市群及其进一步拓展形成的南部城市带和若干中小城市群内部的有机联系。

（4）促进资源型城市过于分散的城市空间结构的聚集。适应资源型城市经济结构由粗放式向集约式转变的趋势，加强资源型城市中心区的发展，完善其各项城市功能，逐步实现城市空间的优化聚集。

4.3 区域社会经济发展对策

（1）逐步调整以资源初加工为主导的经济结构。立足于资源优势，加大产业关联度，培育既符合本省实际，又与全国生产力布局有良好协调并具有市场潜力的产业群体。在巩固石油、石化、煤炭、森林工业等优势产业的基础上，积极发展第三产业、农业及食品工业、饲料工业、医药工业、电子工业、化学工业、汽车工业、高新技术产业等产业门类。

（2）充分利用沿边优势，发展外向型经济。进一步加大"南联北开"的力度，充分利用中俄经济的互补性，利用国内外两种资源、两个市场，建立强大的面向国际的企业集团，积极发展对外贸易、外向型农业等外向型经济类型。

（3）建立起符合市场经济体制的多元化、社会化投融资体制，培育资本市场，拓宽投融资渠道，建立良性的投入发展机制，缓解社会经济系统发展的"瓶颈"。

（4）逐步理顺由于历史原因形成的"条块关系"，建立政府"大服务"的观念，促进城乡发展统一部署和良好协调。

（5）加强与城市化和人居环境发展相关的地方性法规的建设，促进全省城市化进程与人居环境的协调发展及宏观控制，特别是重点加强对全省发展具有重要战略意义的自然资源保护、边境开放、寒地开发等方面的立法。

4.4 技术对策

（1）加强对省情、市场以及对国家发展政策的研究，因地制宜地探索具有黑龙江省特色的城市和区域可持续发展之路。应进一步挖掘资源、边境、寒地省情之下的各种发展模式，认真研究市场经济条件下全省城市和区域所面临的机遇与挑战，在国家政策的指导下，制定出合理的发展战略和政策。

（2）编制城市各个层次、各种类型的规划，为城市和区域的可持续发展提供可操作的依据，科学指导城市发展的合理布局，配套建设和综合开发，提高资源的利用率。

（3）加快信息化发展步伐，建设省域城市地理信息系统。利用 GIS 等信息技术，充分利用现有的城市和区域信息资源，为全省进行宏观管理、决策提供现代化手段，促进省域内城市与城市、城市与区域以及区域与区域之间各种资源的合理配置。

参考文献

[1] 国务院发展研究中心课题组 . 中国跨世纪区域协调发展战略 [M]. 北京：经济科学出版社，1997.

[2] 陈颐 . 中国城市化和城市现代化 [M]. 南京：南京出版社，1998.

[3] 张泉源，姚士谋 . 江苏城市化问题及对策研究 [M]. 北京：中国经济出版社，1997.

[4] 俞滨洋 . 寒地边境资源型城市发展战略规划初探 [M]. 沈阳：辽宁大学出版社，1996.

苏联远东地区与中国黑龙江省的城镇化比较初探 [①]

城镇化是人类社会生产力发展的必然趋势，是区域城镇数量、城镇人口、城镇经济、城镇生活方式、城镇地域等物质和精神内容不断由低级向高级发展演化的时空过程。在世界经济发展呈现区域化、集团化大趋势的格局中，亚太地区将成为热点。在东北亚地区经济行将崛起的今日，对比研究苏联远东地区和中国黑龙江省的城镇化过程的经验教训，并在今后的实践中相互借鉴，不仅具有重要的现实意义，而且具有深远的历史意义。

一、影响远东地区与黑龙江省城镇化的因素和动力

首先，自然条件和自然资源是影响远东地区和黑龙江省城镇化形成发展的物质基础。远东地区与黑龙江省都蕴藏着丰富的自然资源，尤其是森林、煤炭、石油、天然气、水能和金属矿产资源，储量极为丰富。纵观两个地区城镇化过程，都与自然资源的开发利用密切相关，资源的种类、储量和地域组合格局，影响甚至决定着资源—工矿型城镇的位置、发展性质、规模及前景，以及顺乎资源分布而形成的一城多镇的布局形态；而且，资源大规模开发也对建立在优越位置和交通条件上的城镇影响很大，一方面促使这类城镇成为工矿产品、农副产品的集散地，另一方面也成为重要的工矿产品和农副产品的加工中心。远东地区气候等自然条件较差，不利于农业发展，因此远东地区城镇化过程以工业化为主导，缺乏粮食、蔬菜副食品的自给保障；黑龙江省气候等自然条件较好，有利于农业发展，黑龙江省已发展成为中国最重要的农业生产基地之一。而且使黑龙江省的城镇化过程成为以工业化为主导的同时，还存在着农村城镇化的问题，粮食、蔬菜副食品的生产对城镇化发展有保障。此外，自然条件特别是微自然条件对两个地区的城镇化过程影响也较大，如城镇化过程首先在微自然条件较好的地区（如地势平坦、水源充足、气候较好等）展开，远东地区在滨海边区形成城镇集聚区，而黑

① 原载于《人文地理》1990 年第 4 期。作者：俞滨洋、胡德智、边克。

龙江省在松嫩平原地区形成较发达的城镇化地区。

其次，经济地理位置和交通运输条件是影响远东地区和黑龙江省城镇化过程的重要因素。两个地区都位于欧亚大陆东部、太平洋西岸，远离各自国家的心脏，因此开发较晚，20世纪初以前城镇化过程缓慢，但从经济地理角度看，作为资源型区域，分别在各自国家进行的国民经济建设中占有举足轻重的地位。交通运输条件和经济地理位置互为因果关系，是影响两个地区城镇化过程的纽带和桥梁。例如，远东地区城镇化过程，因西伯利亚大铁路、贝阿铁路干线和现代化港口的兴建而得以加速发展；而黑龙江省城镇化过程也是随资源开发和生产力布局沿主要交通干线推进，现有24座城市中有22座沿铁路分布，占城市总数的91.7%。

再次，人口和劳动力条件也是影响远东地区和黑龙江省城镇化过程的重要因素。远东地区地广人稀，621.6万平方公里的土地面积，现居住人口仅765.1万，城镇化发展在很大程度上因人口奇缺、劳动力不足、移民不利而受阻；黑龙江省在中华人民共和国成立初期，也曾因地广人稀而被称作"北大荒"，以资源开发为重点的社会主义经济建设和城镇化的迅速发展，是以成功的移民带来充裕的劳动力为保障的。从长远看，远东地区的城镇化仍会因人口和劳动力的缺乏、移民困难而受到制约；而黑龙江省人口已发展到3364万，在未来的城镇化过程中，如何控制大城市人口恶性膨胀，合理引导农村剩余劳动力的转化，以及提高人口素质、贯彻执行好计划生育国策是面临的难题。

最后，社会经济条件对远东地区和黑龙江省城镇化具有强有力的影响。远东地区强调社会主义制度下的计划性，成立专门的机构，编制生产力布局综合纲要和人口分布体系纲要，城镇化在其严格控制下进行；黑龙江省城镇化过程受国际关系、国家方针政策等社会经济条件影响较大，如20世纪60年代末国际关系紧张，作为边防省份的城镇化则明显受阻，而进入80年代国际关系日趋缓和，国家实行改革开放发展有计划商品经济的方针政策，城镇化进程则明显加快。

总之，以上因素相互制约综合作用，在生产力这个城镇化总动力的"推""拉"作用下，在不同历史时期、不同地域，对城镇化过程起着不同的促进或制约因素，左右着城镇化的进程。对远东地区而言，城镇化的动力是工业化的推力和计划性的疏导力的总和；而对黑龙江省而言，则是工业化的推力和农业商品生产的拉力的总和。

二、远东地区与黑龙江省的城镇化过程特点

1. 城镇化水平。远东地区和黑龙江省的城镇化过程，同是一个城镇数量不断增加、城镇化水平不断提高的过程。远东地区 1917 年仅有 14 个城镇 10 万城镇人口，发展到现在有城镇 300 多个 590 万城镇人口，城镇化水平由 20% 上升到 76.6%（表 1）；黑龙江省 1949 年仅有 5 座城市、88 个小城镇，发展到目前有近 300 个小镇镇、24 座城市，市镇人口由 245 万发展到 2145 万，城镇化水平由 24.2% 上升到 37.7%（表 2）。远东地区城镇人口虽少于黑龙江省，但其城镇化水平却远高于黑龙江省，已进入高级水平[1]，而黑龙江省城镇化水平虽高于中国平均水平（17.9%），但仅由初级跨入中级水平。

远东地区城镇人口变动表（单位：百万人）　　　　表 1

指标＼年份	1897	1926	1939	1959	1970	1976	1980	1986
城镇人口	0.1	0.3	1.2	3.3	4.1	5.0	5.2	5.9
占总人口比重（%）	20	30	48	68	72	75	75.8	76.6

黑龙江省市镇人口、城镇化水平变动表（单位：百万人）　　　　表 2

指标＼年份	1949	1952	1957	1962	1970	1978	1982	1987
市镇人口	2.45	3.12	5.29	7.38	7.30	9.86	13.09	21.45
城镇人口占总人口比重（%）	24.2	28.1	35.8	39.0	30.6	25.5	32.0	37.7

注：城镇化水平以市镇非农业人口占总人口比重计。

远东地区城镇人口规模等级结构（%）　　　　表 3

年份＼比重	城镇人口总计	>50 万人	25 万~50 万人	10 万~25 万人	5 万~10 万人	<5 万人	城市型集镇
1959	100.0	—	18.2	3.3	17.1	22.7	31.7
1970	100.0	—	20.4	23.1	1.7	18.4	31.7
1986	100.0	21.0			47.3		31.7

---

[1] 有关译者研究认为城镇化水平分为三级：初级 0~30%，中级 30%~70%，高级 70%~100%。

2. 城镇化过程中的城镇规模等级结构关系。从表 3 看远东地区城镇化过程中形成的城镇规模等级结构，具有小城市和城市型集镇人口比重较高、大中城市人口比重较低的特点，反映出苏联自 20 世纪 30 年代以来严格控制大城市，大力推行积极发展中小城市、小城镇政策的结果；黑龙江省城镇化过程中形成的城镇规模等级结构如表 4 所示，具有大城市人口比重较高、小城市小城镇人口比重较低的特点，是由我国长期忽视中小城镇建设，而着重发展大城市所致，1978 年以来随着"控制大城市人口规模，合理发展中等城市，积极发展小城市"方针的贯彻执行，这种状况已有所改善。

黑龙江省城镇规模等级结构（以市域人口数分析） 表 4

城镇规模	城镇个数（个）		市镇人口（万人）		占市镇总人口比重（%）	
总计	114	303	1311	2331.6	100.0	100.0
>100 万	2	2	376.8	409.4	28.7	17.56
50 万~100 万	6	11	401.2	786.9	30.6	35.75
20 万~50 万	2	7	65.9	288.7	5	12.38
<20 万	2	4	8.6	31.5	0.7	1.35
建制镇	102	279	458	815.1	34.9	34.96
年份	1982	1988	1982	1988	1982	1988

3. 城镇化过程中的城镇职能结构关系。远东地区城镇化过程中，形成了职能分工比较明确的城镇职能结构，其特点是城镇职能以重工业为主，建筑业、运输业、科研和科研辅助部门及物资包储部门为辅，是少数综合性中心城镇和具有较复杂职能结构的工业交通枢纽中心城镇与大量具有单一专业化职能的小城镇三种类型城镇的有机组合。值得注意的是，单一专业化的小城镇大都与采掘工业、森林工业、鱼类工业和渔业以及运输业等职能联系在一起，而且其中仅有少量小城镇是为其周围区域服务的地方性中心，它拥有小规模的农业原料、林木原料加工业，如表 5 所示；黑龙江省城镇化过程中，也形成了较为明确的城镇职能分工结构。其城镇无论规模大小，均为一定地域范围的政治、经济和文化中心，在此前提下可大致划分成综合型、资源—工矿型、边境口岸型、风景旅游型等城市，农业区中心型、综合型、林业型、农场型、交通枢纽型、工矿型、风景旅游型、历史文

远东地区城镇职能结构（1970 年）　　　　　　　表 5

职能分类	城镇总数	其中			
		大和较大城市	中等城市	小城市	城市型集镇
（多职能）综合型	7	7	—	—	—
工业兼运输业	15	3	3	7	2
单一的专业化加工工业	13	—	—	3	10
采掘工业（或该行业起主导作用）	120	—	1	9	110
森林工业	33	—	—	4	29
渔业和鱼类工业	38	—	—	2	36
运输业	32	—	1	5	26
为附近区域服务的地方性农林原料加工中心	59	—	—	13	46
其他	8	—	—	—	8
合计	325	10	5	43	267

注：城市、镇类别（大、较大、中等城市等）是按苏联城镇分类标准划分的。

化型、边境口岸型等小城镇。其城镇经济结构虽然偏重，但近年来食品、轻纺工业作为城镇的主要职能而发展较快。

4. 城镇化过程中的地域空间关系。远东地区和黑龙江省的城镇化地域空间扩展都具有沿主要交通干线发展的共性特点，但远东地区城镇化以城镇聚集区形式在人烟最稠密的地区发达，依据经济地理位置、职能特点和地位作用而大致有三种类型：第一类是十字路口（位置）型聚集，其位置在主要人口分布带的焦点上，在主要交通干线上出现"首脑型"大聚集，如布拉戈维申斯克、哈巴罗夫斯克、共青城、雅库茨克等聚集，其发展具有极大潜力；第二类是以资源为基础的重工业型聚集，如以机器制造业和其他加工工业部门为基础形成的乌苏里斯克等聚集，这类聚集较明显地表现出网络扩大、新环节增加、地方性生产联系专业化与综合发展密切，高度城镇化区域形成趋势；第三类是海滨聚集，包括 6 个在远东太平洋沿岸地带形成的聚集，这类聚集潜力巨大且极富活力，因大力发展石油、天然气、有色金属、木材加工产品的出口，扩大欧洲—东亚过境铁路集装箱运输，可促进这类聚集在港口、新港迅速发展起来，同时要开发世界海洋资源，就需在此组建根据地，而且远东内陆地区的发展也必将促进这类"门户"聚集的扩大发展。

而黑龙江省城镇化过程缺乏宏观上通盘的控制与疏导，在中西部地区、东部地区和北部地区分别形成了全省最密集最发达的城镇群、较密集较发达的城镇群和最稀疏不发达的城镇群，如表6所示。

黑龙江省三大地区城镇概况（1987年）　　　　表6

指标 \ 地域	中西部地区	东部地区	北部地区
人口占全省总人口比重（%）	59.8	28.6	11.6
城镇人口占全省城镇人口比重（%）	43.7	38.2	14.9
城镇个数占全省城镇总数比重（%）	57.2	32.5	11.3
土地面积占全省比重（%）	33.9	31.5	34.6
城镇密度（个 / 万 km²）	10.8	6.4	2.1
人口密度（人 /km²）	130.0	67.1	24.8

注：城镇人口以市镇非农业人口计，城镇个数为城市与县辖建制镇之和。

5. 城镇化过程中存在的主要问题。远东地区城镇化过程中所存在的主要问题是城镇化质量方面的问题：①城镇建设造价高，制约城镇化迅速发展，据测定工业建筑造价较南方提高了200%~420%，其中40%为自然地理条件恶劣性所致，而60%为运输联系与动力基地遥远且力量薄弱，区域适应居住程度低等经济因素所造成；②市政基础设施不配套，供水网不发达，排水系统缺乏，街道状况不良，没有防风建筑等；③城镇经济结构偏重，轻工食品工业发展严重滞后，食品短缺，商业饮食服务业不发达；④人口西迁，劳动力短缺；⑤生态环境不同程度受到破坏等。

黑龙江省城镇化过程中也存在不少较严重问题：①城镇化过程缺少权威机构运用强有力的宏观控制手段，统筹疏导城镇化健康发展；②城镇经济结构普遍偏重，综合型城镇"大而全、小而全"，资源—工矿型城镇"单一化"且缺乏替代产业，第三产业落后；③城镇横向联系薄弱，以中心城市为依托的多层次的城镇体系和经济网络还不够完善；④城镇化过程与交通运输发展不够协调，城镇化空间扩展乏力，城镇地域空间存在不少薄弱环节；⑤城镇化水平以基础设施水平等"硬"指标衡量还很低，制约着城镇化生活水平的不断提高等。

三、远东地区与黑龙江省的城镇化发展趋势

　　远东地区自然资源和经济地理位置的有机组合对未来城镇化进程影响甚大，因为远东地区临近的国家和地区（如日本、美国等）是资源消费极大的市场，其对资源的渴求势必导致远东地区经济发展，从而加快远东地区城镇化的步伐；黑龙江省的经济地理位置也将更加重要，在中国对外开放大格局中，如果说沿海省份是面向西方世界的"窗口"，那么东北地区首先是黑龙江省将成为面向远东、东北亚地区的"大门"，因此为中国跻身东北亚及亚太地区的国际分工，黑龙江省的城镇化进程应该随着全省产业结构的调整而有所加速和突破。

　　远东地区已作为苏联政府今后重点开发建设的地域之一，因此随着自然资源的纵深开发与各类地域生产综合体的组建和完善，远东地区城镇化过程将会以较大规模继续发展。苏联强调赋予远东地区未来城镇化以明确目标，即保证最合理地组建符合社会标准、经济标准、城建标准而形成先进的人口分布体系，具体强调：力求建设现代化的落地城市和与之相协调的基础设施完善的小城市、小城镇；避免出现许多零散的小城镇；必须与生产力的发展相适应，不同地域采取不同对策。据此指导思想，远东地区主要城镇发展将按 6 类进行，如表 7 所示。而且根据远东地区经济区划，不同地区将采取不同对策，如阿穆河沿岸地区，仍将借助贝阿铁路干线及地域生产综合体的组建与完善向北推进城镇网络的建设，使该区域的据点地带、新开发地带和北部后方地带有机协同。再如，在太平洋沿岸地区，依据该区域面向海洋面积广大的特点，主要以港口城镇建设为基本发展方向，进行人口分布体系的组建和完善。

　　黑龙江省在未来国内、国际的地域分工格局中的地位与作用将日益重要，因此城镇化前景广阔。总体而言，黑龙江省城镇化的发展，一要符合国情，遵循我国社会主义初级阶段经济发展战略，贯彻"严格控制大城市规模，合理发展中等城市和小城市"的方针；二要与黑龙江省国土开发整治和生产力布局，尤其要与工业交通、能源建设项目的布局紧密结合、同步进行；三要借鉴国内外经验，处理好省内外地域关系，充分把握其自然和社会经济条件的地域分异与组合特点，发挥各地优势，完善城镇多功能作用，适应"南联北开、内引外联、全方位开放"和"科技兴省"战略方针的实施，组建并完善外向型城镇体系。

远东城镇居民点远景发展趋势分类　　　　　　表7

城市类型	城市名称
A）生产和社会文化 潜力雄厚，应当作为聚集中心发展下去的首位城市	符拉迪沃斯托克 哈巴罗夫斯克、共青城、堪察加彼得罗巴甫洛夫斯克、布拉戈维申斯克雅库茨克、南萨哈林斯克、马加丹
B）具有配置大工业综合体的良好规划条件的城市	斯沃博德内伊、纳霍德卡 乌尔加尔
C）具有配置单独的大工业企业或小工业企业群的规划条件的城市	阿尔焦姆、阿尔谢尼耶夫、帕尔季赞斯克、远东赞斯克、远东斯帕斯克、乌苏里斯克、阿穆尔斯克、苏维埃港、切格多门、比罗比詹、别洛戈尔斯克、希马诺夫斯克、结雅、腾达、叶利扎沃
D）发展中的采掘工业中心城市	达利涅戈尔斯克、卡瓦列罗沃、索尔涅夸内伊、奥克佳勃黑斯基、北堪察加斯克、苏苏曼、杰普塔茨基、涅柳恩格里、塔耶日内伊、鲁德内伊、维柳伊斯克、乌斯季涅拉
E）民族区中心 没有良好城建条件并且需要加强经济基础的正在形成中的或有发展前途的跨地区跨居民点服务系统中心	帕拉纳、阿纳德尔
F）没有为发展新的工业生产单位所需的便利条件（可以配置小企业）的城市	乌格列卡缅斯克 乌斯季堪察加斯克 佩维克、季克西

　　因此，黑龙江省城镇化发展必须围绕建设好全省五大经济基地及其替代产业，组建纵横结构适当的现代化、社会化、开放式的城镇体系，其纵向结构由省域中心、区域性中心、地方性中心、县域中心和小范围中心等城镇组成"宝塔式"体系；其横向结构则根据现有三大城镇群的不同特点，分别采取不同的策略进行适宜发展，如表8所示。

四、小结

　　综上所述，苏联远东地区和中国黑龙江省的城镇化具有惊人的相似性：相互毗邻的两个地区的城镇化是在相似的因素和动力作用下，在资源富集区以自然资源开发为重点的生产力布局为依托而进行发展的；城镇化历史虽短，但城镇化速度快，城镇化水平较高；城镇化空间过程主要沿交通干线展开；都形成了分工明

黑龙江省三大地区城镇化发展目标及对策　　　　　　　　　　　表 8

城镇群所在地简况		城镇化发展目标	加速城镇化对策要点
自然社会经济概况	经济发展方向是建设		
中西部城镇群 地势平坦，土地肥沃，草原面积广阔，石油储量丰富，开发历史较长，交通方便；城镇密布；科技力量雄厚，商品经济发达	①粮、豆、肉、渔为主的食品基地； ②以机电工业产品和重型机械制造为主的生产基地； ③石油开采、石油化工生产基地； ④省内的经济、技术、贸易、信息中心	建设完善以哈尔滨—大庆—齐齐哈尔为中轴的城镇体系，实行"网络"发展	①哈尔滨市、齐齐哈尔市要加强多功能作用，发展技术密集型产业；加强老企业的技术改造，完善城市基础设施；大力发展第三产业。 ②优化城镇体系的薄弱环节，促进大庆、绥化、肇东的发展；发展双城、阿城、呼兰为卫星城；新增嫩江、五常为小城市。 ③加强与东部、北部城镇群的横向联系
东部城镇群 草原广阔，土地较肥沃，煤炭、非金属资源丰富，其北部地势平坦，耗地集中连片，其东南部山地纵深，森林和野生动植物资源丰富，交通较方便	①粮、豆、奶为主的食品基地； ②以煤炭为主的能源化工基地； ③建材基地； ④轻工业基地； ⑤对外贸易、内联外引的窗口	组建以牡丹江市、佳木斯市为中心的城镇体系，实行"点轴"发展	①促进佳木斯市、牡丹江市的发展； ②对鸡西、鹤岗、双鸭山、七台河等资源型城市，要适当提高深加工，发展煤化工业和煤电工业； ③要积极发展密山、富锦，使其早日成为地方性中心； ④充分利用边境线长的优势，加强绥芬河、同江等边境口岸城市的建设
北部城镇群 大、小兴安岭山地所在，拥有丰富的森林资源，金、煤炭等矿产资源也比较丰富，本区南部地势较为平缓，农业生产条件较好。由于地处边疆，人口稀少，交通不便，人才匮乏，科技文化落后，商品经济不发达	①木材、林产品的生产基地； ②黄金生产基地； ③粮、油、肉、蛋为主的食品基地； ④建设对外贸易、内联外引的特区	组建以黑河市、北安市为区域性中心的城镇体系，实行"增长极"发展	①逐渐完善城镇体系的各环节，加强东部、中西部中心城市的横向联系； ②重点建设现有城镇，提高城镇的经济实力，提高城镇的基础设施水平； ③充分利用边境口岸黑河市的优势，随着北黑铁路的复建，大力进行对外贸易，带动边境地区的发展

确但又偏重的城镇职能结构，都产生了城镇化质量低等类似的问题；城镇化前景广阔，都极具有活力。同时，两个地区的城镇化过程也具有明显的差异性。

远东地区城镇化过程更注重强有力计划性的指导，成立专门的职能结构，遵循地区开发总体规划的规定，同组建地域生产综合体相辅相成，按统一的人口分布体系发展，强调城镇集聚区的空间地域形式，以重工业为主要动力形成了过于偏重的城镇职能结构，以发展中小城市（镇）为主的城镇化道路；黑龙江省城镇化过程，是在缺少专门权威机构的通盘考虑下，以煤炭、木材、石油、粮食、机械五大基地建设为前提进行发展的，城镇化空间过程缺乏有目的的疏导，以工业发展为主动力、农业发展为辅动力，形成了偏重且"大而全、小而全"的城镇职能结构，以发展大中城市为主、小城市（镇）为辅的城镇化道路。

而且，两个地区城镇化过程还具有强烈的互补性，必须引起重视，如城镇职能结构虽都偏重，但远东地区城镇化过程中所滞后发展的轻工食品工业，正是黑龙江省城镇化过程中所强调改善发展并已开始成为主要职能的产业；再如，城镇化过程中，远东地区人口和劳动力严重缺乏，而黑龙江省人口和劳动力充裕且出现较大剩余等。因此，两个地区的城镇化还具有强烈的双向吸引性，在今后的城镇化发展中应该互利互惠、加强合作。我们已欣喜地看到，苏联远东地区和中国黑龙江省的城镇化过程中已出现了在经济技术合作、商品交易、劳务出口和文化艺术交流等方面的良好趋势。

第二篇

规划韬略

方法实践

与

规划编制实践

国家空间规划体系构建的若干思考与建议 [①]

2013 年中央城镇化工作会议提出："建立空间规划体系，推进规划体制改革。"2014 年中央经济工作会议强调："要加快规划体制改革，健全空间规划体系，积极推进市县多规合一。"2015 年中央城市工作会议提出："要在规划理念和方法上不断创新，增强规划科学性、指导性。以主体功能区规划为基础统筹各类空间规划，推进多规合一。要提升规划水平，增强城市规划的科学性和权威性，促进多规合一。"党的十八大以来，国家各部委和地方政府、学术界和社会各界都响应了中央的指示精神，针对国家空间规划体系探索、国家规划体制改革献计献策，笔者受益匪浅。作为一名从事三十多年城市规划的工作者，试从国家空间规划概念、意义、构建框架、保障措施等方面浅谈一点拙见，与规划行业同仁共勉之。

1 国家空间规划的概念解读

规划是对未来整体性、长期性、基本性问题的思考和考量，提及规划，部分政府部门的工作同志及学者都会视其为城乡建设规划，把规划与建设紧密联系在一起。其实，这是对规划概念以偏概全的理解。为此，笔者认为落实"建立空间规划体系、推进规划体制改革"的任务，首先需要弄清楚其对象是什么，是对谁进行未来整体性、长期性、基本性问题的思考和考量。

1.1 国家空间的概念

规划体系和体制的建立是国家行为，旨在规范国家空间秩序。从国外经验和法理认知角度分析，"建立空间规划体系、推进规划体制改革"的任务应是针对国家空间来说的。为此，正确认知国家空间是构建国家空间规划体系和体制的前提基础。

---

① 此文是俞滨洋先生在住房和城乡建设部城乡规划司工作期间对建立国家空间规划体系的所思所想的原稿；原载于《城市与区域规划研究》2017 年第 4 期。作者：俞滨洋、曹传新。

简言之，国家空间是领土空间，包括领陆、领海、领空。规划是国家政府行为，空间规划范围理应是一个国家领土空间。为此，传统的国家空间规划体系重城市轻农村、重陆地轻海洋、重非农空间轻农业空间，在一定程度上反映的是国家行业发展规划，而不是国家空间规划。未来我国应是开展城镇与乡村、农业空间（农林牧副渔）与非农空间、陆地与海洋岛屿等于一体的立体化的国家空间规划体系和体制的建设。

1.2　国家空间规划的界定

1.2.1　对空间规划的认识

目前，空间规划仍没有统一的权威性概念界定。德国的空间规划指各种范围的土地及其上部空间规划的总和。法国所谓的"国土开发"是指空间规划，即在一个国家或地区的国土范围内，以探索和展望的视角，综合考虑自然、人文、经济和战略的限制因素，有序部署人口及其经济活动以及可供使用的服务设施和交通设施的行为和实践。1997年《欧洲空间规划制度概要》中对空间规划下了如下定义：空间规划主要由公共部门使用的影响未来活动空间分布的方法，它的目的是创造一个更合理的土地利用和功能关系的领土组织，平衡保护环境和发展两个需求，以达成社会和经济发展总的目标。从国外空间规划的界定认识来看，首先，空间规划是针对一个国家或地区的全覆盖空间范围；其次，空间规划涉及领域包括社会、经济、生态等各方面，地上、地下等立体化空间范畴；再次，空间规划任务目标是空间效能最优；最后，空间规划是社会经济发展到一定阶段后，为解决空间问题而采取的政策工具或措施。

1.2.2　对国家空间规划的认识

根据对"国家空间"的认识和国外发展经验，国家空间规划是一个国家社会经济发展到一定阶段，以国家空间为对象，以国土利用和保护为主线，以发展结构优化为重点，为协调各类各级空间发展的问题、空间规划的关系，对上下可控的国土空间进行立体化城乡规划布局，以实现国家竞争力提升、可持续发展等空间目标而建立的空间规划系统。

国家空间规划体系和体制构建，首先要改变重城市轻乡村、重发展轻生态、重陆地轻海洋、重地面轻地上地下的空间意识。国家空间规划的对象既包括城乡空间，也包括地面、地上、地下的空间，是具有一定高度、厚度和平面的立体化空间体系（地理学称之为地球表层系统）。所以，国家空间规划体系和体制构建不是简单的各部委规划的相加拼盘，而是在国家空间平台上整合原有部委规划。直言之，国家空间规划是立体化的城乡、国土、陆海、地上地下、设施、环境、生态、农业农村等综合的规划体系。

具体而言，国家空间规划应是点、线、面相结合，近期、中期、远期相结合，宏观、中观、微观相结合，大中小城市与小城镇、乡村相结合，地上、地面、地下空间相结合，生产、生活、生态空间相结合的规划。因此，国家空间规划是系统化、结构化的规划。

1.3 城乡规划是国家空间规划构建的基础

规划打底色，家园才会美。由于各国空间规划根植于不同的地理、经济、法律、历史和文化条件等多种因素，各国空间规划体系构建、体制模式也不尽相同。从我国各类规划发展的历史沿革及工作现状来看，发改委的五年规划重发展政策轻空间政策、重项目计划轻全域优化，且规划层级、制度等不完善；国土部门的土地利用总体规划、环境保护部门的城市环境总体规划等涉及内容比较单一；而城乡规划有着坚实的法律基础、相对综合全面的规划内容，立体化的空间表达形式，以及严密的制度安排、完善的技术规范和丰富的实践经验，拥有高水平的人才队伍和良好的工作基础。笔者认为，从我国国情来看，城乡规划应是国家空间规划体系构建和体制建设的基础。当然，从前述国家空间规划的概念界定来看，我国城乡规划也存在对国家空间认识不足的局限性，亟待在新的体系和体制建设中进行完善和补充。

2 国家空间规划体系构建的战略意义（为什么构建）

2.1 我国处于实现"两个一百年目标"的关键时期

2.1.1 国家空间格局变迁处于关键拐点时期

根据国家统计局公布的数据显示，2011年中国城镇化率达到51.27%，2015年达到56.1%。2011年超50%的城镇化水平意味着我国正处于全面经济转型发展和建成小康社会的关键时期，意味着从乡村中国迈向了城市中国的发展时代，意味着我国城乡人口格局、城乡空间格局、城乡生态格局等都将发生深刻变化。因此，对国家空间格局的管控不是简单的"三区四线"的问题，而是要兼顾发展与公平、统筹城市与农村、协同人与自然的问题。传统的空间规划体系和体制难以适应这一关键拐点时期国家空间格局的变迁，急需调整构建新的国家空间规划体系和体制。

2.1.2 国家空间治理体系处于转型变革时期

为实现"两个一百年"奋斗目标、走向中华民族伟大复兴中国梦的"路线图"，党的十八大提出了经济建设、政治建设、文化建设、社会建设、生态文明建设"五位一体"总体布局理念，提出了"全面建成小康社会、全面深化改革、全面依法治国、全面从严治党"治国理政的总方略，提出了推进国家治理体系和治理能力现代化的改革目标。所以，以生态文明建设为主线的国家空间治理体系已经拉开序幕，国家空间规划体系也应做出合乎生态文明建设要求的改革创新，为建设美丽中国、实现中华民族永续发展服务。

总体而言，我国的国家空间规划体系和体制已难以适应国家空间格局变迁、国家空间治理体系的总体发展要求。在国家空间格局变迁和治理体系转型的关键阶段，国家空间规划体系和体制亟待进行改革创新。

2.2 我国处于各类规划整合的问题集中凸显期

2.2.1 规划类型多，体系庞杂

目前，我国每一部委都会有一个规划，多多少少也带有空间规划的特点。典型的有住房和城乡建设部的城乡规划体系、国土资源部的土地利用总体规划体系、发展和改革委员会的主体功能区规划体系、生态环境部的环境保护规划体系等。每一部委都根据自身部门的职能分工，确定了自身部门规划的重点内容和任务。因此，各自为政、条条通中央的规划类型体系实质是一个庞杂的空间规划体系，并现在已经对我国可持续发展产生了重大影响。

2.2.2 规划交叉多，标准混乱

由于各部委都是针对同一空间进行规划，导致不可避免的规划交叉。但是，更为严重的是各部委系统对规划都有各自的标准和制度，如规划期限规定不一、

法律法规依据不一、土地强度指标界定不一、职能定位不一、"三区或四区"划定标准不一，造成同一空间规划管理出现多个标准制度的怪象。这一怪象不仅反映在技术编制层面，而且也折射到管理层面，规划编制时各部委系统相互之间不配合、不沟通、不衔接；规划管控时各部委系统相互争抢有利责权利方面，推卸不利责权利方面，互设前置条款，造成规划编制不科学、规划管理不权威的格局，最后导致规划失控、空间无序的严重后果。

2.2.3 规划空白多，权责不一

国家空间规划应是全覆盖的综合性规划，不是部门利益最大化的规划表达。然而，由于我国长期计划体制的深刻影响，导致我国空间规划体制的无序演变。在依法行政过程中，各部委系统针对审批职能制定了规划原则依据和任务内容，使之部门利益最大化，造成了国家空间规划的不完整性、不系统性，权责不一且模糊，尤其是农村、农业、海洋、沙漠、贫困、地下、地上等空间规划缺失严重，已经对我国国家空间格局的可持续发展产生了重大影响。

综上所述，当前我国空间规划体系庞杂，基础数据、指标体系各异，规划之间不协调，规划变更频繁，规划错位、越位、失位问题突出，导致规划缺乏科学性、权威性、严肃性和连续性，难以充分发挥对空间资源配置的引领和调控作用，亟待国家空间规划新体系构建和新体制改革。

2.3 构建国家空间规划体系的战略意义重大

国家空间规划是衡量国家治理体系和治理能力现代化的一把尺子，是保障国家空间竞争力、可持续发展的载体平台，是维护国家空间安全格局和公平治理格局的重要工具。规划打架、规划短命、规划失效、规划审批流程复杂等问题，以及规划异化为地方土地财政和招商引资的工具，异化为领导政绩、个人好恶甚至是腐败的工具，都映射出政府治理能力的不足、国家空间竞争力的低效、国家可持续发展的隐患等。从中央发展战略要求、城乡规划现实发展阶段和面临问题分析判断，构建国家空间规划体系的战略意义重大，尤其是在空间资源配置方面对完善国家治理体系、提高治理能力具有重要支撑作用和意义。

3 国家空间规划体系建设框架建议（如何构建）

3.1 国家空间规划体系构建原则（"三面"）

正如前述分析，国家空间规划体系应不仅仅是底线思维、边界划定的问题，而是在原来城乡规划基础上结合各部门行业规划进行补充、扩展、调整和完善的问题。所以，国家空间规划体系是一个系统化空间资源配置的表达。为落实中央"两个一百年"奋斗目标，实现中华民族伟大复兴的中国梦，国家空间规划体系构建应坚持面向世界竞争、面向未来可持续发展、面向实际国情三个基本原则。

3.1.1 面向世界竞争的国家空间功能体系

面向世界竞争的原则是构建国家空间规划体系的核心原则。质言之，中华民族伟大复兴的中国梦实质是国家空间核心竞争力位居世界前列，是若干个世界级功能的国家空间节点枢纽或者城镇群展现在世界舞台，是若干个世界城市引领世界经济格局的健康发展等。从这个意义上来说，我国国家空间规划体系构建必须有面向世界竞争的国家空间功能体系优化的技术视野，规划体制制度构建也应有利于国家空间融入世界竞争力格局的形成。

3.1.2 面向未来可持续发展的国家空间安全体系

面向未来可持续发展的原则是构建国家空间规划体系的前提性和基础性原则。可持续发展是一个近期、中期、远期规划都必须遵循的基本原则，其核心意义在于强调社会公平和生态安全基础上的健康发展。当前我国国家空间格局面临着区域发展不平衡、城乡发展不协调、人地系统不和谐、生态环境不健康、地缘格局（国防、海洋等）不稳定等重大问题。因此，我国国家空间规划体系构建必须面向未来可持续发展，重点有利于促进国家社会空间安全格局和生态空间安全格局的形成。这也是"五位一体"建设总体布局的客观要求。

3.1.3 面向实际国情的国家空间规划体制

面向实际国情的原则是国家空间规划体系构建的体制性原则。国家空间规划体系构建是政府行为，与一个国家的政体、国体都有直接关联。从国外经验来看，政权组织形式影响空间规划的主要特征，行政组织体系对国家空间规划层级起基础作用，经济体制影响国家空间规划不同层级的功能。因此，我国国家空间规划体系构建不能盲目照搬西方国家的模式和经验，而是要探索一条符合中国国情的国家空间规划体系。

综上所述，国家空间规划体系构建要因地制宜，不能盲目复制。面向世界竞争、面向未来可持续发展是构建的技术性原则，面向实际国情是构建的体制性原则。三者相互影响、相辅相成、相互促进，不能割裂。

3.2 国家空间规划体系构建内容（"九定"）

构建国家空间规划体系的目标任务应是让国家空间格局结构高效、功能完善、交通畅通、环境优美，形象独特，使之具有世界竞争力和可持续能力。为此，国家空间规划体系内容应改变传统只重视空间管控而轻视发展与实施的内容导向，形成"发展战略＋空间管控＋实施引导"内容框架、"定性、定量、定位、定形、定景、定界、定线、定施、定项""九定"方面的技术内容体系。

3.2.1 发展战略内容

针对国家空间的发展战略和总体思路是国家空间规划体系技术内容的重点，也是制定空间管制政策和实施引导政策的基本依据。主要包括以下五个方面的内容。

（1）定性：确定国家空间体系各地区、节点的发展目标与任务。

在国家空间格局中不同发展主体和管控主体的目标任务，主要是确定发挥世界、全国、区域功能的地区、城镇等中心节点。

（2）定量：确定国家空间体系各地区、节点的发展规模与指标。

依据资源环境承载能力确定的国家空间格局开发指标量及相应政策投放量，主要包括人口容量、土地投放量、建设总量、环境容量等核心指标。其中，人口容量的确定是重点。

（3）定位：确定国家空间体系的发展类型和方略。

根据地区差异特征确定不同地区、不同城镇的发展方向和战略。在国家空间格局变迁中确定具有世界竞争力的城镇群、具有区域带动意义的地方性城镇群等的发展方向和战略，确定具有特殊地域开发意义的类型地区或城乡地区的发展方向和战略，如贫困集中连绵区、资源性城市地区、东北老工业基地振兴区、南海海洋开发区等。

（4）定形：确定国家空间体系的发展结构与布局。

为什么结构优化？因为国家空间是一个城市与区域、中心与腹地等相互嵌入影响的空间实体，客观存在结构组织和优化的问题。不同的发展阶段存在点、点—轴、网络等不同的结构优化目标。根据国家空间格局演变趋势和特征，确定未来国家空间结构布局体系（城镇体系 + 综合交通），引导中央投资向有利于国家空间结构优化方向倾斜，实现国家空间治理格局的健康发展。

（5）定景：确定国家空间体系的风貌特色类型。

2012 年党的十八大首次提出建设"美丽中国"，首先应当在建设"美丽中国"的总目标下制定相应的对策措施。具体而言，应当加强建筑与空间、园林、景观、艺术、环境、管理之间的联动，对重要地块、重要景观节点等应当从严管理；分类管理城市景观、乡村景观、大地景观三大景观体系，构建建设"美丽中国"的景观体系和方法体系。因此，国家空间规划体系需要根据地域文化差异确定国家风貌特色体系。

3.2.2 空间管控内容

结合发展战略的技术内容，国家空间规划体系的空间管控内容既应有传统生态、历史文化等方面的管控内容，还应有反映社会公平、生活质量、区域责任等方面的管控内容。因此，传统"三区四线"内容要扩展、调整和补充，主要包括以下两个方面。

（1）定界（X 区）：确定具有特殊发展和安全意义的管控空间范围界线。

由于传统"三区"划定的空间尺度大，难以落实"一张图"且不利于实施操作，所以规划意义不大。国家空间规划体系的"定界"主要是确定具有区域引领作用和区域发展意义的重要功能节点地区的空间界线，以及不同空间类型的不同发展政策。根据国家定位和试点任务要求，需要进行国家空间管控的刚性界线划定。主要是整合发改委、国土部门、住建部门的"三区"划定，确定国家管控试点区、新区、专业职能管控区（如区域性物流节点）、农业政策区、边境合作区、海关监管区等可建设区的政策管控控制线。

（2）定线（X 线）：确定具有特定历史使命和区域功能要求的管控红线。

整合环保部门、国土部门、住建部门的生态红线、耕地红线、永久性基本农田控制线，以及城市建设的道路红线、河道蓝线、绿地绿线、保护紫线等，确定生态安全红线（显山露水线、国家森林公园、地质公园、自然保护区、风景名胜区等）、粮食安全红线（耕地、基本农田）、防灾安全红线（防洪、地震、地质灾害）、矿产资源控制线、区域设施廊道控制线（交通、管道、能源、电力等）、城乡建设用地增长控制线（增长边界）、国防安全控制线、信息通道控制线（微波通道）、滨水慢行空间控制线这"新九线"。传统的城市建设"四线"建议在深化城市总体规划和控制性详细规划中予以具体化，不宜在国家空间规划体系高层级规划中表达。

3.2.3 实施引导内容

（1）定施（政策）：确定实现国家空间发展目标的各项国家空间政策。

根据国家空间格局的总体战略安排，确定相应的国家空间政策和其他保障措施。例如，对于确定为发挥区域性功能的城镇节点，可保障正常指标投放之外的 $5\sim10km^2$ 用地投放。

（2）定项（资金）：确定实现国家空间发展目标的重点投资项目。

根据国家空间规划的时序安排，确定近期、中期、远期的中央投资推动国家空间格局优化的项目库。

3.2.4 小结

综上所述，国家空间规划体系构建的核心思路是发展建设与治理管控兼备的技术体系，改变传统住房和城乡建设部重城市发展与管控、国土资源部重底线管控、发展和改革委员会重项目管控、生态环境部重总量管控的技术体系。在发展方面，国家层面要给予定性、定位、定形、定界、定施、定项；在管控方面，国家层面要给予定量、定景、定线。

3.3 国家空间规划体系的编制框架（三层次多类型）

国家空间规划体系基本框架应重点发挥统筹协同的作用，即统筹要素、协同冲突、促进共赢，实现技术、政策、管理、监督等无缝对接，而不是简单的多规合一。应构建三层次、多类型的国家空间规划体系的编制框架。

3.3.1 推进国家空间发展战略规划（2049年）的编制（战略层面）

国家空间发展战略规划编制以建国100年为规划期末，谋划国家空间发展与治理格局，核心任务是大尺度的空间调控，坚持发展建设与治理底线兼顾的思维，制定发展方略、控制边界和总量的政策标准，以及未来实施引导的政策和项目安排。

国家空间发展战略规划应以全国、省域城镇体系规划为基础，整合全国、省级国民经济与社会发展中长期规划纲要、土地利用总体规划、环境保护规划、综合交通规划、农业区划等，形成新的体现国家空间发展一盘棋的战略路线图。

国务院重点编制《国家空间发展战略规划 2049》《重点区域（跨省、跨直辖市）规划 2049》等；省级政府重点编制《省域空间发展战略规划 2049》《省域重点区域规划 2049》等，将其作为落实和贯彻国家空间规划的重要组成部分，在编制、审批、实施、监督等方面直接受国家空间规划的指导。

3.3.2 推进全域空间总体规划（2030 年）的编制（法定层面）

首个全域空间总体规划编制以建党 100 年为规划期末，谋划地方空间发展与治理格局，核心任务是地方主体尺度的发展建设与空间管治，确定适应地方发展的发展方略、控制边界和建设总量。

全域空间总体规划以 10~20 年为周期，以地级市辖区、县市为基本规划单元，以地方的城市总体规划为基础，整合地方的国民经济与社会发展中长期发展规划、土地利用总体规划、综合交通规划、环境保护规划等，形成新的体现地方空间发展一盘棋的空间建设图。

省级行政区政府重点编制全域空间总体规划，重点确定目标战略、区域产业与人口城镇化、区域城镇布局和形态、区域基础设施、"三生"边界、城乡发展、开发强度、历史保护和治理举措。开发强度主要确定城市建设总量。全域空间总体规划作为落实国家空间规划的实施性规划，应在 10~20 年保持规划控制要求的稳定性和权威性。

城市（县城）政府重点编制规划区规划，重点确定城市规划建设的总体控制要求，落实实施国家空间规划、省域空间规划、市域空间总体规划等上位规划所确定的控制边界和总量，为城市规划建设提供法定依据（改变传统总体规划和控制性详细规划繁琐的规划技术层次体系）。具体包括规划区结构与框架规划、土地开发与利用、历史文化保护发展、基础设施、综合交通规划、总体城市设计等。

3.3.3 推进近期建设规划（2020 年）的编制（实施层面）

近期建设规划编制以年度或者 3 年、5 年为周期，具体制定城乡建设的管控要求，核心任务是中微观尺度的实施建设，确定依法行政许可和治理城市的直接依据。

在上述全域总体规划的指导下，地方政府根据城市发展建设实际重点编制历史文化街区规划、重大交通枢纽地区规划、重点生态功能区规划、重点城市中心功能区规划等；其核心是明确针对开发的各种规划条件指标，为城市政府依法行政许可提供依据。具体包括城市治理规划和城市建设规划，城市治理规划包括城市管理规划、城市环境治理规划、城市开发保障规划、城市社会治理规划、社区规划等，城市建设规划包括特色区建设、设施工程建设、旧城改造、生态工程建设等。特色区建设主要包括低碳环保绿色配套的保障房住区、特色历史文化街区、特色村庄、特色社区、特色主题公园、特色产业区、特色农业区、特色旅游区、特色商业区等。

3.3.4 小结：以城乡规划为基础的"多规合一"构架

由于国家空间规划体系构建不是简单将各部委规划叠加，"多规合一"也不是简单谁统领谁的问题，更不是谁吃掉谁的问题，而是在实现国家竞争力提升、国家空间可持续发展基础上进行的立体化空间规划体制改造和优化调整。因此，以城乡规划为基础进行各部委规划的整合具有现实性和可行性。

4 国家空间规划体系建设保障措施（如何实施）

为实现上述国家空间规划体系的总体思路，应从规划编制组织、规划督察、行业服务系统等方面予以制度保障，否则很难实施。

4.1 实施"大联合"的规划组织机制

4.1.1 组建部门联合的专门编制机构

国家层面组建直接由国务院领导的国家规划署或者国家规划委员会，负责国家空间发展战略规划（2049）的编制。

省级层面组建直接由省级政府领导的省规划局或者委员会，负责省域空间发展战略规划（2049）的编制。

全域层面由地级市辖区、县市政府领导组建市规划委员会，负责全域空间总体规划和近期建设规划编制。

4.1.2　组建央地联动的规划审查机制

由于国家空间发展战略规划是以"战略 + 政策 + 指标 + 底线"为主要内容，要实现上承国家战略、下接地方地气的可实施性目标，必须构建央地联动的规划审查机制。央地联动的规划审查机制首先要厘清央地事权界限以及具体对接程序。规划审查工作应由各级规划委员会共同完成。

4.1.3　构建部—省—市联动的规划督察垂直管理体制

一座城市既有国家层面的要求，也有地方层面的发展诉求。因此，国家空间规划督察工作应构建部—省—市联动的管理体制，共同研判规划执行情况。规划督察也应该由各级规划委员会共同各司其职完成。

总体来说，国家空间规划体系的编制、审查、督察都由各级政府的规划委员会共同完成。实施管理应与编制、审查、督察分开，由规划行政部门具体负责依法许可。

4.2　构建全国标准化的技术数据平台

4.2.1　构建"刚性边界 + 弹性总量"相结合的管控体制

对于维护国家利益、公众利益、区域利益的生态空间、历史文化空间、绿地公园空间等，主要以全域规划确定的边界为主。在大数据平台下，构建精细化管理的刚性边界管理体制，以确保显山露水、透绿见蓝和留有乡愁，真正把生态空间多留给老百姓。

4.2.2　搭建全国空间规划体系的大数据平台

国家空间规划体系应搭建全国一张战略意图、全省一张战略意图、全市（地级市辖区、县市）一张空间管控图、全市一张空间建设图的分类分层级的大数据平台，达到中央提出的"一张图干到底"的真正目的。尤其是对于人口、用地、经济、社会等数据要规范化管理，对规划的各类管控与发展空间进行统一管理，通过大数据的比较计算，为国家空间规划体系的动态管理提供依据。

4.3　构建"恩威并重"、奖惩分明的规划行政调控体制

4.3.1　开展年度、近期（5 年）的"百佳十差"评选活动

开展年度、近期（5 年）城乡规划"百佳十差"评选活动，以及城乡规划最

佳政策、管理、创新、创意、公共参与奖和国际合作最佳范例奖评选活动，营造城乡规划战线管、产、学、研创优争先良好氛围。尝试评选城乡规划十差案例。其中，"百佳"由"十个一"构成：一个低碳环保绿色配套的保障房住区、一个历史文化保护街区有机更新、一个综合管廊、一个可持续发展的村庄规划、一个宜人的特色公园、一个特色市场、一条特色街、一个特色雕塑、一个城市出入口、一段滨水空间等。对于"百佳"给予土地、建设量等奖励，反之，给予削减限制。

4.3.2 实施"百千万"国家城镇网络建设工程

联合商务部、国土资源部、国家工商总局、国家旅游局等部门，为各类城镇发展寻找特色出路，帮助地方经济转型发展。塑造类似义乌市、桥头镇等模式典型，实施 100 个区域中心城市、1000 个区域专业职能城市（主要以商贸市场职能建设为主）、1000 个城乡统筹示范县城、10000 个生态文明特色小镇（主要以特色旅游开发为主）的"百千万"国家城镇网络建设工程。对纳入国家战略定位的城镇，应给予 5~10km^2 的建设用地指标供给，专门用于国家或区域职能甚至世界职能的建设与发展，以带动国家空间格局优化完善。

4.4 构建技术与政策、行业有机协同的服务系统

国家空间规划体系构建工作是一个非常复杂的系统工程，不仅要充分体现战略性、前瞻性和科学性，而且要充分体现地域性、现实性和可操作性，还要体现规范性、合法性尤其是政策性。为此，除了以上城乡规划工作自身的改革建议外，还要制定多管齐下的强有力措施，增强可操作性。主要有以下改革措施。

（1）健全全国空间规划法制标准系统。法制标准系统是推进国家空间规划治理体系现代化的关键性步骤，也是提升国家空间规划治理能力的关键环节，主要包括国家空间规划方面的法律、规章、标准、规范等。

（2）建设全国空间规划技术服务平台。全国空间规划技术服务平台是提高国家空间规划工作效率的基础，也是适应现代科技手段发展的需要，主要包括全国空间规划地理数据信息与统计分析评估系统、城乡规划科学技术研究系统、城乡规划教育系统等。

（3）完善全国空间规划行业系统。全国空间规划行业系统建设是提升空间规划工作水平的重要保障，主要包括市长协会、城市科学研究会，以及城市规划、

风景名胜区等学会、协会。

（4）建立全国空间规划协调系统。协调是国家空间规划工作过程中的重要任务和环节。要建立一套协调协作制度，推进全国空间规划协调系统建设，有效提高空间规划水平。例如，信息共享、定期会商、牵头负责、征询意见、定时反馈等制度建设。

（5）加强全国空间规划专家系统建设。专家评估、评审和论证是国家空间规划工作的重要组成部分，主要包括专家意见法律性、责任性的授权，专家聘请法制化、专家评审形式法律化等。

党的十八大以来中央领导调研视察重要讲话，给全国空间规划战线提出了一系列高要求和新任务。落实高要求和新任务，国家空间规划既有城市，也有乡村；既有地面，也有空中、地下；既涉及人口资源，也涉及经济环境社会；既有战略布局，也有战略重点；既有长远大略（2049年），也有近期建设（2020年）；既有服务促进市场经济起决定作用的任务，也有关注民生确保公共利益、公共安全、优化公共空间的任务；既有提高规划水平，多出能够"显山露水、透绿见蓝、留有乡愁"的精品佳作任务，也有简政放权、抓大放小、提高效能、促进发展的任务；既有划清限定城市边界优化空间结构的任务，更有加强督察不断提高惩防体系执法水平和执行力确保"一张蓝图干到底"的重大课题。因此，通过上述国家空间规划改革建议，能够较快适应中央提出的各项任务和要求，尽快从根本上扭转被动局面。

用科学发展观指导哈尔滨城市总体规划修编 [①]

1 解放 60 周年以来哈尔滨总体规划编制情况

1.1 第一轮城市总体规划（1956 年）

中华人民共和国成立以后，为了适应"一五"期间大规模经济建设的需要，哈尔滨市于 1953 年成立了城市规划机构，并开始编制中华人民共和国成立后的第一轮城市总体规划，1956 年经国家建委批准实施。规划确定将市中心区马家沟机场迁出，改作城市建设用地，城区适当向西南方向发展。在此期间，国家在哈尔滨市建设了 13 项重点工程，形成了平房、动力工业区。1958 年随着地方工业发展的需要，新辟建了三棵树化工区和哈西机械工业区。在哈尔滨南部形成学府区。此轮规划确定的城市性质、区域布局、道路系统在哈尔滨市以后的发展建设中发挥了比较好的作用，构成了哈尔滨城市的基本形态格局。

1.2 第二轮城市总体规划（1986 年）

改革开放后，为适应新形势的要求，1982 年哈尔滨市开始编制新一轮的城市总体规划，并于 1986 年经国务院批准实施。规划确定城市性质为黑龙江省省会，东北地区的交通枢纽，以机电工业为主，轻纺、食品工业和旅游业比较发达的工业城市；城市人口规模近期控制在 220 万，远期控制在 250 万，用地规模达到 170km²；城市发展方向为西南方向为主，北沿松花江，南至阎家岗一带，东近阿什河漫滩，西到杨马架子。这一时期，在规划指导下，改造了新发、荟芳里、地德里等 228 片危棚户区，新建了嵩山、辽河等一批住宅新区，城市规划基本适应了改革开放以后城市大规模发展建设的需要。

1.3 第三轮城市总体规划（1999 年）

随着社会主义市场经济的快速发展，哈尔滨市于 1992 年开始对城市总体规划

---

① 原载于《城市规划》2006 年第 12 期。

进行又一轮的修编工作，并于 1999 年 12 月 28 日得到国务院正式批复。此次规划确定城市性质为黑龙江省省会，国家级历史文化名城，我国东北北部经济、政治、贸易、科技、信息、文化、旅游业的现代化中心城市；城市 2010 年人口规模控制在 326 万以内，用地控制在 252km²；城市用地发展方向为向南、向西发展为主；城市形态为分散组团式布局。这一时期，在老城区规划改造了新阳、大方里、宣西、安璋、红平等住宅小区，在新区规划建设了红旗、闽江、河松等一批布局合理、环境优美、设施齐全的住宅小区，居民居住环境得到较大改善。同时，"两轴、四环、十射"的城市道路网规划逐步得到实施，"两轴"基本建设完成，"内环"、二环已经全面建成，四环路建设已经启动，新建了机场高速公路，打通了红旗大街、文昌街、电塔街，拓宽改造了学府路、友谊路、新阳路、先锋路、花园街等。

1.4 第四轮城市总体规划（2004—2020 年）

哈尔滨作为东北地区最重要的老工业基地城市之一，随着改革开放的不断深入，原有工业产业渐趋老化，经济发展活力不足，单一计划经济体制下积累的结构性矛盾在城市总体布局上表现得日益突出，城市基础设施建设严重滞后。中央提出振兴东北地区等老工业基地战略，为哈尔滨市的城市复兴带来前所未有的机遇。这些在客观上要求对原有城市总体规划进行修编。

哈尔滨市第四轮城市总体规划（2004—2020 年）的修编工作于 2001 年正式启动，经过 4 年时间编制完成。2004 年初，国务院批准哈尔滨市行政区划调整，设立松北、呼兰两区，原太平区与道外区合并为道外区，市区面积由 1660km² 扩大为 4272km²，据此又对城市总体规划修编成果进行修改、补充和完善。修编经过严谨科学的组织方式，履行了严格的审批程序，在通过建设部专家组初步审查后于 2005 年报国务院待批。

2 坚持将科学发展观贯穿规划编制工作的始终

2.1 全面理解科学发展观的深刻内涵，树立全新的城市规划理念

在城市总体规划修编工作中，树立和谐规划新理念，不断增加规划的科技含量、文化含量、美学含量、绿色含量、法律含量和市场经济含量。坚持"以人为本"

的思想，体现人文的规划；坚持"全面、协调、可持续"发展，体现科学的规划；坚持城乡一体，体现区域协调发展的规划；坚持适应市场经济发展的需求，体现经济的规划；坚持人与自然协调发展，体现绿色的规划；以人民群众的利益为出发点，体现公平与公正的规划；坚持经济与社会协调发展，体现社会与文化的规划；国内与国外相结合，体现开放的规划；加大公众参与，体现公共政策的规划；坚持依法行政，体现法制的规划。

2.2 坚持将调整和优化土地利用、促进集约和节约用地作为规划修编工作的基本原则

在城市总体规划的修编中，按照提高土地使用效益，促进集约和节约用地的原则，结合哈尔滨市的实际情况，提出通过调整和优化土地利用，改变发展模式，综合考虑土地、水、能源和生态环境等与城市发展密切相关的基础条件，按照"紧凑型"的城市发展方针，科学、合理地确定城市的发展目标，防止盲目追求城市规模。

2.2.1 加强工业用地的调整优化

对位于城市优势区位的 $68.68km^2$ 工业用地进行了优化调整，其中改变用途的达 $34.22km^2$。这种优化调整可以有力地促进高新技术产业发展、完善城市整体功能，大大提高城市土地的使用效益。

2.2.2 加强内涵改造和非耕地利用

对于规划新增建设用地，坚持尽可能利用闲置滩涂地和加强城市内部整合的原则，其中包括全面解决历史遗留的"城中村"问题，通过调整和改造，可以增加 $22.65km^2$ 用地，充分利用现已围堤和正在围合的松花江闲置滩涂地，可增加 $47km^2$。通过这些措施，节约利用了空间资源，也降低了城市发展建设成本。

2.2.3 加强实施时序和发展重点控制

依据"十一五"规划，完善近期建设规划和项目库的内容，并严格实施管理，坚持突出重点，强化通过内涵改造，防止外延拓展的盲目性。

2.3 坚持将区域和城乡统筹协调发展作为修编工作的前提

按照"五个统筹"的要求，城市总体规划必须从全市域的角度看问题，通过区域统筹和城乡统筹来解决城市发展面临的问题。

规划修编以省城镇体系规划为指导，提出了构建以哈尔滨为中心，包括 6 座卫星城和 40 个小城镇在内的哈尔滨经济圈。通过加快市域内卫星城市的培育和建设，构筑宾县—宾西、双城、空港工业园区等 12 个产业集聚区，承接中心城市产业转移，吸纳黑龙江省老工业基地改造重点产业，实现产业集群发展，为解决城市现有老工业基地布局分散、城市在形态上"摊大饼"扩张等问题提供了办法。通过构筑完善的市域交通和基础设施框架，形成城乡之间优势互补的区域发展格局。城乡格局体现了可持续发展的、生态的、富有活力的空间布局结构和生态框架。

2.4　坚持将以人为本、构建和谐社会作为规划修编工作的基本目标

执行国家有关强制性规范和标准，考虑了中心区用地的控制与置换，工业用地的外迁，停车场、绿地、基础设施和道路系统的优化，居住日照条件的改善等。通过整合与调整城市空间资源，优化城市的空间结构，为完善现代城市功能、改善城市人居环境提供有效支撑。

（1）针对计划经济时期老工业基地配套住区低层、低密度、分散的模式，按照布局合理、交通便捷、环境优化的要求，规划了 23 个居住社区，其中 80% 以上面向中低收入阶层，不仅改善了人民群众的居住质量，而且大大提高了土地利用效率。在重点考虑老城危棚户区改造的同时，在环境好的地段规划高标准居住区。

（2）针对城市基础设施建设滞后的实际情况，以建设高效、节能的城市支撑体系为目标，按照公共交通优先的原则，规划完善"两轴、四环、十射"的城市道路系统格局，包括 1 条环线和 5 条主线的轨道交通网络，还完善配套了给水、排水、电力、电信、供热、环保及污水处理、垃圾处理等基础设施规划。

（3）针对城市生态环境质量下降的实际情况，围绕建设生态型园林城市，充分考虑沿江、沿河、沿路的生态绿色廊道建设，在旧城更新中加强绿化建设，构筑由市级公园、区级公园、居住区级公园、街头绿地组成的公共绿地体系，人均绿地指标大幅度上调；规划重点治理城市污染水系，以加强环保、节能、节水的市政设施建设为目标，规划形成 11 个集中供热热源，拆除大批烟囱实行热电联供，规划城市中水回用率达到 30% 以上，主要环境指标达到国家环保模范城市标准。

3 坚持规划为经济发展和城市建设服务的宗旨

3.1 把为经济建设服务放在首位

在充分研究哈尔滨市现有产业结构特点、地域资源优势的基础上，按照中央关于振兴东北老工业基地的战略部署，适应由计划经济体制向市场经济体制转变、由粗放型发展向集约型发展转变的要求，结合哈尔滨市的实际情况，调整工业布局，形成装备制造业、医药工业、高新技术产业、绿色食品加工业和对俄经贸科技合作五大优势产业基地的要求，以及金融商贸、物流产业、会展产业、市场建设等，做好用地布局规划，为增强城市经济活力搭建了载体。

3.2 注重战略与布局、功能与载体、经济发展与城市建设之间的协调

把经济社会发展的战略落实到空间载体上。规划强调了与经济社会发展规划、与土地利用规划等的协调和相互衔接，结合哈尔滨市各相关部门的专业规划，在社会、经济、文化、基础设施等方面进行综合平衡，体现了规划的综合性和整体性。在规划中构筑了富有活力的产业经贸系统、现代化的基础设施系统、人与自然和谐共生的生态型园林系统、一流的寒地生态社区以及具有北方文化特色的城市品牌等空间载体系统。

3.3 正确处理现代化建设与保护历史文化的关系，突出城市特色

针对城市众多优秀历史文化遗产和独特风貌特色亟待加强保护的实际，确定了历史文化名城保护和有效利用必须遵循的基本原则。注重文化内涵与历史文脉的发掘和城市传统风貌的保护与发扬，规划突出寒地冰雪文化和历史名城文化内容，对主要重点地段与区域做了具体安排。同时，力创新的城市特色与新的城市品牌，营造新的特色街区与新的城市亮点，通过品牌的挖掘与创造，增强城市的竞争力、知名度。

3.4 充分考虑近期与远期、需要与可能的关系，强化规划的前瞻性和可实施性

运用可持续发展理念研究生态城市的建设，从空间结构上建设区域平衡发展的、可生长的城市空间，对未来2030年、2050年以及城市远景发展进行了较深

入的研究和展望。同时，强调了规划的实施性问题，充分考虑城市经济状况和自然环境条件的制约，优先考虑原行洪区现已经围堤和正在围合的群力、江湾地区的用地，尽可能利用闲置地，少占耕地。

4 规划编制工作的主要做法和特点

4.1 "三结合"的主要做法

4.1.1 坚持国际先进城市规划理念与哈尔滨本地实际相结合

组织召开了 4 次国际会议，站在 21 世纪的高度，面向世界，高起点、高标准，把以人为本、人与自然和谐共生、提高城市竞争力等先进的规划理念与哈尔滨市老工业基地、寒地特色、北方文化和自然生态等特点紧密结合。

4.1.2 依靠本地技术力量与借用国内外规划专家力量相结合

规划编制任务除了由哈尔滨市城市规划设计研究院主要承担外，还邀请省内外多家甲级规划设计单位参与规划编制工作。此外，邀请美国规划学会前主席、持证规划师学会资深会员、具有国际影响力的萨姆·卡塞拉先生与哈尔滨市规划院合作完成了哈尔滨市远景发展战略规划，聘请法国著名规划师尹夫先生参与了群力新区的规划调整工作，邀请两院院士参与指导规划工作。

4.1.3 政府搭台、专家把关与公众参与相结合

在规划编制工作中，省、市党政领导高度重视，规划管理部门搭台，设计单位认真贯彻中央、省、市领导指示精神，设计成果由国内、省内规划专家把关。同时，通过新闻媒体、城市规划展览和规划网站广泛征求群众与社会各界的意见和建议。区划调整后补充完善了成果，又进行了两轮投票征求意见。

4.2 "五个关系"的特点

4.2.1 内涵与外延的关系

振兴老工业基地，既包括传统产业的更新，又包括新兴产业的创建；既包括工业的改造，又包括农业和服务业的升级；既包括产业的发展，又包括产业支撑系统的完善；既包括经济的振兴，又包括社会的进步；既包括城市的增长，又包括区域的协调，实现整个区域的经济振兴。这一切都要通过规划统筹考虑、合理

调控，都必须通过科学、合理的城市发展规划加以体现。

4.2.2 竞争与合作的关系

东北地区城市之间既是合作关系，又是竞争关系。振兴老工业基地，要通过城市规划调控，实现城市功能互补、产业互补、基础设施共享。发展和建设要量力而行，避免各自为战、盲目重复建设，不能一哄而起，搞小而全、大而全。

4.2.3 整体与局部的关系

城市规划必须对资源进行合理配置，在整体层面上进行理性安排，不能就项目论项目，避免因局部利益而损害整体利益；要服从于振兴老工业基地和全面建设小康社会，保证局部利益与整体利益相一致，不能因某个企业、某个项目影响全局。

4.2.4 控制与引导的关系

城市规划要有针对性，注重解决城市发展中的主要矛盾和矛盾的主要方面，把握关键问题、关键环节，不断适应新时期、新形势的变化，使城市规划更具科学性、合理性和可操作性。特别是在老工业基地调整改造中，应将控制与引导相结合，对重大项目要严格把关，对一般项目要积极引导，既要发挥城市规划的宏观调控作用，又要充分考虑不确定因素的影响，以保证实施的效果。

4.2.5 借鉴与创新的关系

振兴老工业基地是创新的过程，是从"老"到"新"的"脱胎换骨"的过程，要通过建立新体制、引入新机制、构筑新结构、采用新方式、注入新活力，把老工业基地建设成国家新型工业基地。因此，城市规划工作必须坚持改革创新，坚持科技进步，坚持市场化运作。同时，要充分借鉴国内外先进地区的成功经验，创造性地加以运用，走出一条既符合城市发展规律又具有自身特点的发展之路。

参考文献

[1] 俞滨洋. 21世纪哈尔滨城市规划对策研究 [M]. 哈尔滨：哈尔滨出版社，2002.

[2] 俞滨洋. 哈尔滨城市空间战略规划探索 [M]. 哈尔滨：哈尔滨出版社，2003.

[3] 俞滨洋. 城市规划在老工业基地改造振兴中的几个对策 [J]. 城市规划，2004（4）：77-80.

[4] 俞滨洋. 哈尔滨印象 [M]. 北京：中国建筑工业出版社，2005.

更新哈尔滨 [1]

　　黑龙江省委提出了哈尔滨加快发展、当好龙头的目标和要求，特别是对高水平做好城市规划，把哈尔滨建靓管好做出了重要指示。在这前所未有的机遇面前，我们要按照哈尔滨市委、市政府的要求和部署，勇于开拓，大胆创新，求真务实，把省委的决策落实到实际工作中，不愧于时代赋予城市规划工作者的使命。树立科学发展观，找准城市定位和发展目标，按照省委关于哈尔滨城市定位要从国际大都市和东北亚中心城市来考虑，放在区域经济的大格局中来判断，放在全省龙头位置去把握的要求，在哈尔滨的发展规划中，要进一步强化政治、经济、文化、信息中心和交通枢纽的城市功能，巩固提高哈尔滨中心城市的地位，优化城市空间布局，加快基础设施建设，增强城市载体功能，改善环境质量，突出"大气""洋气""灵气"的城市特色，打造哈尔滨系列城市品牌，提升城市知名度，把哈尔滨建设成为最适于创业发展、适于居住的生态型园林城市，建设成中西文化交融的文化名城，成为区域性国际会展中心、中俄科技合作和文化交流中心及东北亚信息、金融与产业聚集中心。

　　实施哈尔滨都市经济圈战略。打破行政区域界限，建立"大哈尔滨"概念，统筹规划哈尔滨市都市经济圈产业整体格局。在把阿城、双城、尚志、宾县、五常、肇东等卫星城规划建设成中等城市的同时，以哈尔滨市为中心，以70km为半径，沿主要交通干线构建哈尔滨"1小时经济圈"，重点发展哈尔滨利民经济技术开发区、哈尔滨宾西经济开发区、阿城经济开发区等新的经济增长点。利用哈尔滨太平国际机场的独特优势，建立空港经济区。结合实施老工业基地改造战略的契机，把哈尔滨中心城市的辐射扩散与周围区域的承接发展结合起来，带动区域经济的发展和振兴。建立区域协调发展机制，制定哈尔滨都市经济圈发展相关政策，特别是在土地使用、招商引资和财税分成等方面制定统一的政策，创造共同发展的平台。推进老工业基地改造实现城市更新的战略。振兴老工业基地要以工业为主导，以工业带动农业，各产业之间协调发展，实现传统工业城市的复兴。

---

① 　原载于《黑龙江日报》2004年07月08日。

帮助搬迁扩散企业在郊区和外县（市）选址，引导产业相对集中，提高产业集聚水平。通过老城改造，搬迁有污染的工厂、企业，增加第三产业，加速中心城区"退二进三"步伐。最大限度地发挥城市土地的"级差效益"，通过加快老城区改造步伐，建设大型居住社区，增添城市活力。

打造城市品牌实现城市文化复兴的战略。重新整合哈尔滨国际经济贸易洽谈会、哈尔滨之夏音乐会、哈尔滨冰灯雪雕等历史上曾有的众多品牌和美誉，开发建设果戈里大街、欧罗巴风情园、传统商市风貌区等新的特色街区，开发以冰灯、冰雕、雪雕、冰建筑为龙头的冰雪文化链条，建设国际冰雪文化名城。通过申办冬奥会，进一步增强城市的知名度、竞争力和国际影响力，创造出更多的发展机会。通过进一步升华冰雪文化、弘扬建筑文化、积累地域文化、提升艺术文化、开发工业文化，把哈尔滨建成"北方文化魅力之都"。统筹规划城市格局，为加快发展构筑有活力和综合竞争力的产业经贸载体系统。建设全国最重要的绿色产业基地、机械制造业基地、高新技术产业基地、医药工业基地、对俄经贸合作基地等经济载体系统，形成平房地区以机械工业、汽车零部件制造业为主的工业基地，市区东部为传统工业、化工及由中心区迁出的工业为主的工业基地，迎宾路高开区以高科技产业、无污染企业为主的产业基地，松北新区以绿色产业、高科技产业为主的产业基地。

建设支撑现代化城市的基础设施。完善城市基础设施，提高城市载体功能，为产业发展创造有利条件。建立完善"两轴、四环、十射"城市道路系统格局，建设 1 条环线和 3 条主线的轨道交通网络，形成一个快速、便捷、高效、安全的城市道路交通体系。建设磨盘山供水工程、集中供热工程、污水和垃圾处理工程等。同时，做好"申冬奥"基础设施规划构想。

创建人与自然和谐的生态绿色系统。以建设生态型园林城市为目标，按照有机疏散的原则整合城市生态系统和经济系统的空间格局。充分利用城市的水元素，建立园林和绿地系统，形成生态廊道。构筑以松花江为轴的主要生态廊道，以阿什河、呼兰河、马家沟河、何家沟、信义沟形成的次要生态廊道，形成"一江、两河、三沟、四湖"生态格局，突显哈尔滨城市"灵气"。构筑"组团布局、绿色环抱、点面结合、绿地楔入、廊道相连"的城市绿地系统。

构建有寒地特色的生态社区。优化城市空间布局，改善居住环境质量，建设适于人居的生存环境，居住用地将以群力、松北等新区开发为主，老城改造为辅。新区注重建设绿色生态社区，老城改造注重完善配套设施建设。坚持以人为本，注重考虑住户的生活方式、住房多项选择和无障碍设计等方面的需求。考虑寒地城市的特点，注重朝向、采光、风向和保暖，继承历史建筑原有的黄、淡黄、乳白的城市色彩。

保护和利用历史文化遗产。特定的历史文化形成了哈尔滨充满异国情调的城市特色，也是哈尔滨的魅力所在。在进一步加大对"三批"274栋保护建筑的保护力度的同时，对南岗中东铁路住宅保护街坊、道外传统商市风貌区、"731遗址"等进行保护性改造。转变工作方式，在依法行政中体现服务。

提高规划的超前性、科学性和可实施性。抓紧履行哈尔滨城市总体规划报批手续，组织哈尔滨大都市圈规划的深化、细化工作，编制老工业基地调整改造规划，做好松北新区规划调整的国际招标工作，逐步完善松花江风景长廊和太阳岛等风景名胜区规划，抓紧组织编制大直欧陆风情街、中央大街和索菲亚教堂广场三期扩建、俄罗斯风情园等环境综合整治规划方案。

在规划实施管理上，进一步提高工作水平。正确处理好坚持规划原则与为经济发展服务的关系，进一步简化办事程序、提高工作效率、强化服务意识。继续实施"审批提速""亲民解疑""绿色通道"和"管帮结合"四个工程，推行"一站式"服务。对招商引资项目提前介入，将符合条件的项目纳入绿色通道。

推行行政效能建设和依法行政。在队伍建设上，继续加大人才引进力度，提高政治业务水平；继续以"两风"建设为核心，贯彻落实"六项制度"和"七条禁令"；大力推进行政效能建设，实行分类、分级审批制，减少审批环节，完善行政效能监察追究制度。

加大城市规划公示力度。不断完善、升级"规划公园"网站，进一步宣传城市规划所取得的成果。对社会各界关注的重要项目规划继续实行公示，征求大家的意见和建议，增加规划的公开性和透明度。对与群众关系密切的建设项目继续实行批前、批后公示，召开听证会，保障市民对城市规划的知情权、建议权和监督权。

科学规划和谐哈尔滨　为"四区"发展构筑优美载体空间 ①

新时期国际经济形势和国内经济政策的变化，为黑龙江省加快经济结构调整和转变经济发展方式、推动关键环节和重点领域改革取得新突破提供了难得的机遇。在这样的背景下，黑龙江省委、省政府明确提出了今后一个时期经济更好更快发展的规划构想，即着力建设"八大经济区"，大力实施"十大工程"。

"八大经济区"的提出是对区域经济发展理论的认识升华，是对黑龙江省区域发展思路的完善创新；"十大工程"是推动全省经济社会更好更快发展的重大举措，也是应对金融危机影响的有效之策。这一战略构想对省会城市哈尔滨的发展提出了更高目标，也对哈尔滨的城乡规划工作提出了更高要求，要求我们在经济全球化、区域经济一体化，尤其是城市区域化、区域城市化、城乡一体化的大背景下，重新审视和挖掘哈尔滨的区位、资源和产业基础等诸多比较优势，科学谋划，抓住要领，发挥城乡规划的先导和综合调控与引领作用，服务创新发展，当好全省经济社会发展的"龙头"和优质服务的窗口。

一、围绕全省"八大经济区""十大工程"建设,为哈尔滨"四区"发展搭建载体空间

哈尔滨市强调的"四区"是对全省"八大经济区"战略规划的延伸和细化。要紧紧围绕这一战略构想，统筹兼顾，充分发挥城乡规划的先导作用，着眼于提升城市综合承载力和可持续发展能力，为哈尔滨经济、社会、环境协调发展搭建良好的载体空间。

一是围绕发展新型工业化的示范区，组织完善平房航空汽车产业城空间规划等专项规划，为哈尔滨市发展航空产业和汽车产业等新型工业基地创造条件；完善哈大齐工业走廊哈尔滨核心示范区规划，做好与城市总体规划的衔接，保证建

---

① 原载于《黑龙江日报》2009 年 3 月 26 日。

设项目依法落地；统筹哈尔滨各类开发区和工业园区规划，形成分工明确、错位发展、集聚效应的局面。

二是围绕高新技术产业发展的集中区，依据基于知识经济的空间远景规划，在南岗知识创新园区规划基础上，抓紧组织编制哈尔滨文化创新园区规划，统筹规划整合高校和科研院所周边土地资源，推进"三区联动、融合发展"；协助黑龙江省测绘局编制黑龙江省信息产业园区规划，推动哈尔滨服务外包业发展。

三是围绕发展对外开放的前导区，在哈尔滨国际航空物流枢纽暨自由贸易区规划研究的基础上，充分发挥哈尔滨是中国与北美空中航线最短的特大城市的区位优势，提高哈尔滨太平国际机场在全国民用机场布局规划中的定位，为争取开放第五航权，建设"航空物流园"和"临空产业园"，在"航空物流园"设立"保税物流中心"，在"临空产业园"内设立出口加工区，然后逐渐整合演化为"自由贸易区"，提供超前、优质、可操作性强的规划服务。

四是围绕发展现代农业的先行区，促进哈尔滨市农村城镇化进程，组织编制哈尔滨市城乡一体化规划、乡镇规划和村（屯）规划，统筹城乡建设与发展，形成城市与农村优势互补的发展格局。

此外，围绕发展黑龙江省"北国风光特色旅游开发区"，结合哈尔滨自然、文化资源优势，抓紧修编新一轮太阳岛风景区总体规划，进一步深化完善沿江景观开发利用规划，实施"印象·哈尔滨"规划，打造"冰城夏都"的城市品牌，推进哈尔滨市旅游业的发展。

围绕"十大工程"，做大做强项目。一是着力高标准谋划项目，确保依法空间落地。项目库的建立要通盘考虑，适度超前，瞄准东北之最、中国之最、世界之最，围绕发展新战略，进一步优化招商引资的软、硬环境，做大、做强、做优、做美项目，促进产业结构升级，构筑上百亿、上千亿产业链。例如，营造新型装备制造业链条、绿色生物产业链条、国际航空物流产业链条、冰雪文化经济链条等。二是着力动态调整项目库。合理选择和分布项目，均衡布局，有利于发挥带动作用。同时，注重项目的惠民性，关注民生、民心。统筹谋划项目库，要根据新形势、新情况、新问题进行动态调整，实时补充和调整，分阶段实施。三是着力市场化运作项目。在广泛征求公众意见和专家论证基础上确定的项目，更要与开发商的需求相结合。政府投资与市场化运作相结合，既符合市场经济规律又有政府调控，更适合目前城市发展需求，更容易取得效果，也更具有可操作性。

二、统筹规划，为哈尔滨在全省当好"龙头"创造适宜创业、适宜人居的环境

围绕"三个适宜"现代文明城市建设的总体要求，紧密结合"四区"建设，统筹规划，创造适宜创业、适宜人居、适宜人的全面发展的良好环境。

一是着力建设现代化的基础设施体系。构筑与现代化大都市发展相适应的快速、低耗、高效、安全的城市综合交通体系。加强越江通道建设，以越江交通走廊支撑江北新区建设。优先发展公共交通，倡导绿色交通，积极构建 BRT 线网。建设高标准、高水平、超前可行的现代化城市市政公用设施框架，尤其重点加强给水、排水、电力、通信、供热、燃气、环境卫生、综合防灾等设施的建设。

二是着力构建有北方寒地特色的生态社区。打破传统住区规划模式，从精品住区、经济适用房与廉租房三个层次入手，应用全新理念设计，构建四季各异、独具特色的寒地生态景观，打造北方生态住区。新区要注重建设绿色生态社区，老城改造要注重完善配套设施建设，使居民拥有宽敞、明亮、舒适、优美的住房和社区环境。

三是着力创建人与自然和谐共生的生态环境网络。以建设生态园林城为目标，构筑"一江、两河、三沟、四湖"的生态格局，"南河北岛，东山西湖"的生态框架，"组团布局、绿色环抱、点面结合、绿地楔入、廊道相连"的生态绿地系统。实施"青山绿地、碧水蓝天"工程，推动城市生态建设从"绿化"向"美化"和"艺术化"提升。构建"大太阳岛"风景名胜区，并以此为依托，为积极申办世界园艺博览会服务。

四是着力规划调控，加大保护和利用历史文化遗产的力度。继承和发扬特有的城市建筑特色，把城市的更新改造和历史文化资源的保护利用有机结合起来，进一步加大对保护建筑的保护力度，对南岗中东铁路住宅保护街坊、道外传统商市风貌区等进行保护性改造。将哈尔滨传统工业区作为城市的工业文化遗产保护，

保护有代表性的工业建筑，对有历史见证意义的工业建筑进行再利用，开发传统工业文化旅游。

三、强化服务，为哈尔滨又好又快发展创造良好的投资环境

坚持改革和创新，以科学发展观为指导，谋划服务发展大局的新思路，围绕建设和谐社会的目标，实施"科技兴规、服务兴局"的战略，不断推进规划工作向适应市场经济条件下的服务方式转变，向集约化、精细化管理方向转变，进一步改进工作作风，提高服务的意识和水平，尤其是按照哈尔滨市委、市政府最新要求，塑造优质投资发展环境。

一是在规划编制上，着力推精品、出佳作。树立和谐规划新理念，坚持高起点、高水平、高定位，不断借鉴、吸收国内外的实践经验和成功案例，与哈尔滨的区位优势、城市特色、寒地景观、历史文化以及老工业基地等特点紧密结合，进一步提高城市规划编制水平，增强规划的科技含量、文化含量、美学含量、绿色含量等，进一步完善城市战略规划、总体规划、分区规划、详细规划、专项规划、与城市设计相配套的城乡规划编制体系，特别是将法定规划与非法定规划紧密结合，推出更多的规划佳作精品，引领城乡建设可持续发展。

二是在规划审批上，着力简环节、提速度。进一步优化创新规划管理运行机制，推进规划管理模式由"橄榄型"向"哑铃型"转化。有效处理依法行政与重大项目"特事特办""急事急办"的关系，强化"六项制度"落实。扩大市行政服务中心规划窗口直接审批范围，对重大项目实行提前介入制度。进一步压缩审批时限，力争达到全国同类城市最短。针对棚户区改造、哈尔滨西客站建设、地铁1号线、三环路等省市重点工程项目，实行"三会合一"一次性决策制度。建立诚信档案，对诚信的建设单位建设的公益类建设项目、大专院校校园内的教育科研项目以及国有大中型企业厂区内的技改项目在符合规划的前提下实行"零审批"（即时办理）报备制度。减少运转环节，改进审批用印，实行电子印章用印制度。建立健全绩效考核机制，制定相应的奖惩措施，加大审批过错责任追究力度，形成长效机制。

三是在批后管理上，严执法强监管。加大城乡规划执法监察工作力度，应

用 GIS、GPS 等新技术手段对建设工程实行动态监测，严厉打击违法建设行为。进一步推进"联合执法"，坚决遏制私建、滥建之风。2009 年拟在全市开展打击违法建设大拆违建行动。以城市规划展馆和"规划公园"网站为载体，积极推进政务公开，保障群众的知情权、建议权和监督权。建立强有力的城市规划监督机制，包括行政监督制度、社会监督制度和公开通报制度，明确责任，依法监督，并将法律手段、行政手段和社会手段有机结合，确保精品规划设计出精品、不走样。

四是在规划实施上，通过"十个一"评优，奖励精品佳作。搭建平台，开展"十个一"评选活动，在全市范围内推出一个特色寒地住区、一个特色市场、一个主题公园、一个主题广场、一个标志性新建筑、一个标志性老建筑、一个精品广告、一个精品灯饰、一个地域性雕塑、一个地域性配套设施，进行评优并予以奖励，引领城市建设上档次、上水平，出精品、出佳作，促进城市面貌一年一变样、三年大变样。

必须提高控规的科学性和严肃性 [①]

1 我国控规工作的进展和存在的问题

20世纪90年代初，控制性详细规划（以下简称"控规"）在国内开始兴起。各地对控规的实施，尤其是编制、审批、修改等方面进行了很多探索。从近年控规的发展来看，控规的定位已经从设计转变为立法，这是一个最关键的重大突破。从现行的法定规划体系来看，控规最微观，是城市规划的"施工图"，责任重大。从城市管理治理的角度而言，控规是政府对空间资源进行管理的直接依据，也是规划实施和规划监察的依据。从社会经济的角度来看，控规是全社会的行为规则，约束空间物权关系的社会行为，可以认为控规就是空间立法，就是法律。2008年1月1日开始实施的《城乡规划法》对城市控制性详细规划在城乡规划体系中的法定地位作出了明确规定，指出控规是作出规划行政许可、实施规划管理的依据。但是在现实工作中，由于控规的编制、审批和修改等环节存在与其法定地位不相适应的问题，城乡规划领域的矛盾和问题层出不穷，规划的权威性和严肃性受到挑战。当前，控规编制、审批、修改存在与其法定地位不相适应的问题，主要包括以下方面。

（1）控规编制科学性不足

在控规编制、审批、修改的工作实践中，上位城市总体规划（以下简称"总规"）的意图（尤其是强制性内容）没有层层传递下去指导建设，同时也受到一些专业规划和利益诉求等要进行协调和平衡的冲击。由于一些该控制的没有控制住，使控规科学性受到诟病和质疑。一些城市控规与总规不衔接，导致违反总规强制性内容，侵占城市公共绿地、基础设施用地进行建设，公共利益、长远利益被侵害；部分城市以项目引导控规编制，导致城乡建设无序发展；有的控规编制过于注重表面形式，内容没有达到应有深度，给规划许可留下了过大的自由裁量空间；有的城市的控规因不适用甚至被城市设计所替代，往往是先编制城市设计，再反推

---

① 原载于《城市规划》2015年第1期。

控规，导致后期控规实施中存在诸多问题。

（2）控规审批不到位

一些城市经常做了控规又不批，依据这种没批的控规出具规划条件，导致城乡建设法定依据不足。

（3）控规调整频繁

有的地方违反法定程序擅自变更用地性质、调整容积率，自损控规严肃性，控规修改存在着依据不充分、程序不到位、过程不透明等问题，腐败问题易发、多发。

综上所述，控规尽管有很高的法律地位，但是应有的作用未能充分发挥。

2　产生问题的原因

（1）规划编制具有不确定性

城乡规划的特点是预测未来和设计未来。城市是一个复杂的巨系统，涉及社会经济多个方面，这就要求进行规划控制时不能完全静态化。城市是永恒发展的，规划需要不断调整，否则会很难适应变化。从这个意义上来说，控规具有不确定性。在控规实施过程中，也会发生各种各样的变化。随着国家简政放权及《中华人民共和国物权法》的实施，市场经济发展将起决定性作用，除了保证公共利益和公共安全的公共空间必须守住"刚性"，其他空间应该留有"弹性"余地。因此，控规调整适应经济社会发展的客观要求，需要动态的技术性维护。

（2）控规编制存在缺陷

①总规刚性传递不够。在当前的规划编制体系中，城市总体规划原则划定绿地、历史文化街区、风景区、城市水源地、河流、生态廊道等用地范围和保护原则，具体的保护范围和保护措施则需要下一层次法定规划——控规予以落实。然而，现有控规对城市总体规划涉及公共资源、公共空间的保护等指标缺乏刚性传递，城市总体规划确定的保护范围和保护原则落实难以到位。

②控规编制方法需要创新。目前控规编制阶段调查研究不够深入，致使控规在形式上符合规划编制要求，但内容上和现实情况有很多偏差，不能解决实际问题。或者控规编制时局限在地块，控规之间的标准不一致，导致控规实施整体上

缺乏系统性,按照控规建设的人居环境和建设项目并不理想,需要进行定性、定量、定位、定景综合集成的立体研究和创新。

（3）缺乏有效的控规实施监督制约机制

控规存在的问题既有客观原因,也有主观原因。从主观方面分析,一是部分开发商受利益驱动,希望从违规中获得超额利润;二是少数地方主要领导为了吸引投资加快发展,常常违规干预规划审批;三是规划主管部门或是迫于压力被动违规审批,或是个别人私下与开发商权钱交易主动违规审批。几种违规动因相互交织,形成了一个利益链,最终使规划丧失权威性、严肃性,无法起到法定文件作用。通过讨论分析,我们注意到在诸多矛盾中,一些地方个别主要领导在树立科学发展观和正确的政绩观方面发生偏差,急于招商引资、大干快上,往往起决定性作用,是矛盾的主要方面。从客观方面分析,现行控规管理体制存在着薄弱环节。控规编制和执行缺乏切实有效的监督方法和手段,是导致控规实施效果不佳、违反规划的状况不断发生的原因。另外,在城乡规划管理中对于违规行为造成不良后果的,没有追究主管部门或直接主管人员的责任。这种责权不统一的问题直接导致职责不清、相互推诿,城乡规划难以得到有效执行。

3 加强和改善控规工作的建议

党的十八大以来,党中央、国务院从战略和全局上对加强城乡规划工作做出了一系列重大部署。习近平总书记和李克强总理多次强调要保持城乡规划连续性,发挥城乡规划引领作用,切实保护生态资源,改善人居环境。中央城镇化工作会议指出,要优化城镇化布局和形态,提高城镇建设水平,科学规划和务实行动。《国家新型城镇化规划（2014—2020年）》明确提出"健全国家城乡规划督察员制度,以规划强制性内容为重点,加强规划实施督察,对违反规划行为进行事前事中监管",显示了中央维护规划权威性、严肃性的决心。为保障新型城镇化健康有序发展,必须充分发挥城乡规划在城镇空间布局、基础设施、生态文明、文化传承、产业发展等方面的引领作用。在国家治理体系和治理能力现代化进程中,控规作为引导和控制城镇化发展最直接的法定依据,要进一步明晰其在社会治理中的重要角色,发挥其应有的作用。所以,在城乡治理亟待加强的系列工作中,加强和改善控规管理工作十分重要。

（1）通过严格程序防止控规频繁调整可能产生的问题

①建立控规编制和调整的机制与平台。从城市管理治理的角度而言，控规是规划管理的直接依据，政府把控规作为政策控制，对空间资源进行管理。从这个意义上来说，规划和管理密不可分，规划必须服务管理，管理是规划的延续，控规调整应建立好机制和平台以适应这一要求。

②严格控规调整程序。真正的刚性来自于制度，不受程序约束的控规修改将受到法制的惩戒。控规的调整应既受到制度的约束，又能够体现公平和公开。要通过法定程序来保障控规调整程序，把技术的问题、核心管理的问题充分结合起来，保证控规调整的合法性。

（2）努力提高控规编制的科学性

在城镇化健康发展的大形势下，科学编制和严格实施控规非常重要。

①在控规中严格落实总规强制性内容。城市总体规划中有专门的强制性内容指标落实国家关于生态、低碳环保和地下空间开发的战略要求，但是到了控规层面往往缺乏体现，或者即使体现了也没有落实到空间安排上。应该在控规层面细化落实总规中提出的涉及公共利益、公共空间和公共资源的指标，作为审批或者项目安排的依据，从而提高百姓生活质量和城市人居生态环境质量。

②加强控规实施评估。建议各省级行政区尽快出台控规实施评估指导意见，推动控规实施评估工作常态化。

③提升控规编制方法和技术。控规编制的核心问题是土地利用和规划指标，其实质是利益分配。所以控规的编制非常复杂，并不是简单地定指标。要更加合理地编制规划，尤其是重视历史文化、环境、生态等问题。要加强对新技术方法的运用，在控规编制中引入智慧城市关键技术，开展基于大数据的分析。

（3）注重在控规编制和修改过程中强化公众参与

现阶段控规编制的工作深度和广度相较于几年前翻了数倍，需要协调政府部门、开发商、原住民等各方需求。因为控规一旦批准就具有法定性，尤其是强制性指标不能随意调整，所以确保控规编制科学合理、满足各方需求非常重要。这就要求在控规编制、修改过程中开展实质性的公众参与，并获得大部分人认可，提高控规的可操作性，真正发挥控规应有的作用。控规编制和修改过程必须要建立开放性平台，要用一个恰当的模式让大家参与其中、融入其中，营造集体智慧碰撞的环境和氛围。否则，规划师也好，经济学家也好，都不可能解决所有问题。要使公众参与形成机制，将控规理性跟现实灵活性相结合。

（4）维护控规的严肃性、权威性

①依据总规发现问题，依据控规处理问题，应当始终坚持处理好刚性与弹性的关系，首先确保公共利益、公共空间，同时兼顾实际情况，因地因时妥善处理。

②区分"控改总"违法实质，针对"控改总"既有合乎情理的也有知法犯法的实际情况，因地因时制宜区别对待。对善意"控改总"，按规定制定合理标准和程序予以化解；对恶意"控改总"，须采取有力措施，坚决依法处理。

③充分利用部派城乡规划督察员和卫星遥感技术，广泛开展控规执法检查，奖惩并举营造健康的执法机制，不断规范城乡规划依法行政。

④建议抓紧研究控规的弹性制度并向国务院请示，将城市总体规划局部微调权下放到住房和城乡建设部，由其出台总规、控规审批提速系列措施。

关于加强城市设计工作的若干思考 [①]

自 2014 年 10 月习近平总书记在文艺工作座谈会上提出"不要搞奇奇怪怪建筑"以来，城市设计逐步提升为国家城乡规划建设管理的重要策略，其实质是立体的城乡规划，是加强城市文化自信、提升国民文化自信、实现"两个一百年"奋斗目标的重要手段。城市设计介于城市规划和建筑设计之间，是必不可少的一个重要环节。那么，城市设计应该如何管理、治理？

1 国外城市设计工作的发展历程及启示

城市设计是国外城乡规划建设通行的做法。例如，英国城市设计属于城乡规划系列对城乡空间的修补和提升内容，分别在城市设计纲要、开发要点和城市整体规划的设计引导中，并在规划许可中赋予实施。一些发达国家先进城市实践证明，城市设计是对城市空间形态和环境所作的整体构思和安排，是发展建筑文化、提高城市风貌特色、建成现代化城市的有效举措和主要保障。

2 我国城市设计工作面临的现实基础和严峻形势

改革开放三十多年来，我国城镇化发展迅速，逐步由初级向高级发展阶段跨越。在城镇化快速发展过程中，建筑学、城市规划、风景园林等一级学科都有很大作为，都出了不少成果；但出现"楼怪怪、千城一面、千楼一面、不见山水、不记乡愁"等问题，究其原因是各学科、各部门、各区域之间各自为政、融会贯通不到位，尤其是无法可依，体制机制不健全，实际上更是疏于管理。因此，在我国城镇化的关键时期，现代城市设计应运而生且任重道远。

---

① 此文是 2015 年俞滨洋先生在住房和城乡建设部城乡规划司工作期间对贯彻落实习近平总书记在 2014 年
  文艺工作座谈会上提出"不要搞奇奇怪怪建筑"的精神指示，从城市设计视角所做的思考和建议原稿。

2.1　我国城市设计工作的现实基础

2.1.1　总体处于起步探索阶段

我国只有个别城市尝试从宏观、中观、微观系统开展城市设计工作，且初见成效；多数城市尚处于空白状态。天津市通过明确城市设计的法定地位，针对中心城区、各分区、重点地区或重要节点地区三个层次开展城市设计工作，创建了"一控规两导则"的管理体系。例如，城市设计规定"无高层板式楼"，就得到了很好的控制。哈尔滨市组织精英团队从总体城市设计、中微观城市设计两个层次搞好城市设计；另外，还注重实效，通过深化完善总体城市设计和中微观城市设计成果，提出城市设计行动规划，并按照城市设计招商引资。在管理上，天津、哈尔滨等城市都把城市设计纳入城市规划项目审批管理流程，强制性落实城市设计技术要点。

2.1.2　开展工作的条件有待进一步改善

虽然城市设计工作于 20 世纪 80 年代以来已经在各地有所开展，但是由于我国处于经济发展快速增长时期，核心要解决的是城市经济发展所需的规划建设问题，而对城市人居发展所需的空间环境品质重视不够，领导意识观念淡薄，导致城市设计工作开展缓慢，城市设计的法律地位尚未确定、人才队伍建设滞后、学科发展建设缓慢。

2.2　我国城市设计工作面临的严峻现实环境

2.2.1　"大、洋、怪"建筑、"千城（楼）一面"等现象愈演愈烈

当前我国"奇奇怪怪"的建筑已经脱离了现实发展阶段实际和学术认识的内涵，在中国的具体化是"贪大、媚洋、求怪"，简称"大、洋、怪"；忽视建筑的功能、经济、文化元素史无前例，问题严重空前无比。"奇奇怪怪"建筑折射到空间上表现为"奇奇怪怪"建筑泛滥，空间分布同质严重，"千楼一面"；折射到管理上反映为"奇奇怪怪"建筑点多、线长、面广，与本土建筑不协调，"千城一面"。

2.2.2　"看不见山、看不见水、记不住乡愁"的城市规划建设愈演愈烈

在城镇化快速发展时期，有些城市不顾地形地貌、人文特色、地域特点等，模仿、照搬那些同质化的建筑符号，一味追求"大广场、宽马路、大水面、洋建

筑……"所谓城市"魅力"建设，导致城市景观结构与所处地方的特殊禀赋，以及乡愁传统、极具特色的绿水青山极不协调，并有愈演愈烈的发展势头。

2.2.3 对我国历史文脉底蕴传承延续尊重不足

我国历史上形成了众多的历史文化名城、名镇、名村，如北京紫禁城、山西平遥、云南丽江、江苏周庄、江西婺源等，都对自然地理山水格局十分尊重、对历史文化十分尊重、对人的现实需求十分尊重，因此形成了功能好、环境优、交通畅、形象美的载体空间和有序格局，折射其背后都有城市设计的影子。然而，当前的建筑师、规划师、景观师一味追求"大、洋、怪"，一味迎合领导喜好，丢失了城市设计的基本底线，对历史文化传承延续尊重不足。

2.3 小结：现代城市设计是解决当前建筑和规划问题的重要手段

从建筑设计与城市规划两大领域的现实环境来看，建筑设计只注重正立面，不注重其他立面……只顾近域不顾中远期乃至全局；城市规划过多受长官意志束缚，陷入盲目追求缺乏特色风貌的"高、大、上"的规划建设之中。因此，从解决当前各地的问题导向出发，不立体地谋划城市规划不行，就项目论项目不行，国家不管不行。否则，上述现象会更加愈演愈烈，"两个一百年"目标、实现中国梦的伟大复兴将难以实现！

那么，当前摆在我国面前的是如何解决"奇奇怪怪"建筑问题和"不见山水、不记乡愁"的规划问题。从上述分析可以肯定的是城市规划要从平面规划走向立体规划，建筑设计要从项目设计走向个性设计。然而，要试图统筹解决建筑设计问题和城市规划问题，现代城市设计恰好具备立体规划和个性设计的两大特点。为此，面对现实问题，选择现代城市设计进行突破是当今最佳路径。

3 加强现代城市设计工作的总体思路与发展建议

传统城市设计是落实城市规划、指导建筑设计、实施建设管理的重要手段，重点是城市形象的修补。现代城市设计更加凸显立体的城乡规划，不仅仅是城市形象修补的内容，而且还有空间竞争发展的内容；也就是说，不仅要满足以人为本，适应人居，而且还要通过空间形象的塑造提升城市核心竞争力，达到促进城市经济发展的目的。如何把现代城市设计工作开展起来？我国现代城市设计工作到底管理什么？中心任务是什么？面对当前的城乡规划制度体又如何与之紧密对接和挂钩？这些都是当前加强现代城市设计工作面临的核心问题。

3.1 任务内涵（设计技术转向设计＋管理）

3.1.1 强化了城市设计工作任务的综合性

现代城市设计是一项立体化城市规划，是平面规划与立体规划的多维度、多层次、多专业等集于一体的综合性规划。为此，现代城市设计的中心任务是对城乡立体化空间秩序的一种塑造，合理处理好地上与地下空间、历史与现代空间、近期与远期空间、人居与经济空间、设施与形象空间等各类空间之间的立体化关系，使之协调有序健康发展，以提升城市品质、塑造文化自信及推动经济、社会、生态、人文全面发展。

3.1.2 延展了传统城市设计的功能

传统城市设计是对城乡规划的补充和修补，更多侧重局部公共空间的立体空间设计，更多的是一种设计技术，而不是管理手段。传统城市设计很难解决当前的"楼怪怪"问题和"不见山水、不记乡愁"问题，势必需要对传统城市设计的功能作用予以调整和提升。为此，建议推动现代城市设计发展。在功能上，建议由原来的配角提升为主角，统领"多规合一"，提升为管理手段，真正实现立体的城乡规划，不仅可以解决城市病、治疗修补城市，而且可以预防城市病、调控城市健康、可持续发展。强化这一功能建议的理由为：一是从前述问题分析看，当前急需一个立体化统筹的规划设计技术平台，才能把总体与局部、系统与子系统等不同层次、不同类型的问题真正解决好、统筹好；二是从发展阶段来看，我国城镇化水平超过了50%，跨入城市时代，市民需要良好的城市空间品质；三是从国家发展战略要求来看，"显山露水、透绿见蓝、记得住乡愁"等生态文明建设本身也是立体的，不是平面的。

综上所述，现代城市设计不仅克服了建筑设计只有形体概念、城市规划只有量构概念的弊端，而且使之有机结合起来，既保证了量体的概念，又保证了质美的概念。为此，建议现代城市设计要作为一项重要工作来抓。

3.2 总体思路（"四个尊重"原则 + "美丽中国"技术平台 + 一体化管理）

面对当前形势和背景，抓现代城市设计工作的总体思路为：坚持"四个尊重"的原则，搭建"美丽中国"的技术平台，试点"一张图干到底"的一体化管理。

3.2.1 坚持"四个尊重"的原则

城市设计要坚持尊重大自然、尊重历史文化、尊重人的多样化需求、尊重法治四个基本原则。具体内涵如下。

一是尊重大自然，构建"显山露水、透绿见蓝"的生态格局。

二是尊重历史文化传统，对历史文化遗产要坚持保护和利用相结合，呵护城市历史文化街区等老品牌，创造适应时代精神的公共空间新品牌。

三是尊重人的多样化需求，创造功能好、交通畅、形象美的人居环境。

四是尊重法治，实行一票否决制度，不符合城市设计的不上会、不立项、不研究、不通过、不验收……甚至处分。

只有这样开展现代城市设计、按现代城市设计开展建筑设计、按建筑设计精心建设……才能落实"看得到山、望得见水、记得住乡愁"等一系列重要指示和明确要求。

3.2.2 试点探索"一张图干到底"的一体化管理制度

为加强现代城市设计工作，实现"显山露水、透绿见蓝"，建设"美丽中国"、推动生态文明建设的技术主旨，需要试点探索"一张图干到底"的事前、事中、事后的一体化管理模式和方法。对设计单位要有诚信制度，对管理单位要有问责制度，对开发商要有约束制度，对公众要有参与制度。其核心是实现"一张图"的管理目标，这张图是贯彻中央和省域风貌特色规划纲要、创新地方城市空间特色的总体城市设计总图，这张规划设计总图实质上是立体的，是可调控的、可考评的理想城市模型。所有的事前编制成果、事中审批过程、事后建成监管的管理制度都围绕这张图负责、问责。

3.3 发展建议

根据上述总体思路，应如何加强政府在现代城市设计方面的工作？从上述分析来看，应从法规建设、编制成果、审批过程、建成环境四个方面开展工作。法规建设是保障和基础，是编制成果、审批过程、建成环境三个方面工作的法定依据。

编制成果是城市设计事前管理的重要技术步骤，是审批过程和建成环境的技术支撑。审批过程和建成环境是城市设计工作的实施阶段，是前述两项工作的深化和落实，也是城市设计工作事中、事后管理的重要内容。

3.3.1 法规体系（法律法规＋标准规范＋配套制度）

根据部长讲话精神，要抓就要有法可依。从制度上建立现代城市设计有效的控制方式，在城市建设中对达到城市设计目标形成可采取的操作手段。

加强现代城市设计法律地位建设。近期出台《城市设计办法》，远期还要出台《城市设计条例》《景观法》等。城市设计在规划体系中具有承上启下的作用，既落实城市总体规划意图尤其是强制性内容规定，又指导约束控制性详细规划。为此党中央、国务院近期应尽快制定出台《关于加强城市设计管理工作的通知》，远期在《城乡规划法》修订时将其纳入，并专设城市设计篇章。另外，在《城乡规划法》修订时应当加强设计行业管理方面的规定。例如，针对"奇奇怪怪"建筑的问题和"不见山水、不记乡愁"的问题，建议城市设计、建筑设计实行署名制管理。城市规划师应当对城市风貌规划指引负责，建筑师应当对单体建筑风格设计负责。

地方城市宜在保持开放和弹性的基础上，进一步抽象指导城市规划建设的一般性的导则，供规划管理部门参考，并将明确可以进行规约控制的部分纳入城市总体规划、城市控制性详细规划的强制性内容予以立法，其他部分可以弹性指导操作的内容作为自由裁量参考。

另外，加强标准规范建设，分类指导特色风貌规划设计，具体来说如下。

健全不同建筑类型的设计标准规范建设。当前我国建筑设计标准重点倾向于建筑工程技术方面，而对建筑体量、数量、形态等与城市的协调匹配性规定不足。针对当前城市建设管理标准的模糊性，应当在建筑体量、数量、分级等方面加强量化调控。具体而言，按照城市规模分级构建适应其容纳能力的建筑体量、数量和形态。

健全不同空间类型的规划标准规范建设。对城市的重要节点、线性空间、核心功能区等都应当进行合理的空间布局，保障城市空间的高效安全运转。其中，城市重要节点主要包括标志性公共建筑、雕塑等，线性空间主要包括城市滨水空间、城市步行街等，核心功能区包括住区、历史文化保护街区等特色功能区域。

针对点、线、面的不同空间类型的特色风貌规划设计，应当尽快健全标准规范体系，尤其是建筑高度、建筑密度、建筑风格、城市轮廓线等方面。

针对保障性住房、中小学等建设，也应当健全特色风貌设计的标准规范建设。

健全各项法规及配套办法。加强建筑设计、规划设计等单位的诚信制度管理，尤其是职业道德、资质执业等方面规范化建设，对违法行为应当严惩。

对于开发商行为，重点是约束制度建设。违反建筑风格、特色风貌建设的开发行为，不能以罚代管，应当建立法律责任机制和惩罚制度。

彻底改变以政府领导偏好决定城市风貌风格的现象，首先需要健全市民、专家、规划师、领导等涉及城市利益的主体之间的决策程序，调动设计师、专家的积极性，加大城市常住居民的美学知识普及力度和参与发言权。在有效法定程序基础上，综合城市各方面的意见后，由政府领导按照法定程序进行决策。

3.3.2　技术体系（区域尺度的特色风貌规划＋城市尺度的城市设计）

根据部长讲话精神，要抓就要有技术指引。近期出台《技术导则》。

在技术体系上，在整合现有城镇体系规划、历史文化名城保护规划、风景名胜区规划等规划类型基础上，构建和健全既有区域尺度又有城市尺度、既有宏观尺度又有微观尺度的现代城市设计体系。具体而言，构建"全国特色风貌规划总纲、区域特色风貌规划纲要、总体城市设计（特色风貌规划）、重点地区地段城市设计、建筑单体设计"纲要—设计"两层次五环节"的技术体系。

区域尺度的特色风貌规划是指导地方城市设计的重要法定依据。区域尺度的特色风貌规划是宏观层次的总体城市设计范畴，更多与全国、省域城镇体系规划及城市总体规划进行对接与挂钩，以特色风貌规划为重点，划定需要重点管控的地区，明确城市风貌的管控重点。

在全国尺度上，应当加强特色风貌分区的规划工作；在区域尺度上，以全国特色风貌规划总纲为原则，加强特色风貌地域的具体编制工作，指导城市尺度的具体规划设计工作。这是中央和省级政府指导地方城市设计工作的重要依据。

城市尺度的城市设计是指导地方城市规划建设的重要法定依据。

一方面，近期在现有的法定规划中要重点突出城市设计对接和挂钩的法定内容。在城市总体规划中，以全国、区域尺度的特色风貌总体规划要求和指引为基础，在保障城市点、线、面功能空间合理布局的基础上，对重要节点、线性空间、特色功能区进行开发强度的前期分析和论证。在控制性详细规划中，以城市总体规划确定的开发原则为基础，对老城区、历史街区、新城区等应当加强城市设计、城市风貌控制引导，突出地域风格、民族风格、现代风格的有机结合。

另一方面，远期城市设计还要相对独立成体系开展技术工作。城市尺度的城市设计是中微观层次的，其中中观尺度的中心城区、重点地区城市设计更多与控制性详细规划、景观园林规划等进行对接与挂钩，微观层次的城市设计更多与项目设计落位、规划审批管理等进行对接与挂钩。总结国内外成功经验和做法，建议构建分层次的城市设计技术体系。

第一层次中观尺度视野的总体城市设计，核心任务是在贯彻落实全国、省域特色风貌规划纲要的基础上，加强对城市天际线、轮廓线和建筑色彩风格、街道立面的设计，加强对适应地形地貌的城市公共空间的设计，做到显山露水把握全局，彰显城市个性，塑造城市风貌特色。其成果侧重于城市设计的指引图则。

第二层次中观尺度视野的重点片区地段的详细城市设计，核心任务是以批复的总体城市设计为依据构建各具特色的品质空间，提出建筑风格、色彩、材质乃至高度、体量等方面的要求，优化城市总体布局。其成果侧重于城市设计的指标图则。

第三层次微观尺度视野的项目城市设计，核心任务是严格贯彻上位规划，坚持"适用、经济、在可能的条件下注重美观"的方针，处理好传统与现代、继承与发展的关系，建筑高度、色彩等要服从大局，更好地体现地域特征、民族特色和时代风貌。其成果侧重于城市设计的效果图展示。

3.3.3　实施体系（成果审批＋项目决策＋建成管理）

根据部长讲话精神，要抓就要抓全过程。不但要在技术层面构建分层次的框架，而且还要在实施层面融入到法定的城市规划管理全过程。具体来说，要抓住技术成果审批、项目落位决策、监督奖惩三个关键实施环节。

采用联动分级审批加强城市设计成果的法定程序管理。针对分层次的规划编制，全国和区域层次的特色风貌规划纲要结合全国、省域城镇体系规划同时编制，一并报批；总体城市设计、重点地区城市设计、建筑单体设计分别结合城市总体规划、城市控制性详细规划、城市修建性详细规划一并报批。总体城市设计要纳入法定城市总体规划审批过程，一并审批。重点片区地段的城市设计要纳入法定控制性详细规划审批过程，一并审批。建筑设计招标要充分考虑其创意属性。针对政府投资项目的重点地段，应组织专家论证和扩大公众参与，实施后评估，提升决策水平。

在风景名胜区、历史文化名城等总体规划阶段，应当在现有审批管理制度基础上以全国、区域特色风貌纲要、城市总体规划为上位规划和法定依据；在风景名胜区、历史文化名城等具体规划设计阶段，应当以其总体规划确定的规划条件为法定依据进行设计。

采用分步"一票把关"体制将城市设计条件纳入"一书两证"决策制度。行业主管部门应当尽快出台将城市设计成果与"一书两证"制度有机衔接的规定，在立项、选址、施工之前应当将城市设计成果作为要件纳入依法办理的程序中，应当强化城市设计、城市风貌特色、建筑风格等方面的内容审查、审核，与本土建筑风格、特色风貌不协调的，原则上不予以审批。重点片区地段城市设计图则要作为土地出让的条件，保障设计条件落地实施。项目城市设计中的建筑设计不符合城市设计要求的，不予审批通过。

在国家法律框架内，各地方政府尽快制定、完善、出台有关城市设计和风貌特色规划方面的法规规章，以规范本地区、本城市的建筑风格与城市风貌等，有效尽快解决"奇奇怪怪"建筑问题和"不见山水、不记乡愁"问题。

针对具体的建设项目，按照项目级别进行管理审批。国家财政投资建设的项目由国务院、国家行业主管部门负责实施监管，省级财政投资的项目由省级政府、省级行业主管部门负责组织实施和把关，市属项目由市政府、市行业主管部门加强建筑设计和施工管理信息化建设联网。

健全"恩威并重"、奖惩分明的激励和惩罚机制。上级政府要建立城市设计成果和作品验收制度，对验收标准、评估指标、建成经验等各方面要制定细则。应当建立有效的激励和奖惩制度，宣传正面与剖析反面案例，每年应当进行优秀评比，对城市风貌、建筑风格规划建设好的城市，应当给予相关方面的政策奖励；反之，应当给予相关方面的惩罚处理，为出精品佳作创造宏观、中观、微观良好环境和氛围。

完善城市设计监管体系。加强编制加强指导、施工介入监督、竣工严审验收的城市设计监管工作。以现有的督察员制度为基础，尽快确定编制加强指导、施工介入监督的工作细则和监督标准，以及竣工严格审查验收的各项标准和材料备案制度。

完善各级政府城市设计监管问责的细化具体制度。中央政府对全国风貌规划纲要、国家历史文化名城、风景名胜区、自然保护区、生态控制区等及国家财政投资的重大项目等进行全过程监管，省级政府对省域风貌特色规划纲要、省级历史文化名城等及省级财政投资的重大项目等进行全过程监管，地方城市政府对总体城市设计、重点地段城市设计、项目设计与落位等进行全过程监管。

建筑行业重点侧重于建筑实用功能、外形美观方面的管理，政府部门重点侧重于安全、经济、人文、现代、地域方面的管理。为此，各级政府之间的部门合作及部、省、市各级之间的合作显得尤为重要。国务院应当尽快在国家行业主管部门成立城市设计部门司局，统管全国风貌特色方面的各项事宜，各地方政府也应当加强特色风貌管控的行政领导工作。

国家行业主管部门重点制定特色风貌方面管控的标准、规范和法律规章制度，对全国、区域尺度的特色风貌规划纲要进行编制和指导，对重点城市的特色风貌规划设计进行审查和备案。另外，国家行业主管部门各司之间也应当加强合作，各司根据各自职能齐心协力为精品佳作、特色风貌方面的管控创造条件。为此，国家行业主管部门宜成立一个由主管部级领导、司局机构牵头，村镇、科技、规划、督察等参加的联席会议，核心任务是加强风貌特色管控工作。省、市行业主管部门重点制定地方的特色风貌规划管控总体要求，对地方城市、重点地段地区、重点项目进行指导和审核。

国家行业主管部门还要加强建筑的监管机构建设。在现有稽查机构职能基础上，强化建筑方面的稽查监管职能。通过当前国家、省督察员的技术队伍，结合城市总体规划督察对建筑风格、特色风貌实施监管，有效解决"奇奇怪怪"建筑问题。

3.3.4 保障体系（学科建设＋人才培训＋公众参与）

解决"奇奇怪怪"建筑问题和"不见山水、不记乡愁"城市规划问题，除了城市设计自身的编制实施外，还需要创造良好的各项业务之外的外围制度环境和氛围。

尽快推进城市设计学科建设。如何在大学本科阶段把城市设计专业建立起来？从目前看，城市设计学科建设有三个方案：一是在建筑学、城市规划、风景园林三门一级学科之下设置二级学科；二是与建筑学、城市规划、风景园林一级学科并列设置城市设计一级学科；三是设置城市设计一级学科，位居建筑学、城市规划、风景园林三个学科之上。第一方案操作快，但仅仅解决近期问题；第三方案操作周期长，但可解决长远问题。根据目前学科发展和设置规定，第二方案是较为现实可行的方案。为此，建议将城市设计提升为一级学科建设，并在国内建筑院校推行试点建设。

建立培育国际一流建筑大师、城市设计大师的体制机制。鼓励设计创新，鼓励竞争，创造建筑精品。依法保护建筑设计作品的知识产权。提高建筑师、城市设计师在建筑活动中的地位，明确其对建筑设计、施工、使用以及验收全程负有指导义务。开展建筑评论，繁荣建筑文化。培养本土化建筑设计大师和城市设计大师。尽快改变当前的分级（甲、乙等）设计机构单位管理体制，加强鼓励建筑创作、城市设计创作模式下的设计机构的管理，打破以人数、设备等设定的门槛级别制度。

尽快开展城市设计专业的人才培训工作。要将城市设计纳入建筑师、城市规划师、风景园林设计师等各设计行业的职业培训范畴，并定期开展培训工作。近期尽快开展城市设计专业的人才培训工作，以促进城市设计工作的顺利开展。

加强城市设计工作管理的信息化平台建设。建立国内外成功城市设计案例库，建立权威专家库。

加强城市设计的公众参与力度。根据不同社会阶层和群体的诉求差异大的客观现实，需要尽快制定加强城市设计公众参与的各项制度。对于市民，需要建立快速科普的制度；积极推进公众参与知情权、参与权制度的建设。针对地方城市特色风貌建设，需要充分尊重地方城市公众的意见，在程序上规范公众对城市特色风貌的建议权、知情权、参与权。

对于开发单位，需要建立守住底线的制度；对于专家，需要建立公平科学的评审论证制度。地方城市政府设立由当地专家、教授构成的"城市设计审查小组"，在程序上赋予一定的建议权。

对于普通公众，应当加强美学教育；大力宣传正能量、反面案例警示；积极评比设计大师，组织大师讲坛、征文绘画、书法、摄影比赛；适当策划展览会、影视作品；对于有条件的城市，可建设建筑文化博物馆。

4 近期加强城市设计工作的具体行动举措

4.1 制定全国性城市设计工作五年行动计划

行动目标：实现"两不一优"，即不出"楼怪怪"、不出"千楼一面"，出一大批优秀精品佳作。

行动计划：2015 年百日会战行动，2016 年巩固战，2017~2020 年整合提升战。

行动任务：每个省级行政区 10~30 个城市设计建成作品，其中，每座城市 3~5 个，每个县城 1 或 2 个。

行动考核：与领导工作考核挂钩。

4.2 加强城市设计工作的试点带动

今年选择 10 座左右城市设计工作基础较好的城市进行试点示范。试点示范内容主要按照国家新的工作框架和思路进行，并探索积累一些经验和做法，为中央城市设计工作制度完善提供案例依据。

4.3 尽快开展《全国特色风貌规划纲要》编制工作

结合目前开展的全国城镇体系规划、国土规划等，同步开展《全国特色风貌规划纲要》的编制工作，为下一步城市设计工作提供政策性、方向性依据。

4.4 制定城市设计法规规范计划

2015 年出台《城市设计办法》《城市设计导则》，2017 年出台各类规章和规范，2020 年初步建立城市设计法律、法规体系。

综上所述，城市设计工作应当强调官、产、学、研、管、民的协同，尽快达成共识，依法各司其职；应当重视建筑、规划、景观、制度等多学科交叉研究、协同作战，尽快多出成果；确保杜绝"奇奇怪怪"建筑、"不见山水、不记乡愁"规划产生的土壤，营建出精品佳作的机制和氛围，坚持、憧憬中国的城镇化为全人类书写精彩篇章，留下宝贵遗产。

名城保护 30 年的道路回顾与展望^①

（一）坚持"保用结合"的理念，对历史建筑实施保护、修缮再利用

规划部门对历史建筑坚持统一规划、分类管理、抢救第一、合理利用的原则。对已公布的历史建筑实行挂牌保护，针对不同情况，制定相应的保护措施。通过严格管理和主动服务，使一些濒危历史建筑注入新的生机和活力。

1. 结合城市需要，赋予历史建筑全新功能。历史建筑再利用是目前名城保护界公认的最积极、最有效的保护方式。在这个方面，我们也做出了一些尝试和探索。例如，将位于田地街 89 号的哈尔滨市文学艺术界联合会，经过保护性修缮改造为国际友好城市展览馆，这也是中国第一个国际友好城市纪念馆。该建筑曾为丹麦驻哈尔滨领事馆，建成于 1920 年，折中主义建筑风格，二类历史建筑。又如，2010 年，将位于花园街 1 号的花园幼儿园修缮改造为南岗区展览馆，该建筑建于 1904 年，新艺术运动风格，一类历史建筑，曾经为中东铁路局副局长官邸。再如，将始建于 1922 年的位于民益街的原黑龙江省邮电管理局办公楼经过修缮，辟建为黑龙江省首家邮政博物馆。该建筑曾为吉黑邮务管理局，具有法国古典主义建筑风格，一类历史建筑。

2. 对建筑艺术价值较高的历史建筑，实施了"原汁原味"的保护。例如，始建于 1901 年的哈尔滨市一类历史建筑——哈尔滨车辆厂文化宫，原为中东铁路哈尔滨总厂俱乐部，在中东铁路建设时期，这里曾经是俄国高级技术人员文化娱乐活动的主要场所。长期以来，这座历史建筑一直没有进行过整体修缮。2007 年，随着车辆厂地区改造，车辆厂文化宫整体移交地方，市政府决定按照"修旧如旧"的原则对其进行保护性修缮，规划部门多次组织建筑、结构专家对修缮方案进行论证把关，要求对原来受损的结构进行全面修复，最终"原汁原味"地再现了百年前具有俄罗斯风情的折中主义建筑风采。

---

① 原载于《中国名城》2012 年第 9 期。作者：俞滨洋、王炳忠、马景明、张建军。

3. 对建筑艺术价值较高并具有重要历史意义的建筑按照原貌进行恢复。哈尔滨曾经是近现代东亚地区最大的犹太人生活聚居中心和宗教精神中心。犹太人在哈尔滨定居期间，进行着非常活跃的政治、经济、文化活动，对哈尔滨的经济繁荣、城市发展产生了重要影响，至今市内还保留着许多犹太人当年进行宗教和文化活动的建筑遗迹。犹太新、老会堂分别建于 1921 年和 1906 年，年久失修，破坏比较严重。经过修缮，恢复了历史原貌，拆除了建筑周边的棚户，增加了公共绿地和庭院设施。

（二）保护特色工业遗产，激发老厂活力

从 1898 年开始，俄罗斯相继在哈尔滨开办了东北地区最大的机械企业——中东铁路总厂和最大航运公司——中东铁路航运公司。此外，还有第一家现代制粉企业——满洲第一面粉公司，中国第一家啤酒企业——乌布列夫斯啤酒厂等。但到 20 世纪 20 年代初，迅猛发展的官僚资本和得天独厚的民族资本已经取代了外国资本，成为构筑"黄金哈埠"的主要力量。"双合盛面粉""同记商场""世一堂""亨得利""老鼎丰"等民族工商企业迅猛发展。1949 年后，哈尔滨的工业是与共和国一同成长，在我国第一个五年计划时期，苏联援建的 156 个重点工程中，有 13 个在哈尔滨安家；抗美援朝时期"南厂北迁"中，有 16 个大中型企业也在哈尔滨落户。哈尔滨是 20 世纪 50 年代国家重点布局建设的机电工业基地、"三大动力""十大军工"所在城市。

1. 建设工业遗产博物馆，促进工业厂房的保护与利用。利用"一五"时期建设的哈尔滨飞机制造公司厂房，建设哈尔滨工业博物馆，充分展示哈尔滨工业发展史。结合哈尔滨车辆厂地区改造，保留原车辆厂的轧钢车间、铸铁车间、水塔等，建成哈尔滨冰雪博物馆。此外，还利用亚麻厂的厂房建设了亚麻博物馆。利用哈尔滨啤酒厂老厂房建设了啤酒博物馆。对工业遗产进行了有效保护。

2. 利用建筑设计手法和技术处理，将工业厂房融入大型城市综合体。例如，在哈西新区开发建设"哈西红场"项目时，规划部门创造性地要求保留原哈尔滨制氧机厂的三座老厂房、一座水塔和厂区原始植被。原始植被经整理改造，成为以文化艺术创意为主题的工业遗产公园，三座保留厂房通过大型连接体与新建部分有机结合，成为集商业、文化、办公于一体的城市大型现代化综合体。

论新世纪哈尔滨城市品牌的重塑 [①]

概述

哈尔滨现代城市的形成始于 1898 年，随着沙俄在中国境内修筑和经营横贯中国东北的东清铁路（中东铁路），确定哈尔滨为中东铁路的建设和管理中心，揭开了哈尔滨城市建设的序幕。随着外来资本的涌入，哈尔滨经历了第一次城市大发展时期，形成了南岗、道里、道外等以商业为主的城区。到 20 世纪 30 年代，哈尔滨已成为有 19 个国家相继在此设立领事馆，有来自 20 多个国家的外国侨民近 10 万人的国际性商贸城市。

中华人民共和国成立以后，随着"一五"期间大规模经济建设的需要，国家在哈尔滨市建设了 13 项重点工程，形成了平房、动力工业区。1958 年随着地方工业发展的需要，新辟建了三棵树化工区和哈西机械工业区，在哈尔滨南部形成学府区，构成了哈尔滨城市的基本形态格局，哈尔滨经历了城市发展的第二次大发展时期。改革开放以后，随着社会主义市场经济的发展，城市建设迅猛发展，哈尔滨已逐步发展成为我国东北北部政治、经济、贸易、文化、科技、信息、旅游业的现代化中心城市。

哈尔滨在走过百年风雨发展历程后，在迈入 21 世纪和中国加入 WTO 全面建设小康社会的新形势下，与其他诸多城市一样，面临着生存与发展新的机遇和挑战。如何进一步发挥哈尔滨自身独特优势，找准城市未来的战略定位，选择适合的发展对策，打造城市新的品牌，为哈尔滨城市发展注入新的动力与活力，提高核心竞争力，实现可持续发展的目标，是一个重要的战略课题。

---

① 原载于《中国城市规划学会 2002 年年会论文集》。作者：俞滨洋、陈烨。

1 精心打造城市品牌是 21 世纪哈尔滨可持续发展的必然选择

1.1 城市品牌的认识

城市品牌形象一般表现为城市外部的知名度和口碑，它是由城市外在的和内在的经济、环境和社会变化的深度、广度与速度的信息传递形成的。从总体而言，最佳的城市品牌具备三大特性，即地域性、关联性和有效性。首先，城市品牌具有地域性，城市品牌的高度凝练的方式汇集了一座城市自然禀赋和人文创造的精华，具有不可雷同的经济社会文化内涵和不可交易的独特（专有）功能。例如，法国巴黎的城市品牌是"世界时尚之都"，是经过几百年文化和经济发展与积淀而形成的，无论是埃菲尔铁塔，还是卢浮宫、凯旋门、香榭丽舍大街，都反映了世界上标志性时尚。其次，城市品牌具有关联性，可以带动产业群、带动城市—区域协同发展。例如，美国洛杉矶的城市品牌是"国际影都"，其以电影制片业为主导，关联发展起演艺业、置景业、电影特技业、休闲旅游业、电影发行业和音像制品业等电影关联产业。再次，城市品牌具有有效性，它不仅具有人文诗意联想，而且能够转化为有效的商品（服务）或商业附加值。德国汉诺威的城市品牌是享誉海内外的"会展业之城"，奥地利维也纳的城市品牌是"音乐之都"，可见城市品牌的有效性是一座城市的文化品位和活力所在。

纵观国内外著名城市品牌（表1）的形成过程，不难发现，其就是因地制宜开拓关联性、构筑有效性的过程。在确定城市品牌时，对资源优化的科学评估和准确的产业定位至关重要，一个独特的定位是城市建设发展的最佳名片。

部分国内外城市品牌　　　　　　　　　　　表 1

城市	城市品牌	街区	标志
大连	足球城、服装城	星海广场	足球
广州	花城、羊城、世界花园城市	羊城八景	五羊碑
杭州	世界休闲之都、联合国最佳人居奖	西湖	钱塘江桥塔
上海	世界博览会、APEC 会议	外滩、浦东	东方明珠塔
巴黎	时尚之都	老城区拉德芳斯	凯旋门、埃菲尔铁塔
洛杉矶	国际影都	好莱坞、迪士尼	国际影视城、中国大戏院
汉诺城	会展业之都	—	会展中心
维也纳	音乐之都	市立公园	金色大厅

1.2　城市品牌的营造

城市品牌是城市的无形资产，具有超过一般商品品牌的效应，要充分认识它的价值。城市的定位和形象的形成，有些是历史的结果和痕迹，有些就需要人为地去营造和经营，就像塑造一个商品的品牌形象和品牌个性那样。北京是中国的首都和政治文化中心；上海是中国的经济、金融中心，中国最大的城市；大连是中国北方著名的沿海开放城市，著名的港口城市；深圳是中国第一个经济特区，美丽的花园城市。

对城市品牌的谋划取决于对城市可持续发展综合条件的评估，在我国建设小康社会的战略过程中，对产业优势的重构意义最为重大。对产业优势的评估，首先必须以资源优势的评估为基础，资源的整合又与良好的政策环境、正确的资本运作、相关的服务系统，尤其是全球化下的文化视野相关。而且，对于已形成产业基础的城市，应该根据市场、资源和技术能力等因素，对产业结构进行调整和整合，在此基础上提升城市的品牌。

广州市近年来一直在打造"花城"品牌，以其"南国花城、激情商都"构建城市的文化吸引力，将深厚的历史文化内涵，活跃的当代工商业基础，与广州人热情开朗、钟爱自然、善良经商、勇于创新的性格特点融为一体，这种选择可以集中政策优势、投资优势、人力优势，厚积薄发，值得借鉴。上海作为中国最大的经济城市，随着浦东的全面开发而重新崛起。如今的上海形象已不仅仅是外滩、南京路、城隍庙、国际饭店等，陆家嘴金融区林立的超高层建筑群、杨浦大桥、上海大剧院、东方明珠电视塔、金茂大厦、内环高架路构成了上海的新城市景观，而上海人那种对自己城市充满信心的精神面貌和建设国际大都市的决心则让所有人相信，上海将在世界上崛起。

哈尔滨市作为我国城市综合实力 50 强（第 13 位）和全国首批投资环境 40 优之一的特大城市，在历史上曾有过许多美誉、品牌和标志，如在经贸上的"哈洽会""中国动力之乡""哈飞""哈药""哈啤"等，在文化上的"哈尔滨之夏音乐会""哈尔滨冰灯""哈尔滨国际冰雪节""哈尔滨冰雪大世界"等，在自然风光上的"松花江""太阳岛""丁香城""榆都"等，在建筑和城市风貌上的"圣·索菲亚教堂""中央大街""博物馆广场""东方莫斯科""东方小巴黎"等，在国内外具有较高的知名度。进入 21 世纪，这些经济社会、历史文化积淀的资源和财富亟待重新整合，由资源优势转变为经济优势，由无形资产转变为有形资产，为哈尔滨市的可持续发展服务。

1.3　城市品牌的经营

成功打造城市品牌是优化城市资源配置、搞好经营城市的灵魂，是城市经营实现良性循环、产生正效益的重要保证。商品品牌是离不开包装的，而城市环境建设不仅起着包装城市的作用，而且起着直接推动生产发展和改善居民生活质量的内在作用。城市建设的投入、城市品牌形象的塑造与经济发展具有正相关关系，它像生产要素一样，是城市经济发展不可缺少的动力。

经营城市的重点就是集约化经营土地。城市政府运用"级差地租理论"，调整城市用地功能，通过"退二进三"手段，把占据黄金地段的企事业单位、政府机关逐步迁出去，用置换出来的土地发展第三产业及现代服务业和进行绿化美化，既推进了城市建设、美化城市环境、提高城市品位和知名度、打造城市品牌，反过来又促使城市土地进一步升值，有利于新的土地运作，形成良性循环。一些比较有眼光的城市经营者从很早就开始用整体的思路去经营城市，打造城市全新形象。大连经营城市成功的秘诀就是创造优美的城市环境吸引外来资金。青岛围绕全方位经营城市，在运作土地"以地升财"的同时，还经营注意力资源。通过策划青岛啤酒节、国际电子家电博览会、海洋节等名牌节庆活动和各种综合性经济文化活动，凝聚人气，扩大需求，将青岛打造为"红瓦绿树、碧海蓝天"的自然风光城市。

2　构建哈尔滨 21 世纪的系列城市品牌

哈尔滨 21 世纪的城市品牌（发展战略目标）的确立应在全球化视野中，尤其在国际寒冷地区特点中寻觅，有效挖掘自身寒地的自然文化价值，作为"中国冬城之都"，应建成中国最好的国际性冰雪文化名城，通过打造城市品牌把城市综合实力整合起来，以其鲜明的特色参与国际合作与竞争，充分发挥其自然、人文、经济等方面的综合优势，从而创造出更多的发展机会，实现经济文化的更大突破。

哈尔滨建设国际冰雪文化名城的新品牌既要面向世界，又要面向现实，还要面向未来。只有面向世界，才能在国际冰雪文化开发的大格局中找准哈尔滨冰雪文化开发的位置，明确开发战略的目标和方向；只有面向现实，才能摸清哈尔滨所在地域自然的、社会经济条件的地域分异和组合特点，从而能因地制宜，突出开发重点，体现和创造城市冰雪文化的地域特色；只有面向未来，才能站在21世纪的高度，高瞻远瞩，妥善处理城市冰雪文化开发的远近关系，将国际冰雪文化名城建设通盘于一个滚动的过程中。

与国内其他城市相比，哈尔滨具有冰雪文化经济开发的独特优势和潜力，具备建成国际冰雪文化名城的基本条件（表2）。

（1）冰雪资源丰富。哈尔滨冬季长达5个月之久，年平均积雪天数为105天，地面积雪20cm左右。其地域广阔，有山、有水、有森林，横贯全境的松花江封冻期137天左右，沿江一带常出现美丽的雾凇。市区内有独特的欧式建筑风貌和人文景观，市域有金源遗址等丰富的历史遗存。"千里冰封，万里雪飘"的自然条件形成了独特的寒地冰雪文化。

（2）开发时间最早，活动内容最丰富。从20世纪60年代初，哈尔滨就开始了冰雪文化活动，揭开了中国冰雪文化的第一页，发展到今天，冰雪文化开发已形成了冰雪艺术、冰雪文艺、冰雪体育、冰雪游乐、冰雪旅游、冰雪美食、冰雪研究等七大系列。

（3）群众基础最广泛，知名度最高。冬季哈尔滨有近百万青少年参加冰雪活动，有数百万人次参加各类冰雪文化活动。哈尔滨冰雪艺术已享誉海内外。

（4）吸引力和辐射力最强大。哈尔滨冰雪文化所形成吸引—聚集效应，使来哈尔滨观光的国外宾朋每年俱增，冰雪文化所形成的辐射—扩散效应已使冰雪文化覆盖省内外、国内外众多城市和区域。

（5）依托城市的条件最好，冬城的情趣最浓郁。哈尔滨在中国寒地城市中，是位置最北的省会城市，城市规模最大、基础设施最佳、交通发达、城市文脉最独特。

哈尔滨素有"中国冰城"的美誉，哈尔滨国际冰雪节是世界四大冰雪节之一，哈尔滨冰雪大世界是当今世界上最大的冰雪文化活动场所，以冰灯、冰雕、雪雕、冰建筑为龙头的冰雪文化链条，领导了中国冰雪文化的新潮流，在世界冰雪

哈尔滨系列城市品牌　　　　　　　　　　　表 2

	现状品牌	发展定位	载体项目
产业	动力之乡 "哈飞"	国家机械工业制造基地	平房机械工业区
	啤酒城 亚麻之乡	国家绿色产业基地	松北绿色产业区 都市农业园
	"北药"之都 "哈药" 焊接城	国家高新技术产业基地	迎宾路开发区 寒地科学城
经贸	"哈洽会" "冰博会" 中俄经贸合作	东北亚重要国际经贸城	国际寒地经贸博览会 中俄科技合作园 中央商务区（CBD）
		黑龙江省现代服务业中心	国际博览中心 物流中心 内陆港
文化体育	哈尔滨冰雪节 冰雪大世界 冰灯、雪雕	国际冰雪文化名城	冰雪迪士尼 冰雪文化乐园
	中国冰城 亚布力	举办冬奥会的城市	冬季奥林匹克公园 亚布力滑雪旅游度假区
	"东方小巴黎" "东方莫斯科" 金源文化发祥地	国家历史文化名城	中央大街 索菲亚教堂等保护建筑 新的特色街区
	哈尔滨之夏音乐会 多元建筑文化	北方文化魅力之都	歌剧院 "博物馆长廊"
生态环境	以斯大林公园为主的沿江风景线 太阳岛、湿地	国家风景名胜区	太阳岛国际寒地公园 国际湿地文化公园
	松花江 "丁香城" "榆都"	国家生态园林城	环城绿带 郊野公园 丁香园

艺术和文化中也占有非常重要的一席之地，具备了走向世界的实力和独特的魅力。1996年亚洲冬季运动会的召开，使哈尔滨在国际冬季体育活动中具有一定的知名度；哈尔滨代表中国申请冬奥会举办权，必将进一步使哈尔滨冰雪文化向广度、深度拓展。作为中国寒地城市的象征，哈尔滨正在日益走向世界。

3 建设国际冰雪文化名城对策选择

3.1 发展最具比较优势的产业

根据开创黑龙江省"二次创业、富民强省"新局面的战略要求，哈尔滨市要研究发挥自身的比较优势，把比较优势变成竞争优势、商品优势和经济优势。要大力进行产业结构调整、更新和升级，发展优势产业，构筑新的竞争力。在面向未来的国际化、现代化发展进程中，进一步发展以机电设备、飞机、汽车为龙头的机械制造业，建设全国最大的机械工业基地。发展充满活力的绿色产业。根据黑龙江省建设生态省和作为国家农业主产区的实际定位，大力发展绿色生态经济。发展绿色农林牧渔养殖业。发展设施农业、都市农业和观光农业，无土栽培、无公害蔬菜、花卉、向日葵等。发展以经济林、景观林为主的林业，建设苗圃、果园、森林公园。发展以寒地特色动物养殖为主的养殖业，搞奶牛、大鹅、笨鸡、林蛙、鹿、北极熊、鹌鹑、冷水鱼等养殖。发展绿色农畜产品加工，北方特色的吃、穿、用品加工，例如，鹅肝、鹅绒、笨鸡蛋、亚麻、土特产品、北方日用品、绿色食品、亚麻加工，建设绿色产品物流中心、绿色种子银行、生产资料市场等特色市场，发展机器人、微电子、寒地生物工程、环保产业、新型节能建材等高新技术产业。进一步增加第三产业的比重，大力发展国际金融、贸易、信息、咨询、会展等高级第三产业。旅游业作为第三产业的重要组成部分，是当今世界最具发展潜力的产业，因此深入开发世界三大休闲旅游资源之一的冰雪文化旅游、生态旅游，是哈尔滨最具比较优势和竞争力的产业，也是哈尔滨市第三产业大规模拓展的突破口。

哈尔滨冰雪文化开发的目的已由20世纪60年代单纯的丰富冬季文化生活为初衷，转变为冰雪文化搭台、经贸文体全方位唱戏的全新态势。哈尔滨国际冰雪节期间举行的各类经济贸易洽谈和招商引资会，以及良好的环境，吸引了大量海内外客商，引来了项目和资金。要把冰雪产业链条作为哈尔滨未来发展的生长极，以牵动、促进、保证哈尔滨走上持续发展和永续繁荣之路（表3）。

3.2 制定具有寒地特色的城市总体规划布局

打造城市品牌首先应从规划开始。作为一座寒地特大城市，哈尔滨应该立足本地实际，围绕建设国际冰雪文化名城的目标，以现代理念和前瞻性为基准，修

城市可持续发展战略工程与历史上重点工程若干比较分析　　　表3

内容 ＼ 体制	计划经济下的重点工程	市场经济下的可持续发展战略工程
建设目的	国民经济计划的落实与深化	在计划宏观指导下创造性地为发展经济、吸引外资、形成良好的人居环境服务
建设背景　影响因素	单一封闭型	复杂性、开放型
建设背景　把握因素程度	确定性	不确定性
建设背景　建设资金渠道	国家投资渠道单一化	国家、集体、个人、外商多方融资（渠道多元化）
建设措施	行政手段为主	行政、经济、社会、法律手段并重，以经营城市为主导
建设功能与意义	对城市发展成为我国重要的经济增长点起到了骨干和保证作用	对未来发展成为具有经济活力、环境魅力的现代化、国际化城市具体有不可替代的战略作用

编制定城市总体规划及各专项规划。在城市土地利用、空间布局、功能分区、交通网络、生态环境建设上，统筹安排，科学规划，既充分考虑寒地城市的特点，又做到高起点、高标准，与国际接轨。

按照生态园林城市建设要求，规划考虑市域内更大空间内的可平衡发展、可生长的城市空间结构。在更新老城区的基础上，加大新区开发步伐。构筑"一主四次"生态框架，"一主四副"城市公共中心，以及"四大"产业基地。

所谓"一主四次"生态框架，指松花江及其两侧的长岭湖风景区、民主湿地形成的一条主要生态廊道，以何家沟、马家沟、阿什河及其支流信义沟，以及松北水系脉络，形成四条次要的生态廊道，即何家沟生态廊道、马家沟生态廊道、阿什河生态廊道、松北生态廊道。到2020年，城市空间形态为：以星状城市为基础轴向组团式城市发展形态，即"组团布局，轴向发展，楔形绿地，生态环境"。所谓"一主四副"城市公共中心，指一个国际区域性主中心、四个国际区域性副中心，即在道里中心区、爱建新城、道外三马地区、南岗中心区形成以行政、商贸、金融、信息、办公等为主要功能的国际区域性中心区，在长江路一带形成以会展、行政、商住等为主要功能的区域性副中心，在学府路哈西地区形成以奥运、科研、教育、信息等为主要功能的区域性副中心，在群力地区形成以金融、贸易、办公、商住等为主要功能的区域性副中心，在松北地区形成以行政、科研、教育、文化、休闲等为主要功能的区域性副中心。所谓"四大基地"指在城市空间上形成四大产业基地。即在动力和平房老区基础上，拓展新的发展空间，形成以机械工业、汽车零部件制造业为主的工业基地；在市区东部老工业带形成以传统工业、化工及中心区迁出工业为主的工业基地；在迎宾路高开区形成以高科技产业、无污染项目为主的工业基地；在松北新区形成以绿色食品、绿色建材、绿色寒地日用品和高科技产业为主的工业基地。

在公共空间设计上，创造富有吸引力的冬季户外活动空间，增加寒地城市环境的魅力，抵消人们对寒冷环境的畏惧。既要保护人免受不良气候的影响，又不能使人与自然过分脱离，形成一个丰富合理的户外游憩活动空间体系。为了使城市获取充足的阳光、保证建筑有良好的朝向，主要街道宜与子午线呈30°~60°角的方向布置。加强地下空间的开发利用，吸引人流转入地下。哈尔滨市南岗地下商业街的建设就已形成地下空间网络，把主要的商业网点连接起来，显示出良好的效益；在地面上借鉴加拿大卡尔加里的做法，适当建立有气候防护设施的公共空间，在城市重点路段设置"全天候"步道系统和封闭式过街天桥，在中心地段开辟"冬季室内花园"。同时，做好城市设计，塑造独具特色的寒地城市景观。

在人居环境的规划设计上，充分考虑寒地城市的特点，注重朝向、采光、风向和保暖。在城市色彩上，继承哈尔滨历史建筑原有的黄、淡黄、乳白的暖色基调，与蓝天、绿树、白雪、红顶交映成绚丽的美景。通过上述规划的实施，实现寒地城市居民能充分享受由此带来的独特、丰富、高水准的生活，从而使寒地城市充满生机，展示出一派人性化都市的景象。

3.3 构筑可持续发展规划实施的项目库

经营城市、打造城市品牌不应停留在理论探讨上，更重要的是落实在具体建设上，及时构筑一系列在经济、社会文化、环境生态和基础设施等多领域对哈尔滨城市21世纪发展有决定性影响的可持续发展战略工程，是关系到城市集约化、现代化经营城市进程的关键环节。

经营城市项目库的构筑，其目的在于把城市建设成具有规模经济效益、辐射力较强，社会功能比较齐全、生活方便、环境优美的现代化城市。与历史上重点工程建设相比，可持续发展战略工程具有工程浩大、标准高并与国际接轨的特点。

跨世纪城市可持续发展战略工程的具体要求为：为市场经济下发展冰雪文化经济创造条件；完善文化、体育、医疗卫生、科技、体育、商饮服务等设施，使社会功能进一步健全；配套进行城市的交通、通信、供水、供电、环保等系统建设；加强市容市貌和生态建设，美化城市；逐步增强城市的综合实力，提高哈尔滨市的国际知名度，以加快城市现代化、国际化进程。

综合哈尔滨市社会、经济、生态、基础设施等各方面的现状特点及打造城市品牌的需求，哈尔滨国际冰雪文化名城应加大创意策划力度，构筑一大批项目，如重点建设以下工程：寒地生态社区工程、寒地高科技产业系列工程、哈尔滨国际金融贸易 CBD 工程、RBD 工程、世界冰雪文化乐园工程、沿松花江风景长廊工程、国际音乐文化艺术街区、世界啤酒文化公园、世界寒地文化中心、冬季奥运会体育中心、马家沟综合治理工程、寒地生态园林绿化工程、哈尔滨综合交通网工程、哈尔滨水资源供给与综合整治工程体系、哈尔滨国际通信网工程、过江隧道和松花江第三江桥工程、轨道交通工程、地铁 1 号线工程。

此外，针对寒地城市冬季污染重的实际情况，加大环境保护和生态建设力度。在已完成 27.7km 长、110m 宽机场高速路"绿色通道"建设的基础上，进一步加大哈尔滨市生态型园林城市建设力度，尽快完成马家沟综合治理工程、道里区集中供热工程、城市污水处理工程、垃圾无害化处理工程以及磨盘山供水体系工程等。

3.4　保持和发扬城市固有的特色

哈尔滨建设国际冰雪文化名城要进一步继承和发扬哈尔滨所特有的城市特色，把城市的更新改造和历史文化资源的保护利用有机结合起来。

哈尔滨曾经是一座充满异国情调的国际化城市，早期的建筑荟萃了欧洲近代各流派的建筑艺术珍品，包括巴洛克、拜占庭、古典主义、折中主义、新艺术运动等多种建筑风格，这在国内是绝无仅有的。其中，"新艺术运动"建筑样式在世界建筑史上也占有一席之地。特定的历史文化积淀形成了哈尔滨有别于国内其他城市的建筑特色，这是宝贵的历史文化遗产，是社会共同的财富，也是哈尔滨的魅力所在。近年来，以拯救、保护和发掘哈尔滨特有的建筑和人文资源为重点，对全市现有的历史建筑进行了重点保护。对欧式建筑集中的道里、南岗、道外的"历史地段"进行整体保护、综合开发。将中央大街改造成为步行商业街；将索菲亚教堂周边环境进行了整治，辟建成建筑艺术广场；对道外南二道街传统商市保护区进行了改造，恢复其独具特色的中华巴洛克风格。保持和发扬城市特色，一方面要保护有价值的建筑和历史街区，保持城市原有的建筑风格；更重要的方面是要沿袭城市固有的文脉，创造出具有时代感的、绿色的、智能化的、代表先进文化的建筑精品，塑造具有鲜明地域特色的寒地城市景观。

3.5 形成具有浓郁地域色彩的城市文化

通过举办国际冰雪节包括国际冰雪电影节、国际冰雪美食节、国际冰雪服装节等，举办国际冰雪运动比赛包括冬奥会、亚冬会、国际冬泳比赛、国际冰帆比赛等，建立国际音乐文化艺术街区、世界啤酒文化公园等，加速冰雪文化资源的开发，促进冰雪文化的发展，活跃哈尔滨冬季文化生活，改进市民冬季生活习俗，培养审美情趣，锻炼勇敢精神；促进社会秩序的好转，提高精神文明程度；改变哈尔滨人形象，增加哈尔滨的知名度，形成具有浓郁地方特色的城市文化。此外，还将广泛开展冰雪文化研究和交流，举办国际冰雪文化学术研讨会，全面提高冰雪文化的质量、品种和效益。

洪灾后村镇重建规划探讨 [①]

王府新村位于大庆市杜尔伯特蒙古族自治县巴彦查干乡中部的大草原上，距县城泰康镇 76km，距大庆市中心 1.5h 车程，是蒙古族聚集地，西临乡政府所在地王府村，东侧、北侧为牧场，南濒向阳湖，乡与县城公路通过该村。其具有典型的温带草原景观，广阔的向阳湖水面构成了王府新村独特的自然风光。

1 规划总体思路

1.1 重建家园的指导思想

应从两个根本转变的根本需要出发。注重把重建家园与经济社会生态相协调，深入贯彻可持续发展战略，突出运用现代规划的思想和方法创造具有地域经济活力、可居性强，具有优美环境吸引力的小康型农村。规划力争将王府新村建设成具有中国东北特色的新型村镇。

1.2 重建家园的选址布局

首先应考虑建设一个良好安全的人居环境，应打破传统上自然经济条件下形成的点小、分散的非集约布局模式，迁村并点，促进农牧区产业化市场经济发展的集约化空间。王府新村集中了两个被淹村（屯）共 620 户村民，新村用地选择在 1998 年最高洪水淹没线 139m 之上，建设用地布置在 145.000m 标高以上的安全地域。

1.3 新村规划与经济发展有机结合，为产业发展创造多元化生长空间

该村良好的自然条件和自然资源为农牧养殖业及其加工业发展提供了坚实的基础，同时该地是杜尔伯特县王爷府所在地，遗址依存，悠久的历史与独特的草原风光、广阔的水域，有潜力使旅游业成为其未来发展的重要产业之一。

---

① 原载于《城市规划汇刊》1999 年第 1 期。作者：俞滨洋、范涛、史铁军。

1.4 以"生态观"作为规划的重要准则，加强绿地建设，实行人畜分离

新村规划充分重视绿地建设，使其点、线、面相结合，改善生态景观，创造优美恬静的乡村景观。

人畜分离是改善农村人居环境的重要规划措施，根据当地的实际经济情况，本规划达到50%住户的大牲畜与住宅分离，集中饲养，垃圾与粪便单独处理，从而减少环境污染，达到改善环境的目的。

1.5 充分考虑多元化的需求，实行高、中、低档住宅分片布置

根据上级指示对规划的要求分析，本规划住宅基地面积和住宅建筑面积分别采用不同的标准，分大、中、小三种类型。

1.6 远近结合、新旧结合

规划立足于现状，高瞻长远，综合地对新村进行统一规划，为远期各项发展留有余地；新旧结合则是将新区与老区统一安排，使其形成整体，为长远发展奠定基础。

1.7 构筑结构清晰、组团明确、使自然与人工环境相互融合的发展格局

道路骨架采用方格网，结合地形适当变化，居住组团清晰明确，自然与人工环境互相渗透，将大草原引入村落中形成绿地系统，新村周围设置了防风固沙的防护林带，形成完整的绿化景观体系。

1.8 增加科技含量配套基础设施，改善居住环境，提高生活质量

系统地设置了给水、排水、电力、电信、环保环卫等设施，并从节地、节能、节材的角度出发，在规划实施措施上尽量考虑使用新技术和新材料，为提高王府新村的宜居性、舒适性和安全性提供优良的环境。

2 用地总体布局

王府新村采取单中心集中紧凑式布局模式，道路系统结合地形特点，由准方

格网式道路组成，公建布置在新村中心地区，临湖地带为旅游开发用地，新村周围建设防护绿带体系。

村镇建设用地 89.53hm² （图 1）。

图例
生产建设用地
公共设施用地
仓储用地
宅前绿地
公共绿地
防护绿地
备用地

图 1 总平面图

2.1 居住建筑用地布局

居住建筑用地采用组团布置形式，分为三种类型。

一类居住组团每户用地 726m²，其中 250m² 用于宅基地，476m² 用于发展庭园经济，主要布置温室、菜园、禽畜舍、果树等。住宅建筑面积 76m²。该类组团共 297 户，总用地 7.43hm²，集中布置在新村周边地区。

二类居住组团每户用地 600m²，其中 250m² 用于宅基地，350m² 用于庭园经济，住宅建筑面积 86m²。该类组团共 185 户，总用地 11.04hm²，集中布置在公共建筑中心附近，居住环境较好。

三类居住组团每户用地 400m²，其中 250m² 用于宅基地，150m² 用于庭园经济，住宅建筑面积 118~146m²。该类组团共 139 户，总用地 5.56hm²，布置在新村东西干道两侧和临湖地带。

2.2 公共建筑用地布局

公共建筑集中布置在新村中部的十字主干道附近，包括村委会、幼儿园、科技文化站、体育用地、卫生所、商服设施等，形成较完善的新村公建中心；农贸市场布置在新、老王府村交接处，兼顾新、老王府村居民的使用，农贸市场占地 1.06hm²。小学规划布置在新村的西北部，占地 1.5hm²。

2.3 绿地布局

新村绿地由小游园、绿带、组团绿地及庭院绿地共同构成一个绿地系统。公共绿地 12.29hm²，人均 49.56m²。

2.4　道路广场用地布局

道路分三级，主干道红线 24m，由周围环路和中间过境公路组成；次干道红线 14m，联系主干道，方便居民生活；支路为宅间道路，宽度 6m。设立三处广场及两处停车场。

2.5　景观风貌

考虑到村镇景观和旅游的需要，规划了两条景观轴，设置系列广场和停车场，中心广场位于公建中心处，为大型集会广场，供人集散、休憩、娱乐，可设立主题雕塑，以体现纪念抗洪胜利及新村重建；入口广场位于村东侧入口，此处结合周围环境设立入口标志，给人以深刻的第一印象点，湖滨广场位于村南向阳湖畔，结合滨湖旅游用地形成体现当地风情的景观广场，并设置了一些林荫道。

在建筑风貌上，沿主要街道公共建筑及滨湖旅游景点主要体现蒙古族特点，二层楼房与平房有机组合，错落有致，尤其注重与临湖向阳坡景观的有机组合。

2.6　生产用地布局

在新村东北侧，集中布置一处乡镇企业发展用地，集中牲畜饲养场、打谷场及柴草堆等，以有利于生产、方便生活、减少污染。

此外，充分结合新村南侧天然水面的有利资源，辟建一处旅游业用地，该区以自然景观为主、人文景观为辅，重点布置具有蒙古族民族特点和风情的旅游服务设施。

3　住宅建筑设计

考虑到北方农村住宅冬季取暖问题，平面布局尽量简捷，立面造型多样化，本村采用四种住宅平面形式，分三个档次。

3.1　平面布局

3.1.1　两代同居型

建筑面积 76m^2，适合于一般三四口之家居住，冬季取暖为火炉及火炕两套系统共用（图 2）。

3.1.2　三代同居型

建筑面积 86m^2，适合于一般老少三代居住，冬季取暖为火炕、火炉（图 3）。

3.1.3　别墅型及商住合一型

建筑面积 118m^2 和 146m^2，适合经济条件较好、人口较多型家庭，位于繁华路段，也可一层营业、二层居住（图 4）。

3.2　造型

用田园式建筑来突出现代化农村特色，以坡屋顶为主，通过色彩、线条、材料及造型等细部处理达到灵活多样。

以现有农村建筑材料为主，适当采用部分新型墙体和节能及门窗材料，如塑钢窗等。

参加项目设计人员：韩继发、马和、宫金辉、杜立柱、张建权、赵丽哗、戴利人、刁爱平等。

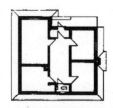

图 2　两代同居型住宅平面图

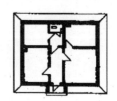

图 3　三代同居型住宅

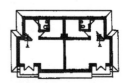

图 4　商住合一型住宅

规划管理探索

全方位提高 21 世纪城市规划编制实施管理水平 [①]

一、进一步认清形势，明确规划工作的历史重任

1. 城市规划工作正面临着充满希望、机遇和挑战的崭新环境

新千年已经开始，这将是一个充满希望、机遇和挑战的全新时代，政治多极化、经济全球化、信息网络化、文化多元化，无论从生产方式还是生活方式，无论是有形的物质世界还是无形的思维空间，都将发生根本性的变化。这是新千年第一个世纪的开端，也将是一个前所未有的城市世纪。1996 年联合国人居二次大会预测到 2000 年全球有一半人口居住在城市。英国考文垂大学地理系主任戴维·克拉克说："世界上一半人口进入城市用了 8000 年，再过不到 80 年，剩余的人也将完成这个过程。"可以预测，在 21 世纪城镇化将使绝大多数中国公民生活在城镇中。新千年，21 世纪呼唤新思维、新理论、新方法、新举措，迫切需要我们把20 世纪的"花园城市"和"山水城市"等理想城市模式与"数字城市""可持续发展城市""生态城市"等新概念有机融合，采取有力的规划、建设和管理举措，以保持和发挥城市作为区域中心诸多优点，同时逐步根治诸多"城市病"。

改革开放二十多年来，尤其是"九五"时期，黑龙江省城市规划工作经历了前所未有的良好机遇，形成了良好氛围和发展态势，全省城市规划工作从总体上步入了健康发展的轨道。其主要标志概括起来，一是城市规划工作得到了各级党委和政府的高度重视，关心程度高，资金投入力度大，调控效果好；二是各级城市规划机构和队伍趋于稳定乃至加强；三是很多城市在规划研究和编制上加大了投入，扩大了开放的步伐，国内规划设计招标已进行多次，清华、中规院、北大、同济等名牌规划设计队伍开始进入我省规划市场；四是城市规划执法力度不断增强，工作效率和透明度不断提高；五是城市规划编制工作力度从宏观到微观都有所加强；六是一些城市在规划编制和实施管理上有探索和创新。

---

① 此文是俞滨洋先生在黑龙江省建设厅工作期间于 2001 年全省城市规划工作座谈会上的讲话（2001 年 2 月 13 日）。

与此同时，我们还应清醒地看到，全省城市规划设计管理水平与发达、先进省市相比，尤其是与 21 世纪赋予我们的历史重任相比，还存在较大差距。一是社会各界对城市规划的战略地位和重要作用的认识与支持还不够到位；二是一些城市规划管理体制还有待健全，"条块分割"局面亟待理顺；三是城市规划事业经费尚无固定保障；四是城市规划实施管理的有效机制有待健全，违法违规建设时有发生；五是城市规划的基础工作，尤其是科技进步有待大幅度加强。总的来看，在服务"二次创业、富民强省"战略实施上相对滞后，如大项目选址前期规划工作薄弱、总体规划的弹性小、留有余地不足、调控能力弱、精品太少等。

尽管如此，客观地看，可以认为，五年来经过全省城市规划工作者的不懈努力，全省城市规划工作圆满实现了"九五"期间的目标，这是我省历史上城市规划与建设发展最快、形势最好的时期。

2. 党和国家领导人，省委、省政府领导在世纪之交十分重视城乡规划管理工作

江泽民总书记 2001 年 1 月 8 日在北京考察工作时，对北京的城市规划和建设做了重要指示。他强调："北京城市规划、建设要充分考虑历史，立足现实，着眼未来，在最大限度保护历史文化名城的前提下，加快旧城改造步伐，努力提高城市现代化水平。加快城市交通基础设施、环境保护和生态建设、住宅建设，不断增强城市综合服务能力和综合竞争力，把首都建设得更加美丽。"朱镕基总理 1 月 19 日在北京考察工作时强调，加强城市整体规划，增强综合服务功能。国务院副总理温家宝指出："城乡规划和建设是社会主义现代化建设的一个重要组成部分。提高规划工作水平，把我国的城市和村镇规划、建设和管理好，对于实现现代化的宏伟目标具有重要的现实意义和长远意义。"黑龙江省委书记 2000 年在牡丹江市考察时指出，以"三个代表"思想指导城市建设，"各地要以大气魄、大动作、大手笔，搞好城市规划和建设，为经济发展提供更广阔的空间和持久的动力，为吸引资金和人才提供良好环境，为改善人民生活质量提供保证"。黑龙江省省长多次对搞好城市规划、建设和管理工作做出重要指示，在 2001 年 1 月 2 日召开的第 63 次省长办公会上，听取哈尔滨市松北新区规划工作汇报时，又一次提出要求，"要把松北新区建成高标准、高品位、生态环境好、风景优美、现代化程度较高的文明新区。要首先编制好高品位的规划，邀请国内外高水平的专

家对该规划进行科学论证"；在 1 月 19 日召开的第 64 次省长办公会上，黑龙江省省长又长时间专题听取了城乡建设工作汇报并作出了重要指示，并把搞好规划工作提到了"四个重点工作"的首位。

我们应该深刻领会党和国家领导人，省委、省政府如此重视城市规划的战略意义。因为"规划就是财富"，搞好了就能产生经济、社会、环境综合效益，而搞不好"规划就是灾害"，就能造成遗憾甚至是不可收拾的建设性的破坏，给国家和人民带来不可弥补的重大损失。纵观国内外成功经验，一个优秀的历史文化遗产，无论是中国的故宫，还是法国巴黎的老街区，其建设要素不外乎是砖瓦沙石，但组合得好，不仅适于人居，而且从美学、文化视角来看，它们是人类文明的瑰宝，是"永不落后"的精神家园。那么总结一下其产生的过程并不复杂，不外乎在规划、建设和管理（改造、维护）各环节中都充满了精品意识。而首要环节是规划设计，从中我们更能看出规划的龙头地位、作用和价值。

因为社会主义市场经济条件下的城市规划的核心是对城市空间资源的安排和调控，以及通过对市场的调控进而对投向这些土地和空间资源的资本进行调控。国务院多次指出，"城市规划是指导城市合理发展建设和管理城市的重要依据与手段""切实发挥城市规划对城市土地的调控作用，促进城市经济和社会协调发展""城乡规划是政府指导和调控城乡建设与发展的基本手段""切实发挥城乡经济、社会和环境协调发展"。温州市以规划部门牵头，对城市空间资源进行调控的成功经验多次得到建设部的好评。

3. "十五"时期我国城市规划工作的方向

《中共中央关于制定国民经济和社会发展第十个五年计划的建议》中指出："我国不同地区的经济发展水平和市场化发育程度差异很大，要从各地的实际情况出发推进城镇化，逐步形成合理的城镇体系。""在着重发展小城镇的同时，积极发展中、小城市，完善区域性中心城市功能，发挥大城市的辐射带动作用，提高各类城市的规划、建设和综合管理水平，走出一条符合我国国情、大中小城市和小城镇协调发展的城镇化道路。""十五"计划以发展为主题，以结构调整为主线，以改革开放和科技进步为动力，以提高人民生活水平为根本出发点，全面推进经济发展和社会进步的全新思路，尤其是在结构性调整上，要求产业结构的调整与地区结构和城乡结构的调整形成协同和整合，要求进一步将发展和建设整合，迫切要求积极稳妥地推进城镇化，进一步改善基础设施和生态环境，为合理调整生产力布局，促进地区经济协调发展提供优化组合的空间载体系统。

为了更好地发挥城市规划的龙头作用，为经济发展和社会进步提供优质、超前的服务，城市规划工作必须进一步实现两个根本性转变，这就迫切要求城市规划工作进行全方位的战略性的 13 个转变：规划的哲学观由以生产为中心向以人为本、人与环境并重转变；规划目的由单纯的贯彻国民经济计划向着与国民经济发展计划相辅相成、创造可持续发展的人居环境和为经济社会环境协调发展，提供优化组合的空间载体系统转变；规划任务由以建设为主要内容的物质性规划向经济、社会、生态协调发展的整体性规划转变；规划方针对"工农结合、城乡结合、有利生产、方便生活"赋予新的时代含义，更多地注重对人、自然和历史文化的尊重，以创造人与自然和谐共生的可持续发展城市为宗旨；规划内容由具有平面、静态为特点的布局规划和基础设施规划，向发展规划、布局规划、基础设施规划、生态环境建设规划、景观风貌规划、城市管理规划等综合集成的立体与动态的综合性规划转变；规划理论由单一的建筑学向建筑学、地理学、经济学、生态学、社会学、园林学、系统工程学等多学科协同作战的城市学转变；规划方法由以定性为主向定性、定量、定位、写景、定施的综合集成与"3S"等现代技术应用转变；规划标准由严格贯彻现有国家标准，向与国际标准接轨，并更加突出地域性特点转变；规划的视野由就城市—区域而论向打破城乡二元结构建立完善的城镇规划体系，从而以城市—区域系统观和动态时空统一观统筹城市区域化和区域城市化的有序调控方向转变；规划的审美观由空间形式美向空间生态和谐美转变；规划的价值观由高标准、高消费向适应性、可持续性转变；规划主体与城市建设投资渠道由政府自上而下地进行拨款投资，向政府、企业、外商、民间多元主体的经营城市方向转变；规划管理进一步向法制化、科学化、民主化的实施制度转变。

4. 我省城市规划事业发展战略构想

今后我省城市规划工作应遵循以下行动准则：强调政策性原则，认真贯彻执行《中华人民共和国城市规划法》和《黑龙江省实施〈中华人民共和国城市规划法〉

办法》等有关法律、法规，以积极稳妥地推进城镇化为统领，全方位强化规划工作各环节；强调地域性原则，根据我省是寒地、资源、边境大省的特点，充分认识全省自然及社会经济历史条件的地域差异及其对城市规划建设的影响，建立完善具有我省特色的城市规划工作体系；强调借鉴性原则，借鉴国内外城市规划工作的经验、教训，应用现代科学技术及相关学科的理论和方法，完善和加强我省的城市规划工作；强调科技进步原则，加强我省城市规划专业人才的培养，摸索一条适合我省规划人才成长与规划工作质量提高的有效途径；强调可持续发展原则，我省城市规划工作的强化和优化，在时间表上应轻重缓急落实在近期与远期对策和措施方案工作上。

确立我省城市规划工作的战略目标。为把我省的大、中、小城市逐步建设成为各具特色的不同层次的开放型、多功能、社会化、现代化的经济社会中心，我省城市规划工作的发展战略目标应该是建立相互协调、能够良性循环的具有我省特色的城市规划工作系统。这一系统应该由总目标和子系统构成。子系统具体有：一是建立完善配套的城市规划法规系统。根据《中华人民共和国城市规划法》，结合省情特点，建立完善配套的省、市、县三级城市规划法规体系和规范体系及相应的地方性技术标准体系，使国家的城市规划法得以在全省具体落实。二是建立城市发展和城市规划地理信息系统。以省建设厅信息中心和省城市规划勘测设计研究院为依托，建立省城市规划信息中心（并与国家联网），以便能够及时追踪全省城市发展的全面动向和国内外城市规划建设的发展状况，为城市规划工作的科学化提供最新最准确的情报和数据资料。三是建立城市规划教育系统。为改善我省城市规划队伍的人才结构，提高城市规划工作者的政治与业务素质，培养德才兼备、一专多能的规划人才，应该建立、发展、完善以我省现有城市规划专业的大专院校为依托的正规教育系统，以及以省、市属城市规划设计院为中心的业余教育系统，采取多种方式进行城市规划的正规教育与继续教育及专业技术培训。此外，还宜大力发展以广播、电视、报刊等传播媒介以及展览会、博览会、讲演会、恳谈会、知识竞赛等方式，进行的城市规划科学普及与宣传教育系统。四是建立完善的城市规划科学研究系统。依托省城市规划学会或成立相对独立的城市规划科研机构，并充分发挥各城市规划设计研究院的"研究"职能作用，积极探索我省城镇化道路的合理途径，探索总结具有我省特色的城市规划理论与方法，更好地为指导实践服务。五是建立完善的城市规划设计系统。应加强全省城市规划设计工作，理顺与明确省、市、县所属规划设计机构的职责，并逐步实现城市规划专业分工明确、合理。建立既分工明确又合理配套，既相对独立又紧密联系的发展规划（含区域、市、县域城镇体系规划）—城市总体规划—城市详细规划—专业工程规划，以及突出城市设计和为重大建设项目选址规划服务的专业分工体系，以便在城市规划实践中能各得其所，发挥特长，又能密切合作，综合平衡。六是建立完善的城市规划实施管理系统。实践表明，三分规划，七分管理。因此，建立具有权威性、独立性、能够"一支笔"审批、集中调控、上下协调的各级城市的规划实施管理机构，是城市规划从宏观到微观得以地域落实的前提基础，而且配备政治与业务素质俱佳的城市规划实施管理人员，也是必不可少的重要保障。七是建立完善的城市规划协调系统。应尽快成立我省城市规划勘测协会，以便协调好城市规划工作各方面的关系，使之成为一个有机整体，发挥好整体功效。协调好城市规划部门与国民经济计划部门及土地、环保等部门的关系，协调好城市规划与建设系统自身各部门的关系，使其工作与成果能够相得益彰、互为补充，并协调好省内外、国内外城市规划行业建设、学术交流活动的开展。

深入贯彻落实省委、省政府主要领导关于高起点、高标准、科学搞好城市规划建设的重要指示，关键在于我们能否从宏观到微观实现有序调控和创新，把规划建设与经济社会发展融为一体，把更多的科技含量、绿色含量、文化含量、美学含量等知识经济含量有机地纳入到我们的日常性工作中去，从而全方位增加规划工作的市场经济价值含量，进而全面树立起新形势下城乡规划的权威。面向21世纪，我们既要抓好健全规划管理机构和规划事业经费落实、城乡规划编制管理信息化建设等有关"生存"的大事，更要面向实际和未来，切实抓好"发展"问题。以城镇体系规划为龙头的八大系列规划的编制工作为前提，尤其是要强有力地抓好规划管理，在"创特色"上不断加大工作力度，实现重点突破。在"十五"期间，各地应采取有效举措，规划和建设出一批高品位、高水准的特色居住区、特色市场、特色街区、特色公园、特色景观，从而为创建面向21世纪的、具有我省特色的、与国际接轨的、现代化的、可持续发展的人居环境产生轰动效应和示范作用，并奠定坚实的基础。

二、突出重点，全方位提高 21 世纪城市规划编制、实施管理水平

在全球经济一体化和区域经济集团化的总趋势下，作为人类生存发展的载体系统——城市系统，在不同的时间尺度和不同的区域层次上都产生了相应的变化，其中区域城市化和城市区域化已成为载体系统时空演化的一个基本趋势。21 世纪的城市，必须与所在区域以及周围区域，甚至与全球范围联系起来进行研究，做出合乎其运动规律的规划、建设和管理的调控，当前应重点抓好五个方面工作。

1. 进一步提高认识，加强城镇化发展战略研究和城镇体系规划编制工作

实施城镇化战略，推进城镇化进程，是我国改革和现代化建设进入新阶段必须完成的历史任务，更是解决我国经济与社会发展诸多矛盾的关键之一，我国经过 50 年的奋斗，工业化已经接近或达到世界中等发达国家的平均水平，但我国的城市化水平不仅大大低于中等发达国家的水平，而且低于发展中国家的平均水平，城镇化相对滞后，对于培育国内市场、扩大需求、增加就业等都产生了严重影响，并成为制约我国经济社会发展的重要瓶颈。今后应不断围绕提高城市现代化建设的质量和水平，增强城市辐射和带动能力，培育区域性和专业性国际城市，充实提高区域性中心城市，整合引导城镇密集区、加快发展重点小城镇，从而尽快扭转城镇化滞后的状况，开展宏观发展规划研究。

我省城市化水平目前是"量高质低"，这是伴随着一次创业大规模资源开发而形成的，城市人口占总人口比重达 43%，居全国省区前列，但城市基础设施、城市人口素质、生活水平等平均指标远低于全国平均水平，中、小城市（镇）发展缓慢，社会设施不完善。从省情实际出发，为"二次创业、富民强省"战略服务，我省城镇化面临着提升质量档次与保持适度发展速度的双重任务。应按省建设厅要求尽快全面完成省域城镇体系规划完善、报批和市、县域城镇体系规划编制工作；高度重视跨市、县的区域城镇体系规划工作，探索建立有效的实施机制，做好哈尔滨大都市区、黑龙江省南部城镇带等区域城镇体系规划编制工作，从区域整体出发，对城镇发展及基础设施的布局和建设进行统筹安排，实现基础设施区域共享和有效利用。

2. 进一步加强城乡规划编制工作，大幅度提高规划水平

一是要全面开展哈尔滨、齐齐哈尔、牡丹江、佳木斯等中心城市，大庆、鸡西、双鸭山、七台河、伊春等资源型城市和县级市、县城的 2020 年总体规划修编。要坚持可持续发展原则，以人为本，以改善环境为重心，重点为中心城镇扩容提质，做大做强，为提高基础设施配套和改善生态环境提供超前服务，要切实搞好经济社会发展与城市规划建设有机结合的规划。城市规划编制为提高城市综合实力，为招商引资、改革开放提供优质与超前的服务。

二是要加强生态建设和环境保护规划。为建设生态示范省，应加大自然保护区、生态示范区规划编制力度，为加强城乡接合部环境保护和乡镇企业污染治理，在城乡接合部划定永久性生态用地和不可建设用地，市区应编制周详的城市绿化休憩系统规划，尤其要明确规定城市中心区集中公共绿地的定性（主题）、定量（规模）、定位（位置）、定景（风格），为大力发展中、小型的街头绿地和居住区绿地提供服务。

三是要大力加强基础设施、公共设施规划，提高城市可持续发展能力。对水厂、污水处理厂、垃圾处理场、博物馆、图书馆等非营利的公益福利性的基础设施和市政公用设施，应在规划编制中给予定性、定量、定位的严格控制。城市广场规划应因地制宜，切忌"贪大求洋"和过于"草坪化"。我省城市绿地系统规划建设应该以绿化为主、以种树为主，规划立意应以地域文化为主旋律。

四是应不断提高居住区环境质量和设施配套。居住区规划建设必须强调集约性，严禁零星开发和"插花""见缝插针"。省辖市居住区规划规模至少应在 20 万平方米以上，县城、县级市居住区规划规模至少应在 10 万平方米以上，一般建制镇住宅建设应在集中成片布置规划调控下进行，当年不能完成的可以按规划分期实施。

五是要加强安全性设施规划，要高度重视城市给水规划和城镇防洪、消防、抗震等综合防灾规划，城镇新区建设和重大工程项目选址应编制地质灾害评价报告，沿江沿河和山区要加大防洪规划编制力度。

六是要加大市、县域城镇体系规划指导下小城镇、集镇、村庄规划力度，合理确定小城镇的数量、规模、空间分布形式，为集中力量积极扩大县城和重点中心镇规模与提高质量服务。

　　七是要提高城市品位，塑造城市特色形象。要根据各地的自然历史、民族、文化的特点，挖掘内在的本质特色，为创造具有时代精神的崭新风貌而搞好各层次的城市设计工作。在此项工作开展中，要处理好"抄"与"超"的关系，既要以他山之石攻我之玉，但又不能片面紧跟欧陆风，应以超越和创新为主导。

　　八是要加强城乡规划设计管理。要加快完善、规范全省城乡规划设计管理规章制度，加强城乡规划设计审批的注册、资格、收费、质量保障等工作，逐步实行城乡规划设计招投标制度。今后全省大、中城市的总体规划编制，必须按国家要求由相应资质规划设计单位承担。县城总体规划和中心镇规划必须由乙级以上规划设计单位承担。我省规划设计市场应加大对省外、国外规划设计研究单位的开放，省外甲级规划设计单位经注册登记验证后，方可进入黑龙江省承担规划设计任务。

3. 进一步加强法制建设，把城乡规划管理工作纳入法制轨道，大力加强城乡规划实施监督管理

　　各地要因地制宜，制定和完善地方性规章制度和有关技术规定；要健全城乡规划执法监察的监督体系和运作机制，坚持日常查处与集中执法检查相结合，建立规划综合执法制度和强制拆除制度，大力推广城市规划公示制度，要求有条件的城市都要设置城市规划展览馆。各地要继续深化开展执法检查活动，重点查处沿街、沿江等破坏环境质量和侵占道路、广场、公共绿地等严重影响城乡规划的违法建设。要牢固树立规划的"龙头"地位和权威，各部门、各行业的专业规划，都必须与城市（镇）总体规划相衔接并协调。建设项目所在地段没有编制详细规划或建设项目不符合详细规划的，不得办理规划许可证；要加强行业自身廉政建设和加强城乡规划全过程实施监督。全省要尽早实施和完善城乡规划变更认定制度和备案制度；要积极推广经营城市的理念，探索运用市场经济的思想、方法和手段加强城市规划实施管理。

4. 大力加强对城乡规划建设工作的领导和支持，提高全社会规划意识和全民规划素质

　　各级人民政府在即将开展的地方机构改革中，应稳定并加强城乡规划管理机构和专业化队伍，不断增加对规划事业的投入；各级规划管理部门要进一步理顺

内部职能，切实做好政企分离，将目前承担的非政府职能有效分离出去，鼓励社会中介服务机构实行有偿服务；各级规划部门要积极开展思想政治工作和专业技术培训，不断提高工作人员的拒腐防变的职业道德水平和业务能力，结合正在实施的城市规划师资格注册制度，不断提高规划管理、设计、科研工作岗位的专业技术人员的比重；省建设厅计划与省委党校进一步办好市、县长培训班并将与省行政学院联系，将城乡规划列为干部培训的必修课程。

经济、社会、环境的协调可持续发展，高效率的城市设施与管理、宜人的居住环境和高度的文明素质已成为我们 21 世纪奋斗的基本目标，这从宏观、中观、微观三个层次都迫切需要我们在定性、定量、定位、定景、定施等一系列重大课题上创造性地加以解决和回答。这些足以让我们这代规划工作者感到肩上的分量，让我们以"四大精神"为动力，齐心协力、团结协作、拼搏奉献，真抓实干、科技创新，从而不断提高全省城市规划编制、实施管理水平，更好地为"二次创业、富民强省"战略实施、积极稳妥地推进城镇化服务而奋斗。

切实转变政府职能，依法实施规划管理 [①]

1 《城乡规划法》的特点

（1）突出城乡规划的公共政策属性。《城乡规划法》明确提出立法宗旨为：为了加强城乡规划管理，协调城乡空间布局，改善人居环境，促进城乡经济社会全面、协调、可持续发展。从内容上看，强调公众利益，保证公平、公正；重视资源节约、环境保护、文化与自然遗产保护；强调公共财政优先安排基础设施、公共设施项目；强调城乡规划制定、实施全过程的公众参与程序。

（2）强调城乡规划的法律地位和权威性。《城乡规划法》强调："任何单位和个人都应当遵守依法批准并公布的城乡规划，服从规划管理。"这就从法律上明确，城乡规划是引导和调控城乡建设与发展的依据，是具有法定地位的发展蓝图。同时，确立先规划后建设的原则，明确建设活动必须遵守《城乡规划法》的要求；明确规划的强制性内容；突出近期建设规划的地位。

（3）严格城乡规划修改程序。在规划编制的组织上，从强调单一的政府部门职责到公众参与、多部门参加作为法定程序；《城乡规划法》新增加了"城乡规划的修改"章节，对修改城市总体规划、镇总体规划及修改详细规划等都做出了详细规定。

（4）完善城乡规划行政许可制度。《城乡规划法》针对土地有偿使用制度和投资体制改革，进一步完善了规划的实施管理制度，规定了各项城乡规划的行政许可程序和要求。特别是新确立了对乡和村庄进行建设的许可程序。

（5）对行政权力的监督制约。《城乡规划法》新增加了"监督检查"章节和内容，明确了上级行政部门的监督、人民代表大会的监督以及全社会的公众监督，特别是加强了人民代表大会的监督作用。从注重对行政权力和管理手段的维护，向对政府部门实施监督制约和对地方政府的违法行为纠正转变。

---

① 原载于《城市规划》2008 年第 1 期。

（6）强化法律责任追究。《城乡规划法》除了规定追究违法建设行为的责任外，还突出强调追究政府和行政人员的责任，追究城乡规划编制单位的责任。加大了对违法行为处罚的力度，特别是授予政府及部门强制拆除权。

2 在贯彻《城乡规划法》过程中，城乡规划主管部门应转变思路

在规划理念上，城乡规划要由技术管理走向公共政策，要发挥规划在优化城乡空间资源配置，确保公共空间、公共利益、公共安全，提供公共产品、公共服务，创造和谐的生活空间和宜人环境等方面的重要作用，维护社会的公正、公平和稳定，体现执政为民；在规划指导思想上，坚持"以人为本"，更多地体现对人、自然和历史文化的尊重，把满足人的合理需求、人的自由流动、人的多样性的选择作为重点，为实现人的全面发展创造条件；在规划视野上，要城乡统筹、城乡一体，统筹城市区域化和区域城市化进程；在规划内容上，由以城市建设为主要内容的物质空间规划向体现经济又好又快发展、社会和谐和生态文明综合性规划转变；在规划审美观上，由空间形式美向生态和谐美转变；在规划管理重点上，把从对具体建设项目的微观管理向着眼于对城市整体发展的宏观调控转变，实现对资源和环境的保护与合理利用；在规划管理方式上，从以行政管理手段为主向经济手段和法律手段、行政手段有机结合的方向转变，逐步实现规划管理的法制化、科学化、民主化。

3 在贯彻《城乡规划法》过程中应处理好的关系

（1）处理好维护公共利益与保护私人权益的关系。城乡规划作为一项公共政策首先要保护公众利益与社会公平。由于经济成分和利益的多样化，规划行政行为会对利害关系人的利益构成影响，还应平等保护私人的合法权益。因此，应通过规划编制和实施有效配置公共资源，协调好各种利益关系。

（2）处理好法律施行的刚性与规划编制的弹性关系。《城乡规划法》要求规划一经批准，不得随意更改，要刚性地执行。但在市场经济条件下，特别是投资主体多元化的条件下，规划不可能是"一成不变的蓝图"。因此，相应调整规划

的编制办法和深度要求，增强规划的弹性和适应性，特别是要强调用地上的兼容性，应不断研究和解决城市发展中存在的问题，实现规划的动态调控。

（3）处理好《城乡规划法》与地方性法规的关系。城乡规划管理工作是一项复杂的系统工程，《城乡规划法》不可能对各环节都做出详尽的规定。因此，应在不违背上位法的前提下，充分考虑各地的实际情况，制定或修订地方性法规、管理办法和技术规定。

（4）处理好《城乡规划法》《行政许可法》《物权法》之间的关系。上述法律有的是实体法，有的是程序法，它们既是规划工作依据，也同时对规划行为产生约束。在具体环节上，不同法律的侧重和要义又有所不同。因此，要熟悉掌握上述法律的精髓，同时要灵活运用。

（5）处理好城与乡的关系。《城乡规划法》在法律层面打破了城乡二元分治体制，实现了城乡统筹。但在规划实施上，还应面对城市与乡村在经济发展、规划基础、机构人员配备上差异的实际，因地制宜，采取切实可行的措施和办法，避免"一刀切"。

（6）处理好依法管理与服务的关系。《城乡规划法》进一步突出了规划的法律地位和严肃性，强调了程序、监督和责任追究，但规划工作的宗旨是为促进又好又快发展服务的。因此，要提高规划工作水平和艺术，处理好矛盾，协调好两者的关系。

4　在贯彻《城乡规划法》过程中，当前应做好的工作

（1）做好《城乡规划法》的学习贯彻工作。规划工作人员要深入学习宣传《城乡规划法》，领会其内容实质。哈尔滨规划局在人手一本《城乡规划法释义》基础上，还编辑了《城乡规划法一百问》宣传册，邀请国内专家做《城乡规划法》辅导讲座。同时结合本地实际，制定切实可行的实施措施，把法律的施行与具体工作衔接好。

（2）推动城乡规划管理体制机制的改革创新。适应《城乡规划法》的新要求，要进一步加强规划宏观调控和实施监督管理，弱化具体项目审批，使城乡规划管理模式从重视中间规划许可环节的"橄榄型"，向以注重规划的制定和规划实施监督环节的"哑铃型"转化。建立、完善、充实各级城乡规划机构，增加规划资

金投入，加强规划管理队伍的建设。

（3）规划工作重点由以城市为中心，向城乡统筹、城乡一体化转变。坚持以城带乡，在注重城市规划、镇规划的同时，更加注重乡、村庄规划，抓紧完成哈尔滨市村镇体系规划。以规划为依据，对郊区、都市圈和市域三个圈层实行分区、分类指导，实行产业聚集、土地集约、人口集居和居住区、工业区、养殖区、种植区、生态敏感区相对分离的规划管制政策，调整优化城乡生产、生活、生态空间布局。

（4）建立规划决策的科学化和民主化机制。进一步发挥城市规划委员会的决策功能和作用；制定城乡规划工作向人大汇报、向公众公示的具体办法和程序，积极建立固定和流动的规划展示、公示平台，进一步完善城乡规划公众参与的有关内容和方法，增加公众参加方式，拓宽参与途径与范围，实现科学决策、民主决策和"阳光规划"。

（5）维护规划的权威性、严肃性。建立"先规划，后建设"的实施机制。一方面，要依法按规划进行审批，不得随意调整规划。另一方面，要切实维护规划的严肃性。规划一经确立，就具有法律效力，就要强制性地约束建设和管理行为。

（6）建立、完善城乡规划实施监督检查机制。对规划实施全程跟踪监督管理，推行规划部门牵头的部门联合执法工作，运用数字监察等信息化手段，强化执法监察工作。落实上级行政部门的监督、人民代表大会的监督以及全社会的公众监督的途径和具体措施，完善规划的社会监督网络，建立规划部门内部责任体系。

积极推进城市规划决策民主化 [①]

政务公开制度，对于转变政府职能，改善行政运行机制，服务人民群众，推动依法行政，促进规划管理工作公开化、制度化、规范化，具有十分重要的意义。为适应不断发展变化的新形势、新要求、新任务，哈尔滨市城市规划局在总结以往工作实践的基础上，多次到山东、上海等地学习借鉴政务公开经验，结合贯彻国务院 13 号文件精神及建设部关于推行"阳光规划"的要求，针对哈尔滨市城市规划工作实际，在政务公开实践中进行了积极探索，取得了初步成效。

一、主要做法

在推进政务公开的实践中，我们认识到，实行政务公开是实践"三个代表"重要思想、坚持全心全意为人民服务的基础，是与时俱进、不断研究新情况、寻找新突破的动力，是推进行政执法规范化、制度化、法制化的有效途径，是促进党风廉政建设的保证，是妥善处理建设项目与群众利益的关系、纠正规划设计中失误的重要措施，是实现集思广益，提高规划的科学性、系统性、前瞻性和权威性的有效途径。

（一）实施"三个公开"

一是城市规划编制公开。2002 年以来，哈尔滨市城市规划局对重大规划编制实行了全过程公开。在组织编制城市总体规划、分区规划、控制性详细规划、近期建设规划和专项规划等 328 个规划项目中，都在不同范围内实行了公开。哈尔滨市委提出建设生态型园林城市的总体目标之后，规划局组织编制的生态型园林城市绿地系统专项规划，从规划草案的提出到最后形成成果，共召开 8 次座谈会，分别向市人大、市政协、市有关部门和省内外专家学者广泛征求了意见，使规划方案实现了先进性和可行性的统一。哈尔滨火车站广场改造规划、松花江南岸样

---

① 原载于《城市规划决策民主化研讨会论文集》。作者：俞滨洋、刘伟。

板段规划方案等专项规划，市规划局都通过新闻媒体、规划网站、现场咨询等方式广泛征求意见和建议。中央大街提档升级规划方案完成后，市规划局组织专家对方案进行了论证，并广泛征集市民的建议，综合公众的意见和建议，对规划方案进行了反复修改、补充和完善。

二是城市规划审批公开。为了增加城市规划审批工作透明度，哈尔滨市城市规划局公开了办事程序、办理时限和规划标准，为建设单位提供了方便。为使规划审批更加科学合理，市规划局积极改进规划审批方式，在坚持局务会集体讨论的基础上，增加了处务会讨论环节，使一部分用地规划项目从受理开始就做到公开透明。对部分重大项目如对常青大厦二期、中医药大学附属二院、恒达综合大厦、乐松小区等28项工程实行了批前公示。市规划局完善了规划管理自动化信息系统，在大厅设立了触摸屏，建设单位可以随时查询项目办理进展情况。对于旧城区现状建筑密度较大地段的高层建筑、多层建筑项目，在批准前召开周边居民听证会，充分听取他们的意见，既保证了各项建设的顺利进行，又使周边空间环境得到了改善。2003年以来，市规划局在原有工作基础上，通过调整和理顺机关处室职能，将审批模式由"串联式"改为"并联式"，即将原来分区进行规划和建筑审批管理的条块式的规划审批管理模式，改变为现在的规划、建审职能分开设置的规划审批管理模式。项目报建后从选址开始，各业务处室同时介入，平行开展业务，使审批工作更加科学合理，缩短了审批周期，提高了工作效率。市规划局多次组织召开有人大代表、政协委员、建设单位、设计单位参加的，减少审批环节、提高工作效率的座谈会，倾听和采纳社会各界对规划编制、审批和批后管理工作的意见与建议。

三是城市规划批后管理公开。为了便于群众了解已批准建设项目规划方案，监督建设单位依法进行建设，市规划局在试行的基础上，继续推行《哈尔滨市城市规划局批后公示制度》。规定在建设工程施工现场悬挂"建设工程规划公示牌"，向社会公示具体建设项目的开发建设单位名称、项目名称、总平面图、绿地率、公共配套设施等重要技术指标及监督电话，接受群众和社会监督。2003年以来，市规划局对与周围有临界关系的报建工程一律实行批后公示，现场公示3天，专人跟踪问效，对群众无异议的项目才能办理开工手续。2004年，对万达商业广场、哈尔滨发电厂厂房、海关办公楼、市直机关住宅小区、圣达购物广场等工程都实行了批后公示。特别是在今年道外区北十四道街、礼化小区等危棚房改造工程中，批后公示取得了良好实效。

（二）抓住"四个要点"

一是加强城市规划宣传工作。紧紧围绕《中华人民共和国城市规划法》，通过多种形式、多种途径进行广泛的宣传和教育，普及城市规划基础知识，不断提高公众素质；宣传城市规划成果，让公众充分了解城市规划，进而参与并监督城市规划。

2002 年组织纪念《中华人民共和国城市规划法》实施 12 周年活动，联合开展了"我为家乡哈尔滨市规划献一策"人民建议有奖定向征集活动。2003 年组织纪念《中华人民共和国城市规划法》实施 13 周年暨城市规划展开幕活动，还组织了"人人关心城市规划"人民建议征集活动、"家乡未来更美好"征文活动。2004 年组织纪念《城市规划法》实施 14 周年活动，举办了主会场宣传咨询活动，在报纸上刊发宣传专版，在"规划公园"网站上开展"城市规划有关问题问卷调查活动"，联合组织以宣传"美好家园"为主题内容的摄影比赛、举办城市规划人民建议征集活动、开展评选"十佳建筑"和"十佳规划方案"活动。

二是完善城市规划公示制度。除了实施"十公开一监督"制度，进一步扩大公示范围，进一步创新公示形式，进一步增加公示内容，实现更加全面的城市规划公示制度。

2004 年 1 月，哈尔滨市规划局通过"环境与行风热线"与听众直播对话沟通，现场解答听众的咨询和投诉，共涉及办理建房手续、占道、群众如厕、建筑挡光、生活用水、安全隐患等 10 个方面的问题。现场解答了 15 个问题，直播后又给予了详细答复。当天出动 37 人次进行了现场踏查和处理。

2004 年 4 月，市规划局做客市政府门户网站"中国·哈尔滨"，与市民对话直播，现场解答网民的咨询、提问。市民共提出各类问题 63 个，内容涉及城市规划、城市绿化、名城保护、基础设施规划、老工业基地改造等多个方面。当场回答了 29 个问题，其余问题随后在市规划局"规划公园"网站上分别给予认真答复。

针对现阶段信访已成为人民群众表达意愿、参政议政、实施民主监督最常用的形式，市规划局通过一把手领导接待信访制度、领导班子成员信访室值班制度、重大问题排查制度、业务处室处长随时接待制度及信访值班电话制度等，全面落实信访工作。对不属于市规划局业务范围内的信访问题，市规划局组织召开协调会议，与相关部门一同解决问题。2004 年截至 5 月末，市规划局已接待上访群众 196 批（次），980 余人（次）。

三是强化"规划公园"网站和城市规划展的载体功能。

一方面以建设互联网站作为政务公开的主要载体，突破传统方式的时空局限。加强全员重视，加强网络建设，强化网络管理，通过网站建设增加城市规划工作的科技含量，更方便、更快捷、更有效地实现政务公开和社会监督，增强政府规划部门与广大群众之间的沟通和联系。

市规划局"规划公园"网站于 2002 年 6 月 6 日建成开通，同年 8 月 8 日又开通了网站英文版，于 2003 年 8 月 8 日完成网站的改版升级。新版网站既保持政府信息网站的严肃性、权威性，又有规划专业网站的学术性，同时强化科普性、知识性、趣味性、参与性。新版网站精心设置了信息快递、政务公开、法制园地、规划成果、规划研究、生活导航 6 个公共栏目，32 个子栏目，以及政务综合、规划编制、绿色家园、建设工程规划管理、基础设施建设、村镇规划管理、名城保护、城市设计、测绘管理、法规监察、党建工作、反腐倡廉、规划监察等专栏，同时设置了局长信箱、规划视频、虚拟现实、电子地图、"我为规划献一策"、留言板、网上调查、举报中心、回音壁、搜索引擎、邮件系统等特色互动栏目，并与局属两院网站相互链接。共设计页面超过 1000 页，引用图片超过 1000 幅，播发文字超过 100 万字。在首届哈尔滨市人民政府网站评比活动中获政府网站评比唯一的一等奖。在第二届哈尔滨市人民政府公众信息网最佳网站评选活动中，再次获得一等奖。在黑龙江省政务系统第二届电子政务应用软件、网络集成及网站建设测评会上，获得网站建设先进单位（二等奖）、应用软件开发先进单位（优秀奖）。

"规划公园"网站自建立以来，登录访问人数已突破 78000 人（次），访问者包括公务员、专家学者、工人、农民、军人、学生、境外留学生等不同层面，收到意见和建议超过 600 条。网站可以让哈尔滨市民及时了解城市的规划动态，积极参与城市规划，成为市民对城市规划发表意见和建议的园地。"规划公园"网站也成为政务公开的主要载体之一，在网上推行了"十公开一监督"制度，同时，还对重点规划项目实行了网上公示；建设单位可以尽快掌握招标信息、审批信息，又可在网上下载项目申报表，进行网站报件，提高了办事效率；同时，网站还可使规划同行突破时空局限，进行学术交流。

另一方面，以永久性固定城市规划展馆作为政务公开的又一载体，强化传统方式的基础地位。开辟永久性的城市规划展览，在固定场所把城市各级规划成果的文本、图幅和模型向社会公众公开展示，为人民群众了解城市规划、参与规划管理提供形象化和系统化的参考依据。

2003年4月哈尔滨市城市规划局在市少年宫举办了城市规划展，共设3大展区、14类、200余个项目，从宏观、中观、微观不同层次较全面地展示了2020年城市总体规划的阶段性成果。展厅分为城市空间战略规划、区域城镇体系规划、小城镇总体规划、城市总体规划、专项规划、分区规划、详细规划、生态园林规划、重点项目规划、数字哈尔滨框架、城市规划网站等，用图片、文字、多媒体、沙盘、模型等多种形式形象地展示了哈尔滨未来的城市景观。

城市规划展自开展以来，已有部、省、市领导及有关委办局、社会各界群众、国内外专家和兄弟城市同行三万多人视察、参观，部分群众留言提出宝贵意见和建议，对宣传城市规划工作、广泛吸纳社会各界意见、吸引市民关心参与城市规划工作都起到了十分积极的作用。

四是以规划委员会为突破口，积极推进城市规划决策民主化。成立城市规划委员会是推进城市规划管理体制改革、建立科学民主的城市规划决策机制的一次大胆尝试，城市规划委员会的启动将更有利于规划决策的有效实施。

2004年3月22日召开了哈尔滨市城市规划委员会第一次全体会议。市计委、市建设局、市城市规划局、市经贸委、市国土资源局、市财政局、市房产住宅局、市城市管理局、市文化局、市环保局、市旅游局、市交通局、市水务局、市公安局、市卫生局、市人防办、市人口和计生委、市纪检委、哈尔滨铁路局，以及省建设厅、省国土资源厅、省军区、省武警总队、省航务局、空军第一飞行学院25个成员单位参加会议。会议原则通过了哈尔滨城市规划委员会工作规则、2004年城市规划工作要点和设立五个专家委员会的意见。

（三）实现"六个结合"

一是学习经验与自身创新相结合。市规划局多次派出考察组，分赴上海、青岛、深圳等地规划部门学习政务公开的先进经验，对照自身的工作实际找差距，结合实际将青岛"六公开一监督"的经验拓展为"十公开一监督"，即城市规划批前公开、城市规划批后公开、近期和年度规划项目公开、建设项目批前公开、建设项目批后公开、重大建设项目设计方案招标公开、规划守法典型公开、城市规划违法查处公开、行政管理公开、处务会和局长办公会两级公开会审、拓展城市规划社会监督网络。

二是将传统方式与现代科技手段相结合。公开方式除了采用召开征求意见座谈会、听证会和新闻媒体发布、设置公示牌等传统形式，还建设了计算机网站，开通了"规划公园"互联网站。以网站为主要载体运用科技手段进行政务公开工作，充分发挥其快捷、覆盖面广的优势，及时将领导重视、社会关注、群众关心的热点项目在网上进行公开，广泛征求意见。以"规划公园"网站为手段的现代科技与传统做法的有机结合，互为补充，收到了良好效果。

三是专家论证与群众参与相结合。2002年市规划局组织召开了"哈尔滨城市战略规划国际研讨会"和"全市城市规划与经营城市研讨会"，广泛吸纳国内外专家的先进规划理念，丰富完善了规划方案，提高了规划水平。在中央大街提档升级规划方案设计中，市规划局邀请了俄罗斯海参崴理工大学建筑学院三名专家参与中央大街部分建筑立面改造工作。道外区靖宇公园标志性雕塑杨靖宇烈士铜雕重建方案经国家、省、市雕塑专家3次16个方案的比较论证，最终形成了终审方案。在分区规划和控制性详细规划编制中，召开了各区党政负责人、各有关部门、驻区各单位和街道办事处主任参加的座谈会二十余次，集思广益，使每一个规划方案都得到了补充和完善。新阳路龙凤大厦建设工程、南马地区改造等项目，由于在日照间距方面与周围居民关系较大，市规划局在审批之前先召开了相关居民参加的听证会，广泛听取各方面意见，既保证了建设项目的顺利进行，又维护了人民群众的切身利益。

四是普遍公开与定向公开相结合。在公开的范围上，市规划局把政务公开制度、AB工作制、首问负责制、工作人员廉洁自律规定等内容，通过新闻媒体进行宣传，同时编印成《政务公开手册》，随时向建设单位发放。市规划局还在《城市规划法》《测绘法》颁布实施纪念日举行大型宣传活动，举办宣传图片展、规划设计方案意见征集和法规咨询等活动，提高了广大市民对城市规划龙头作用的认识。编辑发行了《21世纪哈尔滨城市规划对策研究》《哈尔滨21世纪城市规划设计作品集》等书籍，为社会各界参与城市规划管理提供了参考。2003年4月市规划局在市少年宫举办了城市规划展，全面展示了2020年城市总体规划的阶段性成果，同时通过"规划公园"网站举办"网上规划展"。在咨询答复、信访案件处理等工作中做好政务公开工作。在信访接待中，把相关审批手续和图纸向群众公开，并进行解释。群众对市规划局的咨询回复、跟踪服务及信访工作比较满意。

五是展览成果与征集民意相结合。在规划成果展览方面，市规划局在松花江南岸风景线样板段实验性改造工程规划建设中，将5种设计方案制作成模型进行公示，收到电话、信件等形式反馈的建议近80条。市规划局将火车站站前广场规划改造的4个方案制作成模型，在索菲亚教堂广场进行展览，征求社会各界的意见。2003年6月，在索菲亚教堂广场综合整治二期工程规划设计方案征集中，市规划局将专家论证后的优秀方案制作成沙盘模型，向市委、市政府做了专题汇报，获得了领导的肯定。市规划局组织了"哈尔滨城市战略规划公众咨询有奖问答"活动，通过公众咨询，在城市建设发展方向、生态型园林城市和太阳岛风景区规划建设等近20个方面征集了许多有益的建议。市规划局还举办了"我为家乡百年老街献一策"群众意见征集活动，共收到居民建议474条。市规划局组织了"人人关心城市规划"人民建议征集活动，举办了"家乡未来更美好"征文活动，都收到了很好的效果。

六是社会监督与内部制约相结合。采取两种监督方式。对外建立监督网络。在过去聘请100名义务监督员的基础上，又扩大范围聘请了300多人，包括部分人大代表、政协委员、规划专家、新闻记者等。市规划局定期向监督员通报情况，听取意见和建议。2003年3月与2004年3月，分别组织召开了贯彻落实《城市规划法》先进单位表彰大会，将典型违法建设单位在会上进行通报，树立正面典型，打击反面典型。对内完善了首问负责制，实行了《工作人员AB制工作细则》等8项制度，还试行了"服务跟踪卡"制度。凡进入市规划局的所有报件均配以"服务跟踪卡"，对报件审批进行全过程服务跟踪。在局机关局域网内实行"电子监控箱"制度，对审批过程进行电子监督。

二、保证措施

为扎实有效地做好政务公开工作，市规划局从实际出发，采取了四项保证措施。

一是增加内部管理工作透明度。在机关机构设置、干部任免、人员调入，以及规划编制、基础测绘、重大政府采购项目的资金使用等事项上，一律实行班子集体讨论，按有关规定公开运作，接受监督。除保密内容外，将规划行政管理职能、制度、审批程序、审批时限等内容，通过新闻媒体、"规划公园"网站等方式向社会公示。在局内实行"六项制度"，即首问责任制、服务承诺制、限时办结制、失职追究制、否定报备制、无偿代办制，并定期在局机关内公布运行情况。2003年8月，市规划局从应届本科毕业生中招收国家公务员，在面试等程序中，请市委组织部、市纪检委、市人事局组成的巡视组进行视察，市纪检委全程监督面试过程，面试成绩当场对每位考生公布，同时在"规划公园"网站上公布。

二是增加法制建设工作透明度。对 2002 年起草的《哈尔滨市城镇规划管理办法（草案）》《哈尔滨市城乡接合部规划管理办法（草案）》等规章，召开人大代表、政协委员和专家座谈会征求意见，并通过网站向全社会公示，征集各方面意见，不断加以完善。在原有工作基础上，不断总结经验，拓宽征求意见范围，加大立法工作透明度。就 2003 年起草的《哈尔滨市建筑日照间距管理办法》《哈尔滨城市绿线管理办法》《哈尔滨市保护建筑和保护街区图则》《哈尔滨市城市雕塑规划建设管理办法》等规章征求了各有关部门和单位的意见，同时延长了网上征求意见的时间。

三是增加规划执法监察透明度。在工作中，对人民群众来信、来访举报的违法建设案件，实行"四公开"，即通过举行听证会等方式，实行案件调查公开、事实认定公开、适用法律条款公开、处理结果公开。对城市规划违法案件下达处罚决定后，向社会公示违法项目名称、建设单位、违法事实、查处依据等，公示期不少于 30 日。《黑龙江省城市规划监察规定》实施后，市规划局及时调整补充相应规章制度，结合工作实际制定了《关于加强规划监察工作的规定》。为方便群众，编写了《规划监察办事指南》等，主动接受群众监督。

四是主动接受各方面监督。市规划局及时向市委、市政府、市人大、市政协请示，汇报工作，主动接受外部监督。及时将《哈尔滨市城市总体规划（2001—2020 年）》分别向市委、市政府、市人大、市政协汇报，得到了四大班子的充分肯定。2003 年 6 月，市四大班子主要领导一同到市规划局专门听取中央大街和索菲亚教堂广场改造二期工程规划情况汇报，并做了重要指示。定期召开座谈会征求意见和建议，接受人大代表、政协委员监督。积极与新闻媒体建立联系，认真受理人民群众来信、来访，主动接受舆论和群众监督。在主动接受外部监督的同时，通过广泛开展"为经济建设服务、树行业新风""双先双差""政务公开自检自查"等活动检查效果，促进政务公开工作不断深入。

近年来，市规划局在推行政务公开、民主决策方面进行了积极探索，取得了一些成效，但与人民群众的期望、与先进城市的成绩相比，尚有一定差距。今后，哈尔滨市城市规划局将不断学习先进经验，并结合自身工作实际，进一步做好政务公开工作，不断拓宽政务公开的领域，积极探索，大胆创新，努力实践，逐步深化，使城市规划决策走向民主化。

实现现代城市规划的跨越式发展 ①

刚刚闭幕的黑龙江省九次党代会以"构筑五大优势、实现六个突破"为主旋律，以开创"二次创业，富民强省"新突破的新局面为主旨，描绘了我省今后 5 年经济和社会发展的宏伟蓝图，体现了解放思想、实事求是、与时俱进、开拓创新的精神。围绕着全面落实省党代会精神，把哈尔滨建成全省 21 世纪经济社会发展的"龙头"和"窗口"，市委书记杨永茂在全市党政干部大会上，对哈尔滨市的城市规划工作提出了新的目标和更高要求，使我们备受鼓舞，为之振奋，同时也深感责任重大，任重道远。面对新形势、新任务和新挑战，我们只有在新一轮思想解放中不断更新观念，树立全新的城市规划理念，坚持与时俱进，开拓创新，才能向市委、市政府和全市人民交上一份满意的答卷，才能无愧于时代赋予我们这一代城市规划工作者的使命，才能实现我市城市规划事业的跨越式发展。

一、树立全新理念，不断拓宽提高城市规划水平的新思路

城市规划是城市建设的"龙头"，是城市可持续发展的"先行官"。城市规划工作要坚持与时俱进、跟上时代步伐，必须打破陈旧的、传统的思维定式，正确认识、理解、把握城市规划的现代理念和适度超前意识，实现观念上的根本转变。一是从规划指导思想上，要把优化先进生产力增长载体空间、优化先进文化发展载体空间、代表最广大人民根本利益作为城市规划工作的根本任务。二是从规划理念上，树立以人与自然和谐共生的城市规划新理念，指导以物质规划为主向社会规划为主转变，创造一个可持续发展的人居环境和为经营城市服务的社会环境。三是从规划标准上，既要坚持国家标准，尤其是强制性标准，同时还要借鉴既符合地域实际又与国际接轨的标准和惯例。四是从规划视野上，必须打破就城市论城市、就局部论局部、就现状论现状的被动局面。在全球化视野下，用系统论等

---

① 原载于《学理论》2002 年第 8 期。

复杂科学思维、系统工程理论来通盘谋划城市—区域协同发展，用战略思维和世界眼光来审视、谋划每一个规划项目。五是从审美观上，要将现代空间形式美和景观生态美相融合，多选用具有北方民族特色、具有地域文化特点的符号和图案，将具有地方特色诸多建议要素进行优化组合，创造出越来越多的更新、更美的图景。六是从规划实施管理上，要着重解决应对加入 WTO 在规划管理上的空位、错位和越位问题，从现行的以行政手段为主向经营城市的方向转变，将法律手段、行政手段和社会手段有机结合、通盘使用，积极培育和鼓励符合城市可持续发展的重大工程项目，深入细致地研究经营城市规划的调控方法，营造良好的规划实施环境，树立 21 世纪可持续发展的典范。

二、强化服务意识，在经营城市中努力打造规划精品

发展规划在城市建设中的"龙头"作用，必须全过程地服务于城市建设各环节，做到"既要把好关又要服好务"。能否在 21 世纪出具有时代特征的佳作、精品，绝不是某个环节的问题，而是规划、设计、建设、更新、管理等各环节都需要将"规划"寓于跟踪服务之中，在各环节服务中不断增加各种知识含量的全过程的整体问题，如科技含量、文化含量、美学含量、市场经济含量和绿色含量等。只有不断增加各种知识含量，才能在规划作品中体现出较高的价值含量，才能为城市可持续发展不断出佳作、出精品服务。总结回顾我市城市规划建设以往的经验和教训，通过大量建设，虽然在改善人均居住条件上取得了巨大成绩，但是许多该留的公共空间没有留足，需要辟建的绿地、高级第三产业等空间都无法实现。哈尔滨市作为全省政治、经济、文化中心，每年有数百万平方米甚至上千万平方米的建设量，这就迫切需要科学的、前瞻性的城市规划，确保城市空间资源的优化配置，为经营城市和促进城市可持续发展进行有效调控。为此，要努力推出一大批一流的规划作品，建设一支一流的规划干部队伍，达到一流的规划管理水平，创造一流的综合效益和整体效益。只有这样，我们才能为人民群众创造一个良好的可持续发展的人居环境和良好的招商引资环境，以此促进哈尔滨社会和经济建设的发展。

三、坚持创新发展，在规划实践中取得新突破

一是在城市规划编制上实现新突破。对哈尔滨未来发展的战略在更长的时间和更广的空间尺度下做进一步谋划，科学确定城市发展的目标定位，充分发挥城市作为经济发展的增长点和经济建设载体的功能作用。规划工作重点由以项目审批为主向规划编制为主要依据的动态调控转变，完成哈尔滨都市圈规划、城市总体规划，尤其是近期建设规划、重要地段控制性详细规划、松花江南岸风景区规划，积极配合申办冬奥会、国际会展体育中心、"十路四桥"、城市综合整治环境等重点建设，搞好规划跟踪服务。同时，加大力度、加快速度编制好专项规划、分区规划和详细规划，在对接 WTO 过程中，建立充分体现前瞻性、科学性、权威性、覆盖全市的规划体系，为经营城市提供系统完整的科学依据。

二是在城市规划管理上实现新突破。要在理顺规划管理体制上有新突破。按照国务院的要求，加强对各类开发区、风景区的规划管理，形成全方位、多层次、集中统一的规划管理体制。推行"法定图则"，提高规划审批工作的公开性、客观性和规范性，形成强制性与指导性相结合的规划管理新机制。按照加入 WTO 与国际规则接轨的新要求，规划设计和规划实施实行市场化运作，逐步放开规划设计市场，引进竞争机制，面向国内外公开招标。全方位地提高规划实施水平。坚持对违法建筑"以拆为主"的方针，严肃查处违法建设工程，严厉打击破坏规划的违法行为。在提高规划决策的科学化、民主化上有新突破。在充分发挥规划监察专业队伍作用的同时，建立规划建设项目公示制（公开展览、公开评选）、听证制，广泛征集人民建议，经常征求义务监督员意见，不断提高公众参与力度和遵守条例的自觉性。主动接受市人大、新闻媒体、社会各界、人民群众的监督，逐步形成依靠全社会力量监督建设项目实施的机制，确保建设项目依法实施。

三是在城市规划法制建设上实现新突破。目前我市已初步形成了城乡规划管理法制体系的框架，出台了《城市规划管理条例》《中小学用地保护条例》《保护建筑和保护街区条例》等地方法规和规章。在对接加入 WTO、加快规划法制建设的进程中，尽快建立健全城乡规划管理法制体系，逐步形成完整配套的城市规划管理法制体系和执法监督体系，保证各项建设健康、协调、有序进行。

　　四是在加强规划队伍自身建设、转变工作作风上实现新突破。建立有效的监督制约机制，形成秉公办事、依法行政、优质服务、清正廉洁的工作作风。牢固树立中心意识、大局意识和公仆意识，进一步实行首问责任制、公示制、承诺制、政务公开、建设项目审批时限等一系列制度，不断改进作风，简化审批程序，提高办事效率，实实在在地为人民群众办好事，为扩大招商引资办实事，树立良好的城市规划队伍形象。

　　五是在打造哈尔滨 21 世纪新品牌上实现新突破。打造城市新品牌就像创造名牌产品那样，是提高城市知名度、塑造城市形象、最终实现城市各项资产升值的重要手段。哈尔滨在历史上曾有过许多美誉、品牌和标志，在工业上有"动力之乡""哈飞""哈药""哈啤"等，在经贸上有与广交会齐名的"哈洽会"，在文化上有"哈尔滨之夏音乐会""哈尔滨国际冰雪节""哈尔滨冰灯、冰雕""哈尔滨冰雪大世界"等，在自然风光上有"松花江""太阳岛""丁香城""榆都"等，在城市建筑风貌特色上有中央大街、索菲亚教堂、"东方莫斯科""东方小巴黎"等，在国内外都具有较高的知名度。进入 21 世纪，这些自然、历史、文化积淀的资源亟待重新整合。我们要把资源优势转化为经济优势，把无形资产转化为有形资产，为城市的可持续发展服务。

哈尔滨市城市规划工作探索与实践 [1]

"十五"期间，迈进 21 世纪的哈尔滨市和全国一样，经济快速发展，城镇化进程加速，城市面貌日新月异，城市经历了前所未有的发展变化。特别是国家实施振兴东北老工业基地的战略和加大对粮食主产区的扶持等政策，沿边开放以及对俄经贸合作的推进，使处于经济转轨时期的哈尔滨获得了更为有利的发展条件。同时，处于体制转轨时期的城市规划工作面临市场经济带来的巨大冲击，在城市加快发展的急迫需求下，问题和矛盾交织，挑战和机遇并存。哈尔滨的城市规划工作者一定要在变革之中不断探索寻求创新之路。

1 实践篇

"十五"期间，在省、市领导的关心、重视和支持下，哈尔滨市城市规划工作以"三个代表"重要思想为指针，认真贯彻国务院《关于加强城乡规划监督管理的通知》（国发〔2002〕13 号）精神，围绕市委、市政府中心工作，以推出一流的规划作品、建设一流的干部队伍、达到一流的规划管理水平、创造一流的综合效益和整体效益为目标，努力实现规划工作由过去计划经济条件下的服务方式，向适应市场经济条件下的服务方式转变，由相对粗放式管理向集约化管理方向转变，实施"科技兴规、服务兴局"的战略，创造性地开展工作，全面提高城市规划工作水平，在规划编制、实施管理、法制建设、科技进步等方面都实现了新的突破，为哈尔滨实现全面建成小康社会目标作出了积极贡献。

1.1 基本形成了完整的城乡规划成果体系

"十五"期间，在省市党委、政府的关怀和支持下，我市城市规划编制工作取得了突出成果。5 年间，省、市政府投入规划编制经费 1.1 亿元，组织编制完成了《哈尔滨市城市总体规划（2004—2020 年）》、各区分区规划；完成了控制性

---

① 原载于《城市规划》2006 年第 12 期。作者：俞滨洋、陈烨。

详细规划 42 片 144km²，覆盖率达到 68.2%，城区可开发建设区域控制性详细规划覆盖率已超过 90%；完成了《哈尔滨生态型园林城市绿地系统规划》等专项规划 109 项；总计完成各层级规划编制成果 600 余项，其工作量相当于"九五"期间总量的 4 倍，基本建立了宏观中观微观相结合、覆盖城乡且具有现代理念、前瞻意识和科学性的城乡规划编制体系，为经济发展和城市建设提供了有力保障。在规划编制上主要做到"六个结合"。

一是坚持宏观、中观、微观规划相结合。把国家、省的战略与哈尔滨的城市发展有机结合。在宏观方面，完成了哈尔滨大都市圈城镇体系规划（8.4 万 km² 范围）、哈尔滨市都市圈总体规划（3.2 万 km² 范围）、新一轮《哈尔滨市城市总体规划（2004—2020 年）》编制工作；在中观方面，完成了松北区总体规划、江湾分区规划、群力新区总体规划、开发区空间拓展规划和 7 个区分区规划，完成了生态园林城绿地系统规划、沿松花江风景长廊规划，以及太阳岛、天恒山、长岭湖、太平湖、阿什湖风景区规划，完成了城市综合交通规划、工业企业搬迁规划、城市空间招商专项规划、城市地下空间利用规划、高层建筑布局规划、城市雕塑布局总体规划、城区户外广告设置规划、哈尔滨市保护建筑保护街区规划、城市防灾防疫专项规划、铁路沿线等环境综合整治规划 80 多项；在微观方面，组织编制完成了住宅、工业、公建项目，及水、电、热、燃气、通信各类工程建设专项规划 1364 项，完成了中央大街、沿江、机场迎宾路、会展中心周边、清真寺周边、博物馆广场周边等重点地段详细规划和城市设计。

二是长远战略规划与近期建设规划相结合。在国内城市中首批组织编制了城市战略规划，与美国规划师协会前主席萨姆·卡塞拉先生合作完成基于知识经济时代的《哈尔滨城市远景规划（2004—2050 年）》。按照建设部的要求，编制了近期建设规划（2006—2010 年），对 5 年内城市建设重点项目进行了统筹安排；在规划编制中，注重处理好近期建设规划与长远规划的关系。近期规划在满足当前建设实际需要的同时，服从城市长远发展的利益、服从整体规划的战略意图。长远规划在坚持高标准和可持续发展的同时，又兼顾现阶段建设的实际和可实施性。

三是中心城区与郊区、外围市县相结合。按照区域协调、城乡一体的原则，既注重哈尔滨中心城区，也把郊区和外围县（市）作为有机组成部分。组织编制完成了哈尔滨郊区规划（1660km²）和15个乡镇总体规划、20个工业小区规划、80个村（屯）规划，在哈尔滨市郊区消灭了规划的空白点，实现了规划全覆盖。此外，组织指导外县（市）编制了城镇总体规划11个、乡镇规划84个、小康示范镇规划12个和风景名胜区规划7个。

四是坚持先进的规划理念与哈尔滨实际相结合。把科学发展观和"以人为本""节约型社会""人与自然和谐共生"等理念与哈尔滨市的城市特色、寒地景观、历史文化以及老工业基地振兴等特点紧密结合，城市规划的成果既与国际水准接轨又充分体现本地特色，形成了一批具有独创性的成果，如哈尔滨历史文化名城保护与城市复兴规划。

五是依靠本地规划力量与市场化运作、借用"外脑"相结合。规划设计中，除了一部分规划编制任务由市规划设计院承担外，加大了规划设计市场的开放力度，重要项目规划公开招投标率达到100%，5年中共组织了98次公开招标、邀标，国内外几十家设计单位参与规划编制，如沿江风景线、群力新区、爱建新城、索菲亚教堂广场、黄河公园等项目都是邀请国内一流规划设计单位和规划专家进行编制和论证。组织专家论证会90余次，共邀请国内规划专家500多人次、国际著名规划专家26人次，一些重要规划项目，如花园街历史保护街区、群力新区等还邀请国内外著名专家进行论证把关。通过引进竞争机制，有效地促进了规划设计整体水平的提高，推出了一批具有地方特色和反映时代精神的精品佳作。

六是领导重视、规划部门搭台和公众参与相结合。在规划编制中，注重把领导的指示、政府的意志与群众的意见有机结合。重要规划方案反复组织召开各类专业技术会议论证，不断进行补充和完善。例如，城市总体规划、生态园林城规划、中央大街环境综合整治提档升级规划、道里中心区复兴规划方案等分别向市委、市政府、市人大、市政协做了汇报并听取意见。哈尔滨火车站广场和索菲亚教堂广场改造规划、生态绿地系统专项规划、近期规划都通过新闻媒体和规划网站公开征求和吸纳了市民与社会各界的意见和建议。

通过这"六个结合"，已初步形成了城市战略规划、总体规划、分区规划、详细规划、专项规划、城市设计相配套的城市规划编制体系，为规划审批、管理和执法监督提供了依据，为哈尔滨城市建设和经济发展提供了超前服务。

1.2　基本形成了良好的规划审批管理运行机制

"十五"期间,哈尔滨城市规划审批运行机制进行了改革,进一步提高了工作效率和服务水平。5年来,共审批各类建设项目5623个,占地面积41.27km²,建筑面积3672万m²。其中,住宅危房、棚户区改造项目80余个,837余万m²;城市基础设施建设项目1500余个。在城市规划审批上实现了"六个转化"。

一是规划审批管理由判例式为主向通则式为主转化。随着国家强制性规范的出台和地方规划法规规章的完善,以及控制性详细规划覆盖率的提高,规划审批工作已经由现研究和"拍脑门"向依据城市规划法规体系和控制性详细规划为主转化。对报建项目严格按规章、规划执行,既保证了规划的顺利实施,又把规划的自由裁量权限制在合理的范围之内。

二是规划审批程序由"串联"式向"并联式"转化。对局内部处室职能进行了重新调整,理顺了规划审批机制,将原来的逐级审查、层层批准、先规划后建审的"串联式"审批,改为规划、建审职能分开设置、同时受理的"并联式"模式,加强了规划部门内部的相互协调配合,使规划手续办理程序更加科学合理,进一步简化了办事程序,提高了办事效率,受到了建设单位的欢迎。

三是由注重微观、就项目论项目、以审批建筑为主向注重公共利益公共安全、优化整个城市空间环境转化。在项目审批中,在满足项目建设需要的同时,对容积率、建筑密度、建筑高度、绿地率、公共空间、配套设施等按照小康社会的标准严格把关,优化了城市的整体空间布局。

四是由"坐堂式"审批向主动服务转化。加大了主动服务力度,先后深入机关、工厂、学校、社区进行规划实施的指导和服务。规划局班子成员亲自带队深入哈尔滨电站集团、哈飞集团、东轻等国有企业和光宇集团、温州商城等民营企业以及开发区等现场办公100余次,为老工业企业改造、民营经济发展和招商引资做好服务;帮助哈尔滨工业大学、黑龙江大学、哈尔滨医科大学、东北林业大学等30余所大专院校、科研单位解决规划建设中遇到的难点问题80余个。

五是由"事无巨细"逐项审批向以国家强制性标准为主、强制性与指导性相结合的规划管理方式转化。在建设项目审批中,各项指标严格执行国家强制性规范,特别是在日照间距方面、配套设施建设方面与国家标准接轨。对涉及红线、绿线、蓝线、黄线、紫线等强制性规定的内容,严格把关。而对一些指导性内容,如建筑外立面审批等,则不做硬性规定,为建筑师提供发挥才智和创造性的空间。

六是由内部审批、"灰箱操作"向政务公开、"阳光规划"转化。以城市规划编制、规划审批、批后管理公开3个环节为关键,以"规划公园"网站和项目建设"现场公示牌"为载体,推行了"十公开一监督"制度,进一步加大了规划工作的公开性和透明度。对与群众关系密切的建设项目分别实行了批前、批后公示,召开听证会,保证市民对城市规划的知情权、建议权和监督权。通过向社会各界增聘100名规划管理义务监督员等措施,强化社会监督力量。设立固定的规划展馆,举办了我市21世纪第一次大规模城市规划展览。

"六个转化"使规划审批逐步走上了科学化、规范化轨道,提高了项目服务质量,赢得了政府、社会各界和市民群众的满意。

1.3 城市规划法制建设迈上新台阶

一是不断完善城市规划法规体系。"十五"期间,经市人大讨论通过、省人大批准,颁布实施了《哈尔滨市保护建筑保护街区条例》,经市人民政府批准,颁布实施了《哈尔滨市基础设施建设工程规划管理办法》《哈尔滨市教育用地规划管理办法》等,规划部门内部建立了一系列规划管理制度和技术规定,规划法规体系初步形成,为规划管理工作提供了法律依据。

二是重视开展规划普法宣传教育,加强法制观念和依法行政的能力。规划部门执法人员法制培训合格率和持证上岗率均达到100%。在每年4月1日《城市规划法》颁布实施纪念日都开展大规模宣传活动,不断提高广大市民的规划法律意识。

三是加大城市规划执法监察力度。5年来,监察在建工程4000多项,立案查处1965项,对违法建设查处率达100%,结案率95%。对违法建设工程坚持"以拆为主""严管严罚",共拆除严重违法工程257项,拆除面积135136m²,收缴罚没款7580万元,有力地维护了规划法律、法规的尊严和群众的合法权益,进一步规范了建设秩序。同时,树立正面典型,对于守法的建设单位和设计单位给予公开表扬。此外,尝试应用卫星遥感技术对建设项目实施动态监察。"十五"期间,违法建设发案率比"九五"期间下降了近10个百分点,实体违法项目所占比例下降5个百分点以上。

四是认真做好信访工作,维护人民群众合法权益。采取了局长每周接待日、处长重点项目接待和日常接待相结合的措施,5年间,受理居民来信 3000 余件,接待群众来访 2000 多批次、2 万多人次,办理省、市人大代表、政协委员议案 400 余件,议案办结率达到 100%,满意率达到 95% 以上。

总之,"十五"期间,我市初步形成了城市规划法规体系框架,实现了规划管理工作有法可依、有法必依、执法必严的良好态势。

1.4　在城市规划科技进步上实现突破

一是在应用先进规划理论和技术上实现了新突破。借鉴国内外最先进的城市规划理念和成功经验,积极探索具有本地特色的工作模式与方法。应用遥感技术、地理信息系统技术、虚拟城市等先进技术为城市规划服务。开展国际交流与合作,组织召开了"哈尔滨城市战略规划国际研讨会"、举办了"中英城市复兴论坛"和"中俄城市设计暨建筑风格学术研讨会",邀请了美国城市规划师协会前主席萨姆·卡塞拉先生,共同制定哈尔滨城市远景规划。

二是在城市规划管理信息化建设上取得了新突破。建立了哈尔滨市城市规划局局域网,开发了图文表管一体化规划管理信息系统,此系统在 2002 年、2005 年两次进行了升级,实现了从 C/S 结构到 B/S 结构的系统转化,硬件建设由服务器系统升级为小型机平台。组织开发的"规划管理信息系统 WEBGIS",荣获省电子政务"应用软件二等奖"。省科技厅立项、规划部门组织研制的"黑龙江省大中城市城市规划管理信息系统模式研究"课题成果达到国内领先水平。2005 年哈尔滨市城市规划局荣获中国城市规划协会"城市规划新技术应用推广先进单位"称号。信息化建设的成果大大促进了工作质量和效率的提高,增强了工作透明度,为实现无纸化办公奠定了基础。

三是在采用地理信息系统技术为城市规划服务上实现了新突破。加快了城市地理信息系统尤其是城市规划管理子系统的建设,将信息库中各类规划成果和正射影像图运用于日常规划审批管理,促进了规划管理水平和工作效率的提高。

四是在规划网站建设吸引公众参与上实现了新突破。开通了"规划公园"网站,增设了英文网页,并两次改版升级。设置了 6 个公共栏目、32 个子栏目、1000 多个网页,发表文章 100 多万字及图片 1000 多幅,全面展示了城市规划工作。

以网站为平台，开展与市民网上对话活动，并设置市民信箱，随时回答市民提出的各种问题。在市政府组织的网站评比活动中，"规划公园"网站连续3年获政府网站评比一等奖。

五是在重大课题研究上实现了新突破。以课题制推进重点工作，针对城市规划管理中的重大问题开展调研工作，局主要领导挂帅，完成了"城市规划部门应对WTO计划纲要""数字哈尔滨建设方略""哈尔滨城市化机制与对策研究""申'冬奥'及对哈尔滨城市发展的影响"等12个重点调研课题，其中"哈尔滨城市化机制与对策研究"获2002年市委调研联席会议一等奖、省城科会评比一等奖。课题成果既提高了规划管理的理论认识，又为市委、市政府领导决策当了参谋。

六是在总结经验教训、理论创新上实现了新突破。认真总结几年来城市规划管理中的经验教训，结合21世纪城市规划发展趋势，提出新的思路、措施和建议。局领导带头撰写论文和调研文章，全局系统共撰写论文和调研文章200余篇，多人次在省城市规划学会和东三省城市规划学术会上获奖。还组织编辑出版发行了《21世纪哈尔滨城市规划对策研究》《哈尔滨新世纪规划作品集》《哈尔滨城市空间战略规划探索》《凝固的乐章》《哈尔滨印象》《都市华彩》《哈尔滨新世纪初优秀建筑》《哈尔滨保护建筑》《哈尔滨市城乡居民住宅设计图集》等书籍，面向国内外宣传了我市城市规划成果，也为进一步做好城市规划工作提供了有力支撑。

1.5　在保护城市老品牌、打造城市新品牌上有创新

一是为哈尔滨老工业基地振兴、走新兴工业化道路服务。编制了哈尔滨市城区工业企业用地调整规划，为工业企业搬迁改造、盘活土地资源创造条件。实施了车辆厂、电缆厂、电表厂、林机厂、哈尔滨玻璃厂、松江电机厂等开发改造规划，同时完成了亚麻厂、轴承厂搬迁新选址规划，为国企改革创造了条件。编制了"哈大齐工业走廊"哈尔滨段规划，编制了开发区新区拓展规划、各类工业园区规划，为产业调整、经济发展创造载体空间。

二是推进老城区更新，建设适宜人居的环境。实施危棚户区改造规划，基本完成了全市200万 m² 危棚户区改造任务。以经营城市的理念编制城市规划，以经营城市的手段去实施城市规划，为城市土地储备及公开招标拍卖做了前期准备，既实现了规划布局合理目标，又为政府减少了资金投入，增加了土地收益。编制

了道里中心区复兴规划，探索老城改造新路子。编制完成了城市绿地系统规划、风景区规划和市民休闲空间体系规划，改善城市环境质量。完成了哈尔滨申报国家人居环境范例奖课题及具体申报工作。

三是探索"保用结合"新方法，实现城市复兴。按照"保护为主、抢救第一、合理利用、加强管理"方针，探索名城保护新理念。提请市政府批准了全市第三批保护建筑，逐一划定了全市三批保护建筑和保护街区、街坊保护范围、控制范围和协调范围，对周边的建筑距离、高度、风格、色彩明确了控制标准。为道外新闻电影院、哈尔滨市科学宫、秋林公司、工人文化宫等保护建筑修缮工作把好关。编制了道外传统商市风貌保护规划、俄罗斯风情园（花园街历史文化街区）规划、圣·伊维尔教堂及索菲亚教堂广场扩建改造规划；实施了中央大街、果戈里大街、道外清真寺、通江街犹太街区、维也纳音乐广场、安埠高丽街、太阳岛俄罗斯小镇、欧罗巴风情街区等一批特色保护街区的改造规划，恢复建设了滨江道署历史文化公园。与中国规划学会共同组织"中英城市复兴论坛"，将南岗花园街保护街区复兴规划作为全国大学生规划竞赛实例。

四是围绕"一座名城、一个中心、五个基地"，精心打造城市品牌。通过开展城市设计、规划特色街区、建设标志性建筑，创造载体，为塑造城市新形象和打造哈尔滨国际冰雪文化名城的城市新品牌提供了科学依据。通过经营城市、打造品牌，使规划管理由单纯追求物质空间布局的合理，变为同时兼顾城市的品牌效应和经济效益。

五是通过申办"冬奥会"、举办"大冬会"，提升哈尔滨的国际地位和知名度。为申办"冬奥会"，编制了奥运村选址及场馆选址规划、"申奥大道"规划；为举办"大冬会"，编制了"大冬会"场馆建设规划及配套设施建设规划，促进了地铁1号线规划的实施，通过筹办"大冬会"，进一步改善城市基础设施，带动老区改造和新区建设，提高城市的整体建设水平和管理水平，从而实现城市的更新，为建设国际冰雪旅游名城创造条件。

1.6 规划队伍建设有新气象

一是政治思想水平有了进一步提高。通过在"先进性教育"活动中开展以"强素质、科学规划，严执法、优质服务"为主题的一系列学习教育活动，使广大干部坚定了正确的政治方向，进一步提高了广大党员干部的政治思想觉悟和党性修养，政治方向更加坚定，当好人民公仆的意识更加增强。

二是业务能力有很大提高。采取"走出去、请进来"的方式，在5年里，有计划派出200多人次到国内外进行城市规划和建筑方面的学习考察，吸纳了许多先进的城市规划理念和管理方法。邀请了美国、法国、俄罗斯和国内的知名城市规划专家讲授先进规划理论和知识，大大提高了干部的业务素质。

三是干部队伍结构有了明显改善。实施"人才战略"，引进一批高学历人才，充实到各相关工作岗位，不仅目前规划部门的人员编制数量增加了一倍达到144人，而且规划工作人员的整体素质有明显提高，本科以上学历的占95%，处级干部70%以上达到本科以上学历，专业处室处级干部中70%具有注册规划师资质，处级干部的平均年龄降低了2.2岁，实现了干部队伍的年轻化、知识化、专业化。

四是工作作风有了显著变化。以"两风"建设为核心，强化了干部的主动服务意识。通过打造和实施"审批提速""亲民解疑""绿色通道"和"管帮结合"4个工程，进一步树立了中心意识、大局意识和公仆意识，切实转变了工作作风，积极主动地深入基层为建设单位服务。

五是党风廉政建设成果突出。通过集中学习教育活动，做到警钟长鸣。认真落实党风廉政建设责任制，健全各项规章制度，强化了监督制约机制，结合实际工作，认真解决了群众提出的有关党风廉政建设方面的问题。

六是队伍的凝聚力和战斗力进一步增强。以活动为载体，加强了文明单位创建，激发了热情，振奋了精神，进一步提高了工作效率。规划局班子成员带头，上下团结一致，节假日加班加点，形成了兢兢业业、忘我工作，讲究拼搏、奉献、钻研的风气。

"十五"期间，哈尔滨市规划部门共获得部、省、市各种奖励近100项。获得建设部"全国建设系统精神文明建设先进单位""全国测绘系统四五普法先进单位""黑龙江城市规划先进单位""黑龙江省建设系统先进集体""省城市规划管理先进单位""全省政协委员提案先进承办单位""全省建设系统信访工作先进单位""省建设系统端正政风行风、优化发展环境最佳最差单位评议活动先进单位""省正行风、促发展民主评议行风活动先进单位""省财务管理规范化优秀单位"

等荣誉称号。被市委评为"领导班子建设先进单位""市党风廉政建设先进集体""市级文明单位标兵",被市政协评为"提案承办先进单位",被市政府评为"城市环境综合整治先进单位""扶贫帮乡先进单位"等,共荣获40余项荣誉。

2 成效篇

"十五"期间,哈尔滨城市规划在促进经济发展、完善城市功能、合理利用土地、保护生态环境和协调各项建设等方面发挥了较好作用。科学规范的规划编制、实施和监督体系的建立,为哈尔滨经济发展和城市建设提供了优质超前的服务。

2.1 城市规划的战略性、前瞻性、科学性增强,为哈尔滨的长远发展提供了科学依据

通过开展城市战略规划研究和城市总体规划编制工作,解决了影响城市发展的一些重大问题,哈尔滨城市的定位进一步明确,"一个中心、五个基地、一座名城"的城市发展目标进一步清晰,"北跃西扩、南延东优、中兴外联"的城市发展的空间战略得到了确定,突出了"一江两河、三沟四湖""南河、北岛、西湖、东山"生态格局的景观风貌特色,对2030年乃至2050年城市发展的远景进行了展望,描绘了哈尔滨城市长远发展蓝图。

2.2 全市规划"一盘棋"的格局初步形成,规划的宏观调控作用和指导建设的"龙头"作用得到有效发挥

基本上实现了规划集中统一管理。宏观上,市与区、城区与开发区、江南与江北、地上与地下、主城区与郊区和外围县(市)已经统筹规划、通盘考虑;中观上,对城市土地和空间资源实现了有效配置和合理利用;微观上,对城市建设进行了有效的控制和引导,保证了城市建设按规划顺利实施。规划管理向注重公共利益公共安全、优化整个城市空间环境转化,实现了项目建设具体利益和城市全局利益的协调一致。

2.3 城市规划的超前性、可操作性和可实施性的增强，为城市建设和招商引资提供了积极服务

编制完成《哈尔滨城市空间招商专项规划》，把城市规划与招商工作有机结合，为规划事先建立项目库、主动引导招商，为解决我市招商引资项目的盲目性与城市空间资源的有限性的矛盾提供了全新的理念和操作方案。在城市近期建设规划中确定了近期建设的重点项目，对全市有影响的大项目得到有序安排，为市政府决策年度城建项目提供了科学依据。在规划编制中增加了经济效益分析评估这一重要环节，增加项目的"卖点"；在控制性详细规划中，将部分用地性质兼容，提高规划的弹性，为提高规划的可实施性和开展经营城市工作创造了条件。

2.4 城市规划科技含量增高，精品佳作不断涌现，促进了城市规划设计整体水平的提高

5年来，我市的城市规划设计和建筑设计质量不断提高，获奖成果不断涌现。《哈尔滨市近期建设规划》获得2003年度建设部城市规划优秀设计三等奖；34项规划设计作品分别获得黑龙江省优秀勘察设计一、二、三等奖，57项规划和建筑设计作品分别获得黑龙江省优秀勘察设计"四优"一、二、三等奖，《哈尔滨市郊区规划》《哈尔滨市建设生态型园林城市绿地系统专项规划》获得一等奖；有54篇论文分别获省城市规划学会、省城科会、省科协和东三省城市规划学术会优秀论文一、二、三等奖。哈尔滨市城市战略规划中规院方案获2003年度本院规划编制优秀成果一等奖，北京新都市整体设计院的方案被《城市规划》杂志选登。城市基础空间地理信息系统"规划管理子系统"获得了国家地理信息系统优秀应用工程铜奖、省电子政务应用软件二等奖。

2.5 城市规划管理工作逐步走上了科学化、规范化、法制化轨道，依法行政水平进一步提高

严格执行城市规划法"一书两证"制度，规范规划行政行为，规划审批管理向依据城市规划法规和控制性详细规划的"通则式"为主转化，向以国家强制性标准为主、强制性与指导性相结合的规划管理方式转化，既保证了规划的顺利实施，又把规划的自由裁量权限制在合理的范围之内。

2.6 城市规划的地位逐步提高，法律性、权威性逐步增强，群众满意度增加

随着规划编制体系的逐步建立和公开公示，以及《城市规划法》宣传力度的加大，市民能够了解规划，关心、支持、参与、维护规划，社会各界能够尊重规划和自觉遵守规划的局面逐渐形成。城市规划的公开性和透明度逐步加强，规划管理已由过去内部审批向政务公开、"阳光规划"转化，规划服务意识和服务质量得到不断提高，社会各界和广大市民对城市规划工作的满意度增加。

"十五"期间，随着城市规划的实施，哈尔滨市社会经济快速发展，城市建设日新月异，城市综合实力不断加强，城市经历了前所未有的发展变化。在国家统计局发布 2004~2005 年度中国城市综合实力排名中，哈尔滨市位列十强之一。在城市建设方面主要有以下变化。

一是城市空间不断拓展，城市规模和实力增强。2000~2003 年呼兰撤县划区之前，城市建设区面积由 2000 年的 211km^2 增加到 239km^2，年增加 9.3km^2；2003~2005 年区划调整后，城市建成区面积由 2004 年初的 293km^2 增加到318km^2，年增加 12.5km^2。"十五"期间，哈尔滨市生产总值年均增长 13%，到2005 年实现生产总值 1830.4 亿元，人均生产总值 2342 美元。新城区开发建设的步伐逐步加快，松北、平房、群力等地区开发已初见成效，为老工业基地改造和振兴开辟了新空间。基本完成了迎宾路和哈平路两个开发区的建设，松北新区已具规模。随着老工业基地振兴的全面展开，机械制造业、高新技术产业、绿色食品工业和医药工业四大基地建设成效显著，2005 年工业建设用地为 7176hm^2，比2000 年增加 1836hm^2，其中中心城区有 101 家工业企业向外搬迁，置换土地面积达 679hm^2；城市新增工业用地 2515hm^2，结合"哈大齐工业走廊"规划的统一安排，目前城区的四大工业新区、10 个工业园区建设初现端倪。

二是城市基础设施建设得到加强，城市载体功能进一步提高，为提高城市的活力和综合竞争力，建设具有国际水准的现代化大都市创造了条件。按照"两轴、四环、十射"的城市道路网规划，以完善干道网络、开通二环、加大主干道密度、提高城市道路等级标准为重点，实施了城市二环路、四环路、道外十四道街跨线桥、海城—尚志跨线桥、四环路跨江大桥、松北大道立交桥等一批路桥工程，5 年新增道路交通用地 1086hm^2，人均道路面积达到 6.8m^2。建设了磨盘山供水一期工程、沿江生活污水截流及处理工程、道里集中供热工程、向阳垃圾处理场等重大工程和水、热、气、电、通信等城市基础设施项目。2005年全市供水量达到3.55亿m³,城市用电98.01亿kW,城市燃气普及率达到83.4%,移动电话用户达到270万户。各项公共服务设施建设速度加快,体育会展中心、科技馆、图书馆等大型公建设施投入使用,家乐福、沃尔玛、家世界、温州商城、万达商业广场、环球动力商场、海云国际商贸城等大型商业设施相继建成。5年间,公共设施用地增加了1770m²,完成建设量4200万m²,哈尔滨城市整体功能不断提高。

三是城市更新改造速度加快,城市空间布局进一步优化,市民居住条件进一步改善。"十五"期间哈尔滨市住宅开发用地2500hm²,完成大于10hm²以上、具备规模化人居环境的小区103处。随着城市规划的实施,危棚户区改造步伐不断加快,实施了道外十四道街、二十道街两侧、安阳小区、果园小区、亿丰嘉园等27片危棚户区改造,市民的居住条件得到很大改善,中心区的密度有所下降,老城区的环境进一步优化。规划建设了爱建新城、省市直机关职工住宅小区、远大都市绿洲、欧亚书香苑居、中北新城、运华小区、"绿色家园"、信恒现代城等一批精品住宅小区。中心城区更新改造成果显著,其中中央大街历史街区复兴项目被授予2005年"中国人居环境范例奖"。在城市建设中,留出足够的绿地、停车场和公共活动空间。5年来,通过规划的调控和引导,给城市增加绿地2000多hm²、停车场200多个、停车位3万多个,基本转变了"见缝插针"的建设局面。成片开发改造占总建设面积由过去的1/4,达到现在的1/2以上,各项配套设施逐步完善,容积率、建筑密度、绿地率等主要规划控制指标比"九五"期间进一步优化,城市中心区初步实现了"三增三减",城市空间布局得到不断优化,城市整体环境得到明显改善。

四是城市绿地系统建设成效显著,城市生态环境质量进一步改善,为建设适宜人居和发展的城市创造了条件。随着哈尔滨市生态型园林城市规划的实施,绿地保护和建设力度不断加大,2003~2005年新增绿地面积1703hm²,人均公共绿地由2002年的4.76m²增加到2005年的6.4m²,绿地率由2002年的23.76%增加到2005年的25.49%。特别是沿松花江南岸风景长廊建设、太阳岛风景名胜区环境整治等一批项目的完成,增强了哈尔滨城市的吸引力,为打造城市品牌创造了条件。在城市生态环境方面,2005年市区空气质量好于和达到二级的天数为295天,降尘平均值为13.8t/(km²·月)。集中式饮用水水源地水质达标率95.3%。城市区域环境噪声平均值 56.1dB，建成烟尘控制区 225km^2，环境噪声达标区 181km^2。城市污水集中处理率、城市生活垃圾无害化处理率分别达到 32.5% 和 40%。

五是城市历史文化资源得到有效保护，城市原有建筑风格得到继承和发扬，城市特色进一步突出。历史文化名城的软硬载体得到有效保护，"十五"期间，实施了中央大街、果戈里大街、道外清真寺、通江街犹太街区、维也纳音乐广场、安埠高丽街、太阳岛俄罗斯小镇、欧罗巴风情街区等一批特色保护街区的改造规划，恢复建设了滨江道署历史文化公园，城市历史风貌得到保护，增强了城市的文化魅力。在继承和发扬城市原有建筑风格的基础上，出现了会展体育中心、省科技馆、省电力调度中心楼、工程大学教学楼、医大教学楼，以及三中、九中、十四中等一批反映时代精神和代表哈尔滨风貌特色的精品建筑，主要街路、城市广场、特色街区、城市出入口等标志性地段环境得到改善，灯饰亮化得到加强，城市景观得到美化，城市品位和城市形象得到进一步提升。

六是郊区乡镇企业发展和城乡接合部土地使用进一步规范，城镇化进程进一步加快。在郊区，通过规划调控和引导，基本上解决了乡镇企业"村村点火、户户冒烟"的问题，初步实现了乡镇工业项目进入工业小区内集中成片发展。加快了小城镇规划建设步伐，推进了农民小康住宅建设新模式的试点，"城中村"改造初见成效，郊区和城乡接合部乱圈占土地、私建滥建现象得到初步遏制。城市规划有效地调控了中心城区的向外拓展，保证了农村城镇化有序发展。

3　展望篇

"十一五"期间，城市规划工作将面临艰巨任务，肩负落实科学发展观，构建社会主义和谐社会，促进城镇化进程和城市经济社会各项事业持续健康发展的历史使命。因此，哈尔滨市的城市规划工作要进一步更新观念、改革机制、完善法规、强化措施，切实通过规划的编制、审批和实施管理环节，解决好影响城乡发展和建设的重大问题，在实践与探索中寻求规划工作新的创新。

3.1　规划理念创新

进一步强化规划的科学性、指导性和公共政策属性，发挥规划的统筹、引导和控制作用,用和谐规划的理念和方法促进和谐城市的建设与发展。全面理解科学发展观的深刻内涵,树立和谐规划新理念,不断增加规划的科技含量、文化含量、美学含量、绿色含量、法律含量和市场经济含量,体现科学的规划、人文的规划、经济的规划、绿色的规划、区域协调的规划、特色的规划、开放的规划、公平与公正的规划、法制的规划等新内涵。要进一步强化城市总体规划的战略性和指导性,进一步突出社会管理、公共服务、生态环境、资源保护、优化发展环境等政府公共职能的内容,强化产业政策引导、资源合理配置、环境容量控制和区域空间管制的要求,提高对城市空间集约化发展和对建设的综合调控能力。进一步提高规划编制水平,强化城乡规划的综合指导作用。要注重城市规划与经济社会发展规划、土地利用规划的相互衔接,把哈尔滨的经济社会发展的战略落实到空间载体上。做到总体规划、详细规划、专项规划和具体行动方案有机结合。制定年度建设项目实施计划,建立与相关部门联动机制,服务城市建设大局。抓紧修编城市近期建设规划,提高控制性详细规划的质量,突出规划强制性内容,引导年度开发建设和投资决策,协调各方面的利益和矛盾。通过提高规划编制的标准和质量,为党和政府决策提供参谋建议。

3.2 规划体制创新

进一步精简审批程序和环节,提高效能,建立科学、民主、规范、高效、公开的管理运行机制。按照行政许可法的规定,适应市场经济发展要求,以提高行政效能为核心,进一步加快规划行政审批制度改革,进行规划体制机制创新。抓大(宏观)放小(微观),要加强宏观调控和实施监督,弱化具体项目审批,使规划管理模式由"橄榄型"向"哑铃型"转化;按照"谁主管、谁审批、谁负责"的原则,进一步简化审批程序、减少环节,行政服务中心规划窗口由受理变为办理,工业类建设项目直接在窗口审批,提高办事效率,实现规划管理的"扁平化";通过完善全市控制性详细规划成果,履行法定审批程序,实现"无缝"覆盖,建立强制性与指导性相结合的规划管理机制,规划审批向以"通则式"为主转化,把个人的自由裁量权限制在最小范围内;应用先进的"网格化""模块化"管理方法,加快推进规划管理单元编制工作,结合市、区两级规划管理权责的划分,推进管理重心下移,形成统一规划及属地管理、分级审批的规划管理新模式;加快城市规划管理信息化建设步伐，推进网上审批和无纸化办公，实现管理技术和手段的变革。此外，建立适应市场经济发展需要的新的规划法规体系，进一步健全和完善政务公开、责任追究和公众参与等制度，实现"阳光规划"，规范行政审批行为，防止由于决策失误和行政过失造成损失。

3.3 规划服务创新

变被动规划为主动规划，进一步围绕中心工作，服务经济社会发展全局。主动规划，建立招商引资项目规划前置核准制度，变规划事后被动参与招商引资项目规划选址，为规划事先建立项目库、主动引导招商，解决招商引资项目的盲目性与城市空间资源有限性的矛盾。制定全市产业用地规划指南，对各类工业园区统筹规划整合，集约高效利用城市土地和空间资源，引导企业向产业集中区集聚，为哈尔滨老工业基地振兴走新型工业化道路创造载体。主动服务，建立提前介入机制，积极参与国企改革、招商引资和重大建设项目中涉及规划设计的事宜，紧密联系实际，为企业和建设单位排忧解难。树立规划的效益意识，在规划编制、审批和批后管理各环节出效益，既要出经济效益，也要出社会效益和环境效益。借鉴先进地区经验，结合哈尔滨经济和社会发展的实际，制定适当提高容积率的办法，提高土地利用效率，增加经济效益，同时控制建筑密度，保证公共空间和生态环境。把经营城市的理念落到实处，建立通过路桥规划建设带动周边土地升值，带来政府土地出让收益增加的机制。完善城市广告、雕塑建设管理办法和拍卖方案，增加政府收益。坚持以人为本，通过规划手段，实现城区"三增三减"，改善市民的生活环境质量，为广大人民群众服务。在小区规划和实施中，严格执行公共设施配套建设的相关规定。研究制定目前城市基础设施、公共服务设施、文化体育教育设施等方面存在的问题和解决办法，解决公厕、社区活动中心等公共设施欠账问题。新区建设中，尝试规划建设地下综合管廊，解决道路开挖频繁的问题，减少对市民生产、生活的影响。

3.4 规划实施监督管理创新

加大规划执法监察工作力度，严厉打击违法建设行为。借鉴兄弟城市的做法，制定违法超建的处罚办法，以拆为主，进一步加大规划执法力度。积极与有关部门沟通，采取市区联动，实施"大拆违"，坚决遏制私建、滥建之风。探索合理有效的操作细则，拓展对违法工程处罚深度和广度，对违法工程所涉及的设计单位、建设单位和施工单位一并分责处罚，提高规划法律、法规的威慑力。建立强有力的城市规划监督机制，包括行政监督制度、社会监督制度和公开通报制度，对规划审批情况和批后执行情况明确责任、依法监督。在规划实施监督管理手段上，将法律手段、行政手段和社会手段有机结合、通盘使用。在竣工验收上改变原有的单一验收方式，探索综合验收，不但要对工程主体本身验收，还要对绿地、停车场等附属设施进行验收。通过完善执法手段，提出综合治理小区公共设施配套不足的办法。

3.5 规划重心上创新

由以城市为中心向城乡统筹、城乡一体化转变，加大规划对社会主义新农村建设的服务力度。坚持以城带乡，统筹城乡规划发展。在注重城市规划、小城镇规划的同时，更加注重村庄、集镇规划，当好社会主义新农村建设的"先行官"。通过调研，提出建设社会主义新农村规划的对策和建议，制定哈尔滨市农民住宅规划管理新规定。深化完善哈尔滨市城乡统筹规划，加大哈尔滨市郊区村（屯）规划编制力度，加强对县区、乡镇规划指导工作。以规划为依据，对哈尔滨郊区、都市圈和市域3个圈层实行分区、分类指导，实行产业聚集、土地集约、人口集居和居住区、工业区、养殖区、种植区、生态敏感区相对分离的规划管制政策，调整优化城乡生产、生活生态空间布局，保证我市"三新一优"发展战略的实施。在城乡接合部加快"城中村"改造步伐，在郊区推进农民新村建设试点工作。结合实际，规划建设一批特色村（屯），如专业村、生态村、民族风情村、文明示范村等。

精心规划，保用结合，依法做好名城保护工作^①

哈尔滨是中国东北的一座中西文化交融的城市，她以独特的建筑特色和城市风貌驰名中外，素有"东方小巴黎""东方莫斯科"的美誉。1994年1月4日，经国务院批准，哈尔滨成为第三批国家级历史文化名城。近年来，哈尔滨市城市规划部门把历史文化名城保护当作城市规划工作的重要内容，通过不懈探索与实践，在名城保护工作上取得了一些成果和经验。

1 提高对哈尔滨名城保护价值的认识，明确名城保护工作思路

1.1 哈尔滨名城保护价值

1.1.1 近代西方城市规划思想的重要遗产

哈尔滨是按照西方近代城市规划思想建设的新城，哈尔滨城市空间结构兼有花园城市、文艺复兴城市、巴洛克城市以及现代区域城市的特点。作为西方规划思想在中国的实践，哈尔滨城市空间格局在世界城市发展史上，以及中国城市发展史上都具有重要的价值。哈尔滨的绿地系统也具有重要的历史和科学价值。哈尔滨市建设之初即合理规划了公园与绿地，形成了布局合理的城市绿地系统，体现了当时先进的绿地系统规划思想。

1.1.2 代表性的近代殖民地城市

哈尔滨城市始于中东铁路附属地的建设，城市具有鲜明的欧洲城市风貌和殖民地景观风貌。欧式公共建筑大部分都建有穹顶，尤其是教堂建筑，大部分都是俄罗斯、拜占庭风格的建筑，屋顶都有高耸的穹顶、洋葱头顶或帐篷顶，形成穹顶林立的城市标志性景观。严格规划建设的中东铁路附属地与一街之隔的中国色彩浓郁的非附属地地区形成特色鲜明的双肌理结构。

1.1.3 独特的铁路中心城市

哈尔滨具有鲜明的铁路城市特点。在城市规划建设中，铁路选线一般尽可能

---

^① 原载于《城市规划》2006年第12期。

减少对城市的切割。然而，作为中东铁路附属地和管理中心而发展的哈尔滨市区，铁路格局是城市空间格局形成的最重要因素。中东铁路"丁"字形空间形态，对哈尔滨组团式空间结构的形成有着决定性作用。

1.1.4 近代建筑艺术的博物馆

哈尔滨是近代建筑的博物馆，新艺术建筑、哥特复兴建筑、巴洛克复兴建筑、文艺复兴建筑、新古典主义建筑、中西合璧的折中主义建筑等许多近代建筑类型在哈尔滨并存。其中，哈尔滨新艺术运动建筑尤其价值重大。在 19 世纪末，哈尔滨开始建设时，正是新艺术运动在俄罗斯流行的时候，还是一张白纸的哈尔滨为新艺术运动提供巨大的发展空间。哈尔滨新艺术运动的建筑规模和延续的时间超过了俄国本土，成为远东最大的新艺术运动中心。哈尔滨的中式建筑也突破了传统建筑风格。中国传统的"四合院"空间模式与欧洲建筑风格相嫁接而出现集仿式"中华巴洛克式"风格街区。这些建筑与街区不仅具有重大的历史价值，而且，建筑本身也具有重大的技术和艺术价值。

1.1.5 著名的音乐艺术之都

哈尔滨是有着百年音乐会传统以及音乐普及教育的城市，历史上被誉为"音乐之城"。自 1961 年开始举办的哈尔滨之夏音乐会已经举办 25 届，是国际知名的音乐盛会。

1.1.6 日本侵华罪行重要的见证地

哈尔滨市拥有侵华日军七三一部队遗址等丰富的日本侵华战争的罪证遗址。

1.1.7 重要的传统工业城市

中东铁路建设之初，哈尔滨即建立了当时大规模的近代工业，其后，经过 20 世纪 50 年代的重点建设，形成了许多大型工业基地。哈尔滨成为我国著名的工业城市，工业遗产已经成为城市文化的一部分。

1.1.8 冰雪艺术之都

哈尔滨冰灯、冰雕、雪雕驰名中外，哈尔滨国际冰雪节是世界四大冰雪节之一。

1.1.9 金源文化中心地

金源文化是由女真文化、契丹文化和中原文化融汇形成，是中国灿烂古代文化的重要组成部分，也是哈尔滨地区最重要的起源文化。

1.1.10　重要的革命传统城市

哈尔滨是一座有着反帝、反侵略光荣革命传统的城市，是东北地区革命活动的中心城市。

1.2　名城保护的工作思路

哈尔滨历史文化名城保护的目标是，延续城市的历史与文脉、保护和加强哈尔滨历史文化名城的核心价值、协调历史保护与经济增长的关系、有效利用历史文化遗产和促进城市复兴、增强历史文化遗产的经济促进作用、增强历史文化遗产的可接近性、使历史文化遗产成为社区生活的一部分、改善历史城区的环境质量。

哈尔滨历史文化名城保护工作的思路是，从历史文化名城的保护、历史文化街区的保护和文物保护单位及保护建筑的保护三个层面上研究开展工作，"不仅保护历史建筑，而且保护其环境"，"不仅要保护历史街区，而且要保护城市格局脉络、城市肌理和城市特色风貌"，坚持"保护与利用相结合，古为今用，洋为中用"的理念，正确处理好保护与利用之间的关系。

哈尔滨历史文化名城保护的重点内容是保护城市传统轴线、传统街道路网、传统街道对景和景观廊道、自然遗产、绿地系统，控制老城建筑高度，继承与发扬建筑形态和色彩。

对于历史街区的保护，要调整老城用地结构，增强老城文化服务中心职能；控制、疏散老城人口，改善老城居住环境；优化老城道路交通系统，提高老城通行效率；构筑老城绿色网络，创建老城健康生态环境；完善老城基础设施，提高老城生活质量；延续老城社会网络，重塑老城人文精神；整合老城历史遗产，发展文化旅游产业。

对有价值的历史遗产进行主题保护，保护与利用革命遗址、传统商业街区及老字号、教堂建筑、科学文化建筑、金融建筑、居住建筑、使馆建筑、工业遗产、日军侵华罪证遗址、犹太历史文化遗存、铁路建筑、新艺术运动建筑等。

2　超前编制名城保护规划，形成点、线、面相结合的整体保护框架

超前编制名城保护系列规划，已逐步形成了哈尔滨历史文化名城保护专项规

划（总体规划）、哈尔滨保护建筑和历史文化街区紫线规划（控制性详细规划）、历史地区保护与整治规划（修建性详细规划）、单体保护建筑规划等不同层次、不同对象的规划编制体系，建立了点、线、面相结合的名城保护规划整体框架，使保护与发展相协调，赋予名城新的生机和活力。

2.1 名城保护总体规划的编制

1995 年，规划局组织编制了《哈尔滨历史文化名城保护专项规划》，并纳入城市总体规划。2004 年，又委托国内知名设计单位对其进行了修编，进一步深化和完善传统风貌区保护、城市整体格局保护、风景旅游区保护、非物质文化遗产保护及老城复兴战略等内容，明确了名城保护规划的基本思路。从历史和未来不同的角度深化、细化名城保护专项规划，从老城区格局风貌保护与增强城市功能、丰富现代城市形象有机结合，以及老城改造与新区开发相结合两个方面综合研究了促进历史文化名城保护与发展的规划调控原则和具体操作措施，为引导城市各项建设按照城市总体规划实施，全面搞好名城保护创造条件。

2.2 控制性详细规划的编制

按照专项规划，市区内规划了 14 片历史文化街区、9 片历史风貌保护区。从整体保护的角度出发，组织有关专家对历史街区的现状进行了全面梳理，确定保护对象，提出保护要求。根据建设部《城市紫线管理办法》的规定和要求，组织编制完成了《哈尔滨保护建筑和历史文化街区紫线规划》，对保护建筑、保护街区提出保护控制要求，并将针对不同位置、不同保护等级的保护对象制定具体可操作的实施细则。

2.3 修建性详细规划的编制

为进一步加强保护建筑与历史地段管理，近年来组织 20 多家国内外知名设计单位编制了《中央大街步行街及辅街一、二、三期综合整治规划》《太阳岛俄罗斯小镇规划》《道外传统商市风貌保护区详细规划》《索菲亚教堂广场综合整治规划》《博物馆广场综合整治规划》《道外清真寺周边综合整治规划》《花园街历史文化街区保护与利用规划》《哈尔滨滨江道署历史文化公园规划设计》《圣伊维尔教堂修缮整治规划《犹太人建筑遗存修缮整治规划》等几十项修建性详细规划，为引导城市各项建设按照城市规划实施，全面搞好名城保护提供了科学依据。

3 加强规划管理，保护和利用相结合，积极探索历史文化名城保护的有效途径

3.1 开展保护建筑、历史文化街区的普查认定工作

从1985年开始，先后多次组织有关方面的专家和学者对全市老建筑进行4轮普查筛选认定工作，经市政府批准确定了共3批245栋保护建筑、14处历史文化街区。其中，第一批131栋保护建筑、3条保护街道（中央大街、红军街、靖宇大街）、3处保护街坊（南岗铁路住宅街坊）及1个保护地区（博物馆地区）已于1997年向社会公布，并已挂牌保护。第二、三批114栋保护建筑、7处保护街区也已于2006年向社会公布，挂牌保护工作正在进行中。在哈尔滨市已确定的保护建筑中，包含国家级文物保护单位5处（索菲亚教堂、哈尔滨文庙、革命领袖视察黑龙江纪念馆、黑龙江省博物馆、侵华日军第七三一部队罪证遗址）、省级文物保护单位15处以及市级文物保护单位7处。另外，第四批保护建筑及历史文化街区的普查工作已完成，待专家论证后报市政府审定。

3.2 开展保护建筑建档工作

为规范保护建筑档案管理工作，组织开展保护建筑立档等调研普查工作，完成了第一、二、三批保护建筑档案的整理基础工作。由于历史原因，我市保护建筑原始档案资料大量散失，给保护建筑的保护与管理带来困难，从2004年开始，组织哈尔滨工业大学建筑学院等单位开展了保护建筑测绘建档工作，目前一类66栋和二类45栋保护建筑测绘工作已经完成，60栋二、三类保护建筑测绘工作正在进行中。

3.3 加强对保护建筑的规划管理

制定了《哈尔滨市保护建筑、历史街区房屋修缮规划审批管理程序》，进一步规范了保护建筑的修缮审批工作，严格按照保护条例的有关规定，对保护建筑

进行修缮、改造，保证了保护建筑、历史文化街区整体风貌的完整性。坚持实事求是、保用结合、科学决策。对涉及保护建筑的建设项目，组织专家论证、把关、慎重决策。例如，在南岗秋林、烟厂办公楼等保护建筑修缮审批中，坚持实事求是，既坚持保护历史的原真性原则，同时又兼顾建设单位的合理利用，通过修缮，给面临危机的历史建筑注入新的生机和活力，使保护举措取得了较好效果。

3.4 探索名城保护规划管理工作的新途径

一是在历史建筑原貌复建方面，按照"修旧如旧"的原则恢复建筑的历史原貌，如圣·索菲亚教堂、圣·阿列克谢耶夫教堂、原犹太新会堂、原犹太老会堂、德国路德会教堂、土耳其教堂等工程。二是在保护建筑维修加固、内部修缮、拓展使用功能方面，保持原有立面造型、表面材质、色彩、内部格局，如省社科联、亚帝女士用品商店、原英国领事馆、石头道街81号商住楼、市科学宫、烟厂招待所、原铁路运输检察院、原车辆厂轧钢车间等工程。三是在保护建筑的改建方面，按照保用结合的原则，既保持了老建筑的风格，又融入了现代建筑的简洁明快，达到了与周围建筑统一协调的目的，如哈尔滨一中被列为哈尔滨市三类保护建筑。由于教学楼年久失修，决定对它实施保护性改建，考虑其三类保护建筑的意义，规划教学楼西立面保留。在改造设计中，西立面采取了维持原立面不变的措施，东立面运用了"中华巴洛克"的传统设计手法形成与兆麟小学呼应的古典主义风格，同时，注重与保护立面的协调性，突出哈尔滨的独特历史，彰显建筑的个性与品位，使其成为闹市中的精品学校。四是在保护建筑周边及历史街区新建建筑上，承袭哈尔滨传统文脉，在建筑造型、建筑色彩、建筑符号等方面体现哈尔滨传统特色风格，如依都锦商厦、市社科院新办公楼、金安欧罗巴广场、太阳岛大门等。

4 领导高度重视，历史文化名城保护工作成效显著

各级党委和政府高度重视哈尔滨历史文化名城保护工作，市委书记多次强调历史文化名城保护是关系哈尔滨可持续发展大局的重要工作，要借鉴国际惯例和经验，系统保护好哈尔滨的历史文化遗产。市长强调哈尔滨建筑文化是一笔宝贵

财富，并对历史建筑保用结合多次提出明确要求。为加强对历史文化名城保护工作的管理和指导，市政府批准哈尔滨市城市规划局设置了名城保护处，配备专人专门负责此项工作，这在全国 15 个副省级城市中是领先的。哈尔滨社会各界对名城保护工作也给予了积极支持和配合。

近年来，依据名城保护规划，市政府累计投入资金 5 亿多元，实施了一批城市环境综合整治项目，取得了显著成效，如中央大街、索菲亚教堂广场、道外南二南三道街保护街坊、道外阿拉伯广场、太阳岛历史街区、果戈里大街、道台府历史文化公园、犹太教堂修缮等，使一批保护建筑的修缮、复建和环境综合整治等项目得以实施，擦亮了老品牌，弘扬了城市风貌特色，取得了较好的社会效益，提升了城市品位，使哈尔滨市名城保护工作上升了一个新的层次。

1997 年市政府对保护街道——中央大街实施环境综合整治，修缮了 17 栋保护建筑，恢复了老街历史风貌，使之成为中国第一条商业步行街。从 2003 年起，又实施了二期、三期综合整治，将中央大街历史风貌区域分区、分片、分段，从更大范围进行统筹改造：将周边 25 条街道引导形成风格各异的特色街；将室内外空间融会贯通，形成不同规模和特色的休闲区及广场；延长步行街长度，完善功能，增加休闲区数量。还充分运用虚拟城市规划技术等高科技手段，制作了三维动画的"数字中央大街"，使规划成果更形象生动。经过近 10 年的努力，中央大街已成为以商业、旅游、休闲、娱乐为主要功能，全国一流的独具文化魅力的步行街。目前，中央大街历史街区复兴项目已荣获 2005 年中国人居环境范例奖。

1998 年，市政府对索菲亚教堂周边环境进行改造，拆除了教堂周边的棚户区，恢复了教堂原貌，开辟了广场，该项目成为国家文物保护单位。1999 年，又实施了二期整治工程，进一步扩大了教堂广场的范围，整治了周边环境，成为国家 4A 级旅游景区。在此基础上，2003 年又邀请了中国城市规划设计研究院等 5 家国内外一流规划设计单位，开展了索菲亚广场扩建规划设计竞赛，并邀请了 8 位国内著名的城市规划专家如建设部总规划师陈晓丽、国家名城委秘书长王景慧等对方案进行了论证和评选。目前，三期改造工程已经按规划优选综合方案动工建设。

多年来，规划部门组织了滨江道署历史资料收集、研究、规划设计、建筑设计、专家论证等工作，建议市政府全面修复历史建筑，完整再现原衙署形象，使之成为纪念性历史建筑群。2005 年市政府采纳了城市规划部门组织编制的规划，当年10 月纪念哈尔滨设治百年之际，滨江道署历史文化公园工程全面竣工。

5 不断健全保护建筑、保护街区管理法规，确保历史文化名城保护工作依法推进

为了加强名城的保护工作，市政府决定对保护建筑、街道、街坊和地区进行立法管理，1997 年市政府批准实施了《哈尔滨市保护建筑街道街坊和地区管理办法》，同年，市人大又做出了《关于加强保护建筑街坊街道和地区管理的决议》。经黑龙江省人大批准，2001 年 12 月 1 日公布实施了《哈尔滨市保护建筑和保护街区条例》，使我市名城保护工作法律依据逐步完备，有力地推动了哈尔滨历史文化名城保护工作的顺利开展。

在规划管理工作中，根据我市具体情况，制定了《保护建筑、历史街区房屋修缮规划审批管理办法》，进一步严格了保护建筑的修缮审批工作，要求建设单位严格按照法规的有关规定对保护建筑进行修缮、改造，保证了保护建筑、历史文化街区整体风貌的完整性。为了对侵华日军第七三一部队遗址进行妥善保护，市政府颁布了《哈尔滨侵华日军 731 部队罪证遗址管理办法》。针对《哈尔滨市保护建筑和历史文化街区条例》颁布实施以来出现的新情况、新问题，着手组织相关人员对该条例进行修改、完善，目前已形成《哈尔滨历史文化名城保护条例》初稿，经专家技术委员会研究后，报市政府审定，颁布实施。

6 加强宣传，营造名城保护的良好氛围

为逐渐培养和形成全社会对名城保护工作的理解与关注，规划局通过报纸、电台、出版物、"规划公园"网站、"哈尔滨城市规划展"等渠道，积极向全社会进行广泛宣传，做了大量工作，营造了良好的舆论氛围。

2004 年以来，我市精心组织和编辑，相继出版了《凝固的乐章》《哈尔滨印象》《哈尔滨保护建筑》《哈尔滨历史文化名城保护成果集》等有关名城保护方面的书籍。《凝固的乐章》集中了哈尔滨近百年来的建筑精粹，不但收录了大量珍

贵照片，还测绘出建筑各部分的精确数据，以便社会各界能从更深层次去体会建筑本身的学术价值和文化内涵。《哈尔滨印象》收录了哈尔滨各历史时期的城市规划图、市街图和代表各种用地类型风貌的老照片，客观反映了哈尔滨城市规划的历史，具有较高的使用价值、欣赏价值和借鉴价值。市委书记亲自为上述书籍作序。这些书籍为我市保存了珍贵的名城保护历史资料。目前我局正积极组织《城市复兴的理论与实践——中英城市复兴高层论坛文献集》《凝固的乐章（三）》《哈尔滨历史文化名城保护规划成果集》《国家历史文化名城（哈尔滨卷）》的编辑出版工作。

每年 4 月 1 日，我市都在组织《城市规划法》颁布实施纪念宣传活动中专题宣传名城保护的阶段性成果。2005 年 1 月 4 日，组织了纪念历史文化名城命名10 周年宣传活动，在报纸刊发专版文章，阐述了几年来我市名城保护工作在社会各界支持帮助下所取得的丰硕成果。同时，编印了一大批关于名城保护方面的资料集、作品集、明信片、集邮折等，向社会各界邮寄、赠送，起到了较好的宣传引导作用。

7　加强学术交流，不断提升名城保护工作水平

广泛参与国际规划学术交流，研究探讨和总结我市名城保护经验，学习先进规划理念和成功做法，与国际先进理念接轨，寻求保用结合的方法和途径，在提升名城保护工作水平的道路上迈出了坚实的一步。

在哈尔滨花园街历史文化街区保护研究和规划中，会同中国城市规划学会共同开展名城保护规划设计方案全国竞赛，邀请了清华大学、天津大学、同济大学等全国 13 所设有城市规划专业的知名院校在校研究生、高年级本科生近 200 人，组成 40 个设计组，提交了 40 多个规划设计方案。这些作品体现了"保用结合"原则，充分运用现代保护规划理念，采用了独特的设计手法。这种做法对花园街保护街区的保护与开发利用，对探索和研究我市名城保护与城市复兴新思路都产生了积极影响。

参加和举办高水平国际、国内学术会议，提升名城保护工作的水平。2001 年7 月，哈尔滨市承办了全国名城保护工作会议；2002 年 12 月，我市积极参加了

韩国历史文化名城展；2005 年 1 月，我局承办了由中国城市规划学会、英国大使馆文化委员会以及哈尔滨市人民政府联合举办的"中英城市复兴高层论坛"；2005 年 8 月，由中国城市规划学会和市政府联合主办，我局承办了"中俄哈尔滨城市设计暨建筑风格学术论坛"；2005 年 11 月，我局组织人员参加在广东肇庆市召开的"国家历史文化名城 2005 年年会暨第 12 次学术研讨会"；2006 年 5 月，我局组织人员参加在浙江绍兴召开的"第二届文化遗产保护与可持续发展国际会议"。

8 与时俱进，开创名城保护工作新局面

我市的历史文化名城保护工作虽然取得了一定的成绩，但总体上尚在起步和探索阶段。历史文化名城保护作为一项系统工程，需要全社会各界有识之士的支持和帮助。随着社会的不断发展，名城保护工作也需要与时俱进，更新观念，进一步处理好旧城改造更新与现代化城市建设之间的关系。今后要进一步挖掘城市历史文化内涵，加强保护工作和依法行政工作，加强对保护规划实施的监督和管理。要继续理顺工作关系，团结社会各界，多渠道筹集保护资金，尽快建立完善的适应社会主义市场经济体制下的保护工作机制。充分运用政策、行政、经济和技术手段，不断增加保护工作的科技含量、文化含量、美学含量、绿色含量、法制含量，切实解决好保护工作出现的新问题；更加广泛地开展科普、宣传、教育工作，充分依托和调动社会力量进一步搞好历史文化名城的保护工作。

注册制度在城市规划管理中的实践与探索 [①]

城市规划是城市发展和建设的依据，是政府调控城市空间资源、协调各种利益关系的重要手段，是促进国民经济和社会事业健康发展的重要保证。实行注册城市规划师制度，是提高城市规划工作者素质、加强和规范城市规划管理工作的重要举措。近年来，哈尔滨市城市规划局尝试推行注册城市规划师制度，不断加强注册城市规划师的培养、使用和管理，充分调动和发挥注册城市规划师的专业技术优势，形成了注册规划师对规划编制、审批、批后管理各环节的全程把关，对全面提高哈尔滨市城市规划管理工作水平，促进经济发展和城市建设起到了积极作用。

1 基本情况

哈尔滨市城市规划局系统现有注册城市规划师 44 人，其中局机关有 27 人。另外，局机关还有注册建筑师 13 人，兼具注册城市规划师和注册建筑师资格的 4 人。局机关注册城市规划师和注册建筑师占规划管理岗位人员总数的 60%；7 名局级业务干部中具有注册师资格的有 5 人，占 71%，其中注册城市规划师 4 人、国家一级注册建筑师 1 人；处级干部中具有注册师资格的有 19 人，占处级规划管理岗位干部的 75%，其中注册城市规划师 15 人、注册建筑师 4 人，兼具注册城市规划师和注册建筑师资格的 2 人。

2 主要做法

作为建设部注册规划师与重要岗位挂钩的三个试点城市之一，哈尔滨市城市规划局对实行注册城市规划师制度高度重视，自 2002 年以来对这方面的工作进行了积极的实践和探索，其间还赴美国、加拿大等国考察了注册规划师制度的执行情况，在借鉴国外先进经验的同时，结合自身的实际情况进行了大胆创新和实践。

---

① 　原载于《城市规划》2006 年第 7 期。

（1）岗位挂钩

哈尔滨市城市规划局机关重要工作岗位与注册规划师挂钩试点，主要包括局级领导职位、业务处室处级职位、一般工作人员职位等重要工作岗位上注册城市规划师的配备意见，实施注册规划师与城市规划管理重要岗位挂钩的确定权限，注册规划师与局务会、规划委员会、国家派驻规划师之间的责任关系，注册规划师与重要岗位挂钩制度的有关问题及建议。

（2）精心培养

自2000年实行注册城市规划师考试制度以来，哈尔滨市城市规划局一直不断加强对注册规划师的培养力度。要求全局凡是符合报考条件的人员都要参加学习和考试，组织大家参加各种专业知识的培训班，邀请规划专家、大学教授讲课，组织赴境内外考察，订阅《城市规划》等各种专业技术期刊，提供学习备考时间，支持他们参加考试。同时，还加大了具有注册规划师和注册建筑师资格的人才引进力度。

（3）发挥特长

注册城市规划师虽然有较高的业务能力和水平，但只有放到合适的位置上才能发挥他们的特长。哈尔滨市城市规划局注重为注册规划师充分施展才华提供合适的舞台。一是改革现行的审批管理制度。哈尔滨市城市规划局原有的规划审批模式是"串联式"分区划片管理，审批工作人员既负责规划方案审查，又负责建筑方案审查。现在，在严格执行"一书两证"城市规划许可制度的基础上，通过两次大的局内职能和机构的调整与完善，改革了原有的审批管理机制，实现了规划审批流程由"串联式"向"并联式"的转化，规划审查和建筑审查同时介入，通过召开局注册规划师会议和局注册建筑师会议，为建设项目审查把关。二是给注册规划师加任务、压担子。每一位注册城市规划师除做好日常工作外，每年还要负责1或2项重要规划编制项目技术审核把关，把规划管理工作实际与规划设计有机结合起来，取得了良好效果。同时，要求每位注册城市规划师每年必须写出1或2篇高质量论文，给局规划管理工作提1或2条有质量的合理化建议。

（4）激励重用

哈尔滨市城市规划局非常重视对注册城市规划师的提拔和使用，在自注册规划师制度实行以来的干部提拔调整中，打破论资排辈的观念，专业处室均优先提拔任用具有注册规划师或注册建筑师资格的人员。2005年5月，在处室和规划分局提拔的 20 名干部中，有 14 人具有注册资格，6 个规划分局新任命的 12 名正副职领导中，有 10 人具有注册规划师或注册建筑师资格。经过此次调整后，实现了局机关重要工作岗位人员均具有注册规划师或注册建筑师资格，每个分局至少配备 1 名注册规划师和 1 名注册建筑师。哈尔滨城市规划设计院也高度重视注册制度，5 位院领导中有 4 位是注册规划师，各业务科室的主要负责人也都配备注册规划师，并且为建立激励机制，他们还为每位注册规划师每月增加岗位补贴，极大地调动了注册规划师的工作积极性。

3　几点体会

（1）实行注册规划师制度有利于促进城市规划编制工作上水平、上台阶。通过实行注册规划师制度，哈尔滨市城市规划局队伍的业务素质明显得到了提升，由原来工作重心在单体项目的审批向树立科学发展观、以人为本、关注全局及公共利益方面转变；由相对粗放的管理方式向集约化、精细化管理方向转变。不断增加规划工作科技含量、文化含量、美学含量、绿色含量、法制含量和市场经济含量，不断推出更多的规划设计佳作精品。除完成了新一轮哈尔滨市城市总体规划修编和上报工作外，还组织编制完成了 13 个方面近 3000 项规划任务，目前已基本形成了城市战略规划、总体规划、分区规划、详细规划、专项规划、城市设计相配套的城市规划编制体系。基本上扭转了"规划滞后"的不利局面，城市规划的战略性、超前性、科学性和可实施性增强，为哈尔滨的发展和建设提供了科学依据。

（2）实行注册规划师制度有利于规划管理体制改革，提高办事效率和服务质量。结合实行注册规划师制度，哈尔滨市城市规划局提出了城市规划工作要适应加入 WTO 与国际接轨的新形势，以推出一流的规划作品、建设一流的干部队伍、达到一流的规划管理水平、创造一流的综合效益为目标，实施"科技兴规、服务兴局"的战略，实现规划管理由过去计划经济条件下的服务方式向适应市场经济条件下的服务方式转变。哈尔滨市城市规划局根据哈尔滨市处于高纬度地区、建设工期短的实际，进行了规划审批机制的改革，进一步简化了办事程序，缩短了审批时限，提高了办事效率。建设工程审批时限由 43 天缩短为 34 天，基础设施工程审批时限由 26 天缩短为 15 天,有效地保证了全市各项建设的顺利实施。同时,随着专业化管理不断深入,正在逐步实现规划管理工作由注重微观、就项目论项目、以审批建筑为主,向注重公共利益公共安全、优化整个城市空间环境转化;由"坐堂式"审批向深入基层主动服务转化;由"事无巨细"逐项审批向以国家强制性标准为主、强制性与指导性相结合的规划管理方式转化;规划管理逐步由判例式为主向通则式为主转化;由内部审批、"灰箱操作"向政务公开、"阳光规划"转化。

(3)实行注册规划师制度有利于建立学习型、研究型机关,形成了尊重知识、尊重人才的良好氛围。注册规划师制度的实施,促进了规划管理人员业务知识的学习和能力的提高,全局上下形成了以能够考取注册规划师为荣的良好氛围。局领导班子成员以身作则,不论年龄大小都带头参加注册城市规划师的考试。几年来,哈尔滨市城市规划局先后有 20 多名同志取得了注册规划师资质。经过广大注册规划师的努力,全局形成了一批有较高学术价值的规划科研成果,先后出版了《新世纪哈尔滨城市规划理论与实践探索》《哈尔滨城市空间战略规划探索》《哈尔滨印象》《凝固的乐章——哈尔滨市保护建筑纵览》《新世纪哈尔滨城市规划成果作品集》等 10 余部专业书籍。注册规划师们还积极撰写了调研文章和专业论文 200 余篇,有 60 余篇论文获得省、市奖励。

4 几点建议

(1)注册城市规划师制度应由国家有关部门以法律、法规的形式进行确认,保证这项制度的严肃性和权威性。

(2)为使注册城市规划师的责权利相统一,保持队伍的稳定性,建议为注册规划师设置特殊岗位津贴。

(3)注册师与重要岗位挂钩的制度,不应仅局限于注册城市规划师,也应包括注册建筑师和其他相关专业的注册师。

(4)应统一由国家制作注册城市规划师印章,在进行规划项目审批时,只有盖上注册城市规划师的印章方能有效。

规划漫谈集萃

绿色 GDP 的规划应对 ^①

1 对绿色 GDP 的基本认识

绿色发展是十八届五中全会提出的"五大发展理念"体系中的主旨思路，也是实现生态文明梦的重要路径。在新常态下，当前提出的中高速发展（7% 左右）一定不是过去单纯的经济增长数据，而是生态文明发展模式下的可持续发展数据，即绿色 GDP 的增速！

绿色 GDP 是考核地方发展的主要综合指标。从指标来看，传统 GDP 核算是从微观层面经济单位汇总的计算思路，基本不涉及外部不经济性问题；绿色 GDP 是从传统微观层面经济单位汇总后再扣除宏观层面的外部不经济性成本得出地方生产净产出值，重点涉及外部不经济性问题。为此，绿色 GDP 核算难点就在于外部不经济性的核算，而这个核算不是微观单位核算，而是区域单位的宏观经济核算。

绿色 GDP 的关键是区域经济核算问题，折射的是区域可持续发展，而不是传统计算区的经济增长。区域可持续发展包括资源、环境、生态、社会、政治、文化等诸多方面。绿色 GDP 核算不能仅包括自然方面的成本消耗，而且还要包括社会方面的成本消耗；真正贯彻中央提出的政治、经济、社会、文化、生态五位一体建设总体布局框架，以及生态文明建设理念。

质言之，绿色 GDP 更大意义上是体现一定区域生态文明建设成就的 GDP 核算，区域生态文明价值核算是绿色 GDP 核算的关键。

2 区域空间规划是区域生态文明价值核算的关键依据

区域生态文明价值核算不是经济活动单位的核算，更多的是规划目标导向的

---

① 此文是俞滨洋先生在十八大提出生态文明建设总体布局后针对绿色 GDP 和规划应对的思考和建议原稿。

区域整体价值判读。因此，区域空间规划应是区域生态文明价值核算的关键依据甚至法定依据。

那么，传统的区域规划内容难以适应绿色 GDP 核算、绿色发展的总体要求。区域空间规划需要革新！需要建立适应绿色发展的、满足绿色 GDP 核算的规划技术体系！

从绿色 GDP 核算的外部不经济性内容看，自然（广义的自然）部分的虚数从下列因素中扣除：①环境污染所造成的环境质量下降；②自然资源的退化与配比的不均衡；③长期生态质量退化所造成的损失；④自然灾害所引起的经济损失；⑤资源稀缺性所引发的成本；⑥物质、能量的不合理利用所导致的损失。人文部分（广义的社会）的虚数从下列因素中扣除：①由于疾病和公共卫生条件所导致的支出；②由于失业所造成的损失；③由于犯罪所造成的损失；④由于教育水平低下和文盲状况导致的损失；⑤由于人口数量失控所导致的损失；⑥由于管理不善（包括决策失误）所造成的损失。上述内容都是以一定区域为单位的整体核算，同时也是区域空间规划中需要关注的问题。为此，适应绿色 GDP 核算的区域规划应包括资源承载力计算、环境容量承载力计算、生态破坏可能性评估、居民幸福指数评估、社会容量支持发展评估、发展安全评估、产业安全评估等。区域空间规划需要强调目标评估和经济核算。

绿色 GDP 过程是一个区域可持续发展规划的过程，与传统 GDP 不同的是：传统 GDP 看重经济数据结果，过程可不择手段；绿色 GDP 看重发展质量结果，核心是发展过程的可持续性。

总体结论：绿色 GDP 没有规划师的参与是很难核算的；环境规划师、城市规划师、乡村规划师、社会规划师等宏观经济层面的规划预算是做好绿色 GDP 和绿色发展的重要力量。

3　基于绿色发展的区域空间规划变革创新

由上述分析可知，传统的区域空间规划，尤其是各自为政的部门规划，都难以适应绿色发展的战略要求。区域空间规划必须要做适应五大理念、五位一体建设总体布局、五化同步发展的生态文明发展模式的改革创新，才能真正实现区域空间规划的现实价值和长远意义。

然而，当前的区域空间规划大多是基于地方经济增长的技术思路，而不是基于可持续发展的技术思路，各类型的区域规划之间内容重复、目标不一、布局混乱、功能浪费等，造成了资源浪费、重复建设、生态恶化等严重后果，显然与目前的新形势、新要求、新理念等不相符，急需整合革新。

根据目前五大理念、五位一体、五化同步的生态文明发展模式和新要求，区域空间规划要做如下革新。

规划体制：多规合一的空间规划体系。按照当前的事权层级，分为国家空间规划、省域空间规划、市辖区（县、市）空间规划三级体制。

规划地位：国家治理能力和治理体系现代化的核心抓手和法定依据，尤其是差异化地方责任以及紧跟的财税体制改革、政府转移支付、地方官员考核机制等重大措施，是国家实现因地制宜治理的关键。

规划组织：各专业规划部门与国家统计部门联动编制。

规划内容：发展规划（经济、人口）、公平规划（社会、生态）、共享规划（设施、文化、风貌）、管控规划（定界、定线、定点）、政策规划（项目、资金、优惠政策）。应是空间与非空间的综合性规划内容体系，才能满足绿色GDP、绿色发展的整体要求，其中，定量的规划内容尤为关键，这是做好绿色GDP核算、实现绿色发展的关键性步骤，例如，从空间上，要做多大建设量才能保障绿色发展，值得研究和确定；从社会上，要确定什么样的幸福指数才能保障安居乐业、健康宜居、共享发展，值得研究和确定。

规划理念：从单纯的生态承载力确定目标转向生态承载力和社会承载力并驱确定目标，从单纯的空间规划转向空间与非空间联动的综合性规划，从规划为龙头转向规划事前、事中、事后的全过程，从规划管理转向规划管理和统计考核互动。

规划监督：从落线定位、项目监督转向绿色考核评价、恩威并重、后规划评价等多种形式。

新时代城乡规划改革的认识和思考 ①

关键词 1：建立空间规划体系，推进规划体制改革，加快规划立法工作，城市规划重要引领作用。

认识：

重点在规划编制体制改革，推动规划编制的科学性，支撑规划管理和建设的合理性、长远性、统筹性，实现"多规合一"。

举措：

在规划编制组织机关方面，建议新组建能统领空间规划的职能部门，专门负责规划编制工作，彻底解决规划各自为政的局面，实现"多规合一"。

在规划编制技术规定方面，建议明确国家级、省级、县级三级空间规划事权。以城乡规划为基础，重新制定国家空间规划技术管理规定，构建国家空间规划、省级空间规划、县级空间规划的三级空间规划体系。

关键词 2：规划编制要接地气，人民城市为人民，人民群众满意度衡量。

认识：

重点在规划编制过程改革，推动规划编制的合理性，支撑规划管理和建设符合人民利益。

举措：

建议在城市实行社区责任规划师、在农村实行乡村责任规划师制度，通过法律授权制定合理有序的规划编制决策建议程序，代表规划企事业单位、建设方、管理方和广大市民实现公众利益。

加强人员编制和财政资金的支持，改革创新规划专家评审制度和规划公众公示制度，建议实施以总规划师为基础的专家团队评审论证制度、以责任规划师为基础的公众建议诉求制度。

---

① 此文是俞滨洋先生对当今新时代国家空间规划体制改革的所思所想的原稿，个别观点有所删减。

关键词 3：规划经过批准后要严格执行，一茬接一茬干下去；"一张蓝图干到底"；建立城市体检评估机制。

认识：

重点提高规划的法律权威性、严肃性，重点在监督体系建设。

举措：

制定一套可衡量、可监督、可统计的量化评估指标，依法对空间规划实施"城市体检"，同时建议实施领导换届的离任规划审计评估制度，针对"一张蓝图"执行情况要进行严格审计评估，并作为升迁的重要考核依据。

建议实施规划编制与规划建设分离制度，规划编制实行垂直管理，规划建设实行属地管理，建立最为严格的规划修改制度，有利于保障规划的连续性和权威性。

建议组建空间规划专门的督察机构，制定"城市体检"、风险评估等规章制度，制定行之有效的保障措施。与此同时，要实行全覆盖的国家空间规划督查体系，尤其是针对重点城市、重点地区、重点沿线等要加强国家督查稽查力度。

关键词 4："显山露水、透绿见蓝""金山银山"，扩张性转向限定边界、优化结构；"三生空间"；理念方法创新。

认识：

重点改革规划编制的技术方法和技术路线（改革措施前面提及，即重新整合制定规划编制办法），改革传统的"一书两证""各自为战"的项目审批制度。

举措：

建议国土格局开发格局实现"三区三线"的空间管制制度。建设用地使用实行严格的立体化许可管制制度，包括用途、地上地下、建设风貌、周边协调等规划建设指标。推进"一书两证"的地方审批制度改革，建立"一张图"技术体制下的"一证"审批制度框架，按照可统计性、可监督性、可操作性强调"一张表"的各项指标的落实分解。

建立绿色发展与经济增长挂钩的"恩威并重""管帮结合"的审批审查机制，建议推行绿色发展为核心的差异化绩效考核制度（绿色 GDP 考核），作为领导干部升迁的重要依据。例如，每增加 $1m^2$ 绿量可给予 $1m^2$ 建设用地增量。

实施以绿色为主题的城镇建设，重点抓好一批绿色城镇建设项目、示范区。例如，尝试评选城乡规划百佳案例，形成督察奖励制度框架。

关键词5：建设一个什么样的首都，怎样建设好首都这个问题；相适应、相协调、相一致。

认识：

空间布局一盘棋，城乡全覆盖。

举措：

启动编制全国空间规划，展望"两个一百年"，实现各部委规划的全国一盘棋布局。

实施以国家中心城市引领、区域中心城市支撑的城市群建设，并制定相应的支持计划。例如，对纳入国家战略定位的城镇，应给予 $5\sim10km^2$ 的建设用地指标供给，专门用于国家或区域职能甚至世界职能的建设与发展，以带动国家空间格局优化完善。

关键词6：空间立体性、平面协调性、风貌整体性、文脉延续性等方面的规划和管控，留住城市特有的基因。

认识：

文化自信。

举措：

划定历史街区和历史建筑、传统村落。

加强财政支持。

加强城市设计工作。

城市规划权威不容践踏 ^①

众所周知，城市规划在城市发展中起着战略引领和刚性控制的重要作用，但是当前各地方在工作实践中不尊重城市规划、突破城市规划刚性控制的情况时有发生。部分地方党政领导随意干预城市规划，用概念性规划、战略性规划等非法定规划作为城市规划建设的直接审批依据；城市控制性详细规划编而不批、按需修改；违反城市规划核发规划许可，不按法定权限和程序随意调整城市规划强制性内容；违规下放城市规划管理权，对违法建设行为查处不力等现象仍然存在，并不时见诸报端，凸显了近年来城市规划的种种违规违法乱象。

一、突破规划强制性内容的行为屡禁不止

规划强制性内容是城市建设和发展的底线，是不容突破的红线。例如，绿地、河湖水系是城市生态的重要组成部分，对改善人居环境、提升市民生活品质、防灾避难等具有不可替代的作用；基础设施是市民生产、生活的物质基础，是城市社会经济活动正常运行的基本保障；历史文化街区和建筑不仅彰显了一座城市的特色，更是城市精神的象征。这些都是城市可持续发展的基本要素，通过法定规划都给予了固定，以满足群众的基本需求，体现城市独特的风貌，增加城市的文化感召力和群众的归属感与自豪感。

但是，当前对历史文化街区和建筑大拆大建，擅自在风景名胜区核心景区内建设宾馆、酒店，挤占绿地、河湖水系等进行商业开发的违法行为仍未得到有效遏制。根据住房和城乡建设部对部分城市开展的规划遥感监测统计，2011 年以来涉及违反规划强制性内容规定的建设项目占所有项目的比例都在 15% 以上，这说明大量涉及城市公共利益、长远利益的用地被擅自改变了用途，法定规划没有发挥其战略引领和刚性控制作用，变成了仅在"墙上挂挂"的一张图纸。

2015 年，住房和城乡建设部挂牌督办了一批严重违反城乡规划的重大违法案

---

① 此文是俞滨洋先生在住房和城乡建设部稽查办期间对城市规划管理执法的所思所想的原稿，写于 2017 年。

件，其中大多是违反规划强制性内容的。例如，贵阳市将十二滩公园近 20 万 m^2 绿地用于房地产开发；兰州市拿着一份市长办公会的会议纪要，就把森林公园中原本规划建设儿童乐园的土地上建成了居住区；无锡在规划确定的建设用地范围以外批准企业建设工业厂房，突破了用地红线；南昌市擅自将市民休闲娱乐的市民文化广场绿地变成了商业综合体。

为什么地方会对绿地等强制性用地如此感兴趣呢？住房和城乡建设部有关部门负责人介绍说："这是因为对于当地来说，绿地涉及的拆迁最少、费用最低，而且周围景色最好。"在规范城市规划发展的 5 条线中，代表着绿地的"绿线"属于强制性内容，需要从严控制。可在一些地方，因省拆迁费把公共绿地资源变成了地方政府嘴边的"肥肉"，"从严"的杠杆却变成了能够由当地政府随意调配的资源。

二、违法建设仍呈多发易发态势

违法建设占用公共空间、侵占公共利益、影响社会公平、威胁公共安全，危害巨大。长期以来违法建设像城市的"牛皮癣"一样难以根治。

今年，住房和城乡建设部挂牌督办了 8 起违法建设案件，违法情节严重、社会影响较大。例如，兰州"港联购物中心"侵占泄洪通道长达 1.3km，总建筑面积达 17.3 万 m^2，属"三无"工程，是典型的政府知法犯法的违法案件，危害严重，存在重大安全隐患。太康华夏外国语小学违法在校园内建设多栋住宅，在未取得任何用地、规划建设手续的情况下占用校园外土地擅自建设和销售多栋住宅别墅，无视法律，侵占公共空间，破坏社会公平。商洛大云寺周边建设项目违反商洛市城市总体规划、文物保护等要求，在未编制控制性详细规划情况下出具规划条件、出让用地，导致大云寺文物周边历史环境遭到严重破坏。呼和浩特、马鞍山、青岛、湛江、湘潭 5 座城市违法建设案件违反规划强制性内容，侵占了公园绿地或生态绿地等公共资源，破坏了生态环境。

为什么违法建设如此难以治理？笔者认为主要有以下几个原因：第一，违法建设成本低，一些单位或个人为牟取私利擅自建设，部分城市曾有公司为获取拆迁补偿费用而专门建设违法建筑。地方政府为创造政绩、招商引资，会纵容甚至直接参与违法建设。第二，社会各界对违法建设的认识不统一，对违法建设有一定的容忍度。某市规划执法部门表示，甚至有些基层人大代表支持违法建设，当违法建设涉及招商引资、维稳、弱势群体等利益时，政府及各行政部门一般不支持查处。第三，地方政府及相关部门重审批、轻执法的理念没有转变，行政资源过度集中在审批部门，执法工作在机构、经费、人员素质等方面不能满足需要。

对此，党中央高度重视，2016 年 2 月《中共中央国务院关于进一步加强城市规划建设管理工作的若干意见》提出：用 5 年左右时间，全面清查并处理建成区违法建设，坚决遏制新增违法建设。住房和城乡建设部下发了《城市建成区违法建设专项治理工作五年行动方案》，在全国部署开展违法建设治理行动，取得了一定效果。目前各地都在积极推进，但是也普遍反映，违法建设治理工作仍然任重道远。

三、多措并举，切实树立规划权威

习近平总书记多次强调，城市规划经法定程序批准后就具有法定效力，要坚决维护规划的严肃性和权威性。《中共中央国务院关于进一步加强城市规划建设管理工作的若干意见》（中发〔2016〕6 号）明确要求："经依法批准的城市规划，是城市建设和管理的依据，必须严格执行，凡是违反规划的行为都要严肃追究责任"。

针对规划目前存在的问题，笔者认为应从以下几个方面破解难题。

一是提高规划法律权威性的思想认识。一方面，要加强地方政府领导的规划管理能力建设，尤其是提高地方党政领导和主管领导对遵守《城乡规划法》的思想认识，严格规划编制、规划调整的监管，严禁以会议纪要代替法定程序。另一方面，要加强规划宣传，普及规划教育，提高全民规划法律素质，让全民懂得规划、理解规划、遵守规划、监督规划。

二是加强规划编制和审批管理。创新规划理念，改进规划方法，把以人为本、尊重自然、传承历史、绿色低碳等理念融入城市规划全过程，从区域、城乡整体协调的高度谋划城市发展，增强规划的前瞻性、科学性和连续性。加强规划管理审批改革，积极推进"多规合一"数据平台建设，创新"一张图干到底"的规划审批管理体系。对违规违法项目实行严格的问责追责的管理制度。

三是推进中央与地方规划管理事权改革，深化细化强制性内容调整程序与权限。按照党中央、国务院"放管服"的改革要求，厘清中央、地方的规划管理事权，明确哪些空间管理是国家事权，哪些空间管理是地方事权；梳理上位、下位规划之间的技术管理内容，明确哪些是上位规划刚性内容，下位规划必须执行的，哪些是上位规划引导内容，下位规划可以弹性调整的，并要明确相应的调整原则、幅度、依据等，做到调整刚性内容有依据、有程序、有权限、有规矩。

四是加强规划监督执法。健全国家城乡规划督察员制度，发挥督察员层级监督、实时监督、专家监督的优势，督促地方政府严格依法执行规划。要继续完善利用卫星遥感监测等多种手段共同监督规划实施的工作机制，利用卫星遥感客观、准确、全面的特点，与规划督察员制度优势互补，形成"事前、事中、事后""全时段、全方位"的监督体系。例如，2015年住房和城乡建设部通过挂牌督办9起城乡规划违法案件，没收或拆除违法建筑13.1万 m^2，保护绿地83.6万 m^2，38名责任人受到党纪政纪处分，起到了很好的警示震慑作用，维护了规划的权威性和严肃性，社会效果良好。

五是完善社会参与机制。要加强多层次、多形式的规划宣传，让广大市民了解城市规划，增强公众参与规划的意识。要进一步加强规划公示，建立充分的公众意见表达机制，强化规划监督管理职能。要推进规划改革，将公众参与纳入规划立法体系。要充分发挥专家和公众的力量，加强规划实施的工作机制。

适应包容性发展　加快城乡规划改革创新 ①

　　面对我国经济社会发展的巨大成就伴随而来的区域发展不平衡、城乡发展不协调、资源环境与经济发展不和谐等现实问题，2011 年"包容性发展"这一全球性发展模式正式被我国政府所重视，旨在强调在经济发展的同时获得社会的发展和人的发展。从党的十八大以来的治国理念和发展方略看，社会保障正在逐步公平化、公共服务正在均等化、社会结构正在共融化、城乡发展正在一体化、区域发展正在联动化，以共享理念为核心的包容性发展理念和一系列举措正在如火如荼地付诸实施。

　　城市是实现包容性发展的关键性空间，城乡规划是实现包容性发展的基础性保障。在今后新型城镇化健康发展"追梦"（中国梦）、"跨井"（中等收入陷阱）、"治病"（城市病）的过程中，加快城乡规划适应新常态经济、可持续生态尤其是包容性社会发展的改革创新是当务之急！针对我国城市发展到现实阶段成效的和城乡规划的现实问题，城乡规划适应包容性发展要在服务国家战略实施上发挥引领作用，在服务基层满意度上下大功夫。为此，笔者想谈三点初步思考与同仁们交流。

　　一、克难攻坚，构建适应包容性发展目标的城乡规划编制体系。"包容性发展"实质是使经济发展回归增长本意，即以人为本，发展的目的不是单纯追求 GDP 的增长，而是使经济的增长和社会的进步以及人民生活的改善同步进行，并且追求经济增长与资源环境的协调发展。所以，深入贯彻"五位一体"和"四个全面"战略，尽快适应和实现包容性发展，城乡建设、国民社会经济、社会生态等规划一盘棋显得十分重要。落实国家"两个一百年""中国梦"的战略目标，要以主体功能区规划为基础，以立体的城乡规划为统领，包容协调土地利用、环境保护、生态、交通、能源、流域、海洋等重大专项空间规划，构建"多规合一"相互包容的规划编制体系，以有效贯彻落实以人为本、公平共享的发展理念和总体要求。

---

① 　此文是 2015 年 12 月俞滨洋先生应《城市规划学刊》编辑部邀请，在《包容性发展和城市规划变革》学术笔谈会的发言，载于《城市规划学刊》2016 年 1 期。

二、尊重规律，健全适应包容性发展态势的城乡规划认知体系。城乡规划工作要切实体现"十三五"建议有关创新、协调、绿色、开放、共享理念，尽全力使发展成果更多地惠及全体人民。从空间视角认知，城乡规划应改变传统唯GDP增长、唯中心城市的传统工作方法体系，尽快健全人与自然和谐、城乡一体化、经济与社会生态协调、能够适应包容性发展格局多样性需求的新工作方法体系，实现从生产空间向宜居空间、指标分配向市场弹性的规划思路转变，让新型城镇化空间格局结构合理、功能完善、交通畅通、环境优美，形象独特，便捷高效，使之具有全球竞争力和可持续能力。为此，城乡规划要充分体现包容性，十分尊重自然本底、十分尊重历史文脉、十分尊重法治力度、十分尊重人的多样化需求，认识、顺应和尊重城市发展的自然历史过程和规律，将环境容量和城市综合承载力作为基本依据，切实做好城乡规划改革创新工作。

三、解放思想，创新适应包容性发展管治的城乡规划技术体系。"人民城市为人民"的核心是城乡规划要充分体现以人为本。对于城乡规划工作，包容性发展实质是要充分考虑城乡社会各阶层尤其是弱势群体的生存和发展空间，要充分尊重生态安全的发展格局，要充分重视城乡空间资源对生产、生活和生态空间的合理配置，其核心目标是提高城乡发展的宜居性、持续性、包容性。为此，创新适应包容性发展管治的城乡规划技术体系迫在眉睫！例如，在空间布局方面要围绕留好市民公共空间、留住城市历史文化空间、留足生态安全空间为基本底线，构建"生产、生活、生态"空间合理布局的技术方法体系；在规划组织方面要强调官、产、学、研、管、民的共同参与，健全适应"人民城市为人民"的依法决策的体制机制；在规划内容方面要借鉴成功经验开展城市设计，进行"城市双修"，加大"四增四减"力度，即增加开放空间、增加绿化、增加现代服务设施、增加人的宜居舒适度；减少过度开发强度、减少交通拥堵、减少环境污染、减少低水平重复建设，充分体现绿色城市发展模式。

科学的规划是永久的财富 ①

1 认识省情是做好规划的基础

黑龙江省的城镇体系规划从一开始就受到各方重视。近年来省委、省政府的领导多次指示要大手笔、高起点搞好规划，聘请国内外著名专家学者对规划进行科学论证。省有关部门和研究单位因此将科研作为搞好规划的前提，并为此做了大量工作。目前所编制的《黑龙江省城镇体系规划（1998—2020年）》在1999年就通过了建设部和省有关部门的审查，随后进行了相应的修改和完善。

规划是一定时段内空间布局及其内涵的调整和设定，它的目标是未来，基点是现实，而现实是过去的积累。因此，搞好规划的基础是认识省情。黑龙江省情的基本特征是资源、边境、寒地，这在本次城镇体系规划中有较充分的反映。

黑龙江的区位条件独特，有丰富的矿产、森林、土地、旅游等资源，有雄厚的农业基础及资源型、重型的工业结构，有日益完善的区域性基础设施。同时，黑龙江的发展历史相对较短，发展水平在国内中等偏下，生态环境有恶化倾向。

黑龙江省处于工业化的中期，而城镇化进程实际要滞后于工业化进程，仍处在中期的起步阶段。受计划经济体制以及自然条件、资源条件的影响，城镇化与城镇发展具有鲜明的资源、边境、寒地的区域特征，同时空间发展格局比较协调。

黑龙江省目前城镇化水平为43%，居全国前列，但城镇化的总体质量差、水平低。区域和城镇基础设施欠账多，城镇建设特点不鲜明。全省城镇经济辐射力不强，要素集聚力弱。这些因素制约了城镇经济发展，延缓了城镇化进程，对城镇化的健康发展已构成不利影响。

对省情的认识，是在主管部门和各方专家充分研究与分析后形成的。它是制定城镇体系规划的基础，我们的规划就是从这里开始的。

---

① 2001年7月31日时任黑龙江省建设厅副厅长的俞滨洋先生就国务院批复的《黑龙江省城镇体系规划（1998—2020年）》有关情况接受黑龙江日报记者薛秀春的采访。

2 科学的规划是永久的财富

今后20年黑龙江城镇体系规划的指导思想是，坚持以人为本，实施可持续发展的非均衡的城镇化战略，制定集经济发展与城镇建设于一体的城镇体系规划。把城镇化同工业化、信息化、市场化、国际化有机结合起来，强化省域核心城市，大力发展区域中心城市，积极发展县级市和县镇，择优扶持中心镇，提高建制镇，将黑龙江省建成地缘优势突出、分工科学合理、经济实力较强、沿边全面开放的现代化城镇群，走大、中、小城市和城镇协调发展的城镇化道路。

在21世纪的头十年，重点提高城镇化质量，优化城镇化内部结构。消除城镇化的"虚高度"，促进人口、环境、资源、经济协调发展。哈尔滨、大庆2010年率先实现城市现代化；后十年，基本上把哈尔滨建成寒地国际性城市，完善齐齐哈尔等区域性中心城市的产业结构和社会经济功能，继续完善区域性基础设施，促进县乡经济的发展和城镇建设，形成相对成型的城市经济区域。全省基本实现城镇现代化。着力营造好各具特色的城市文化，基本建成结构合理、功能完备的区域生态体系和城镇环境保护体系。

规划中将黑龙江城镇体系等级结构分为六级，重点发展一、二级城镇，逐步强化三、四级城镇的中心城市职能，小城镇的发展重点扶持四、五级城镇。在城镇的职能结构方面，要立足寒地特色和良好的生态条件，加快老工业基地改造，突出科技创新和体制创新，建立城乡协调的开放型绿色经济结构，进一步加快城乡第三产业的发展。同时，根据中心城市的功能与实力等多种因素，将全省划分为若干城市经济区，作为协调中心城市与区域空间组织和行政区划调整的重要依据。

科学编制与实施黑龙江城镇体系规划，对强化全省城镇的合理布局、城乡协调发展具有强化作用，对推进城镇化，取得区域整体协调发展、城乡协调发展，生态环境保护，资源合理开发利用，减少重复建设具有积极效用。

3 在论证中完善规划

编制规划的过程就是对现实和未来的认识过程，因而一次性完成的规划是不可想象的。黑龙江省规划的编制是在不断地论证、修改中逐步完善的。1999年5

月,建设部城乡规划管理中心的专家在审查通过《黑龙江省城镇体系规划（1998—2020年）》的同时，提出了6个方面的宝贵意见。根据这些意见，我们又结合新形势尤其是"十五"计划对本次规划进行了修改完善,形成了包括规划文件（文本、总报告、专题研究报告、基础资料汇编）和规划图纸在内的规划成果。

今年5月，我们又召开了《黑龙江城镇体系规划》（以下简称《规划》）高层论证会，邀请了国内17位著名规划专家学者对正在完善的《规划》进行了咨询论证。专家们从当今世界政治经济的变化发展形势的大视野和经济全球化、信息化的高度，对黑龙江省城镇化的特点、城镇发展战略、区域与城镇开发建设的有利与不利因素、资源保护、生态环境建设、城镇体系结构、实施规划的政策措施等问题进行了深刻的分析和论证。

在此基础上，专家们对黑龙江城镇体系规划给予了充分肯定和高度评价。他们认为,按照建设部审查意见修改后的《规划》基础工作扎实,规划指导思想明确，对黑龙江城镇发展的背景与现状论证充分、定位准确，突出了资源、边境、寒地特色；城镇发展战略考虑了全省经济社会发展战略的核心内容，城镇体系结构及其支撑系统符合黑龙江的实际情况，规划实施措施和建议具有针对性和可操作性。规划成果达到了国家有关法规的要求。

我们的规划还远未达到尽善尽美的程度。

城乡治理与规划改革 [①]

一、面对问题，城乡治理与规划改革势在必行。当前我国城乡规划面对三大问题：一是从城市和区域看，资源、经济、环境、社会问题严重，人口膨胀、交通拥堵、历史遗产损毁、"千城一面"等"城市病"严重；二是从城乡规划督察看，城乡规划依法行政存在着"控改总"和突破"三区四线"强制性规划内容等问题；三是从规划自身看，存在重城轻乡、重近轻远、重地上轻地下、重编制轻实施、重技术轻政策轻监督轻行业管理等问题。

二、落实战略，明确规划改革的方向和重点。党的十八大以来国家出台了一系列大政方针，尤其是落实国家新型城镇化战略等任务，既有长远大略（2049年）也有近期重点（2020年）；既有服务公共空间留足优化也有服务促进市场经济繁荣；既有多出"显山露水、透绿见蓝、留住乡愁"精品佳作也有简政放权抓大放小；既有划清限定城市边界优化空间结构更有加强督察不断提高执法水平确保"一张蓝图干到底"等任务。

因此，规划改革既要体现战略性和科学性，也要体现政策性尤其是合法性。规划改革应从六个方面转型：一是进一步向尊重人、自然、历史文化、法治，为城乡居民创造更好生活和就业转变；二是进一步由粗放向集约、由庞大专业技术向配套实用技术和公共政策转变；三是向构筑城乡空间一流的功能、基础设施、交通网络、生态环境、特色风貌转变；四是由主城区物质空间规划向不断增加科技、文化、法制、智慧、绿色、人文、幸福、健康含量的覆盖城乡的全域规划转变；五是由定性为主的传统规划向面向复杂系统以大数据为依据的规划分析、预测目标、实施评估、适时调整全过程的"五定"（定性、定量、定位、定景、定施）综合集成规划转变；六是由住房和城乡建设部门主导的专业规划向政府主导、住房和城乡建设部门牵头，相关部门、专家、公众参与的综合性权威规划转变。

---

① 此文是俞滨洋先生在2014年全国城市规划年会"城乡治理和规划改革"分论坛会场的发言，原载于《城市规划》2015年第1期。

控规面对面 [①]

控制性详细规划的合法性最重要，依据合法总规编制实施控规，是城乡规划依法行政的关键环节之一。在此谈谈对控改总问题的看法。

1 控改总的实质

控改总是依法批准的控制性详细规划，其有关绿线、紫线、黄线、蓝线等关系到公共利益、公共安全的公共空间规划用地，未按有关法律法规和相关程序规定擅自进行压编减少、功能变性、位置变更等修改或调整，违反了《城乡规划法》的行为。当前控改总问题比较普遍，后果比较严重，必须抓紧治理到位。

2 控改总的原因

各地反映控改总的缘故，一是总规和控规的比例尺不同，规划深度不足而产生了误差；二是总规是轮廓性控制，预见性和准确性差，编制审批周期长，不适应市场经济发展需要，因此有些项目挪动了红线，占用了规划绿地等公共空间；三是总规中有些道路、变电所、通信站点、给水加压站、排水泵站、地铁站出口等项目无准确定位，在规划实施中占用了绿地等。其实是很多城市对总规强制性内容的重要性、严肃性认识不足，存在为了谋求单一经济利益和短期利益，而随意通过编制或调整规划对公共空间进行侵占。另外，总规修改和微调工作程序比较复杂、周期较长，地方因而不愿意履行法定程序。

3 治理控改总的对策建议

一是在依据总规发现问题、依据控规处理问题中，应当始终坚持处理好刚性

---

① 原载于《城市规划》2015 年第 1 期。

与弹性的关系，首先确保公共利益、公共空间不减少、不弱化，同时兼顾实际妥善处理。

二是区分控改总违法实质，因地因时制宜区别对待。对善意控改总，即因公共设施建设及规划图纸比例尺相关误差而产生的问题，实际上为允许误差或程序违法，应制定合理误差标准及相关规定予以化解；对恶意控改总，即擅自占用、挪动公共空间、突破红线进行商业开发的，属实质性违法，须采取有力措施，坚决依法处理到位。

三是采取有效措施规范城乡规划依法行政。首先加强监督，开展控规执法检查，推广好典型，查处严重问题。其次奖惩并举、恩威并重。要大力表彰实施总规强制性内容，依法编制实施控规的典型城市；更要公开通报批评控改总严重违法现象所在城市政府和相关单位，要求限期整改到位。

福州新区建设发展座谈会上的发言要点 ^①

大家上午好！非常高兴有机会参加今天的座谈会，首先对福州新区成为第 14 个国家新区表示衷心的祝贺！听了市长对新区空间战略构想的介绍和吴良镛院士与邹德慈院士的精彩发言，我深受启发。倪虹副部长正在国务院参加会议，一会儿有时间还将赶过来到会，我谨代表他讲一点印象、两点建议、三点提醒（希望）。

1 印象很深

新区发展规划先行好！

福建省福州市高度重视规划工作，新区被国家批准伊始，就因地制宜率先提出空间战略规划，非常令人振奋，值得首肯。

2 两点建议

落实国务院对福州新区批复精神，城乡规划担子不轻！首先，新区规划在时间上应该远近结合，当年闽江口金三角规划期限还考虑 20 年，目前看到的成果只考虑到 2015 年似乎不够远，应该落实"两个一百年"的"中国梦"战略，统一规划分步实施，远景、愿景考虑到 2049 年，重点解决空间布局结构性等大问题，尤其是留足优化公共空间，为市政府确保公共利益、公共安全提供优质公共产品和公共服务创造前提；近期规划围绕"十三五"全面建成小康社会重点解决轻重缓急率先突破，找准起步区重点项目落地等可操作性问题！

其次，新区规划在空间上应该虚实结合，"虚"应该从不同区域范围进一步发掘新区的独特优势和巨大潜力，"实"结合七个组团的实际，突出重点，将多个国家战略叠加谋划一系列高水准的好项目加以落实，以新区最适合服务全国、世界大市场的特色项目和功能谋划，为优化配置适宜人居、适宜创业、适宜创新

---

① 此发言是俞滨洋先生 2015 年 9 月 28 日上午于人民大会堂四川厅在福州新区建设发展座谈会上的发言要点。

空间的落地创造条件，新区 800km² 框架应该做大做强，面对城市中国（城镇化率已达到 54.77%），应该率先规划建设成为适应城市区域化、区域城市化大趋势的美丽城乡示范区。

3　三点希望

一是借鉴国际惯例，新区规划应该加大"三个尊重"（自然、历史文化、人的多样化需求），与新区自然山水格局相敬相容，精心开展立体的城市规划（城市设计），形成"显山露水、透绿见蓝"的生动局面，以实现"看得见山、望得到水、记得住乡愁"！

二是突出搞好近期建设规划。为落实全面建成小康社会目标和"十三五"规划目标，把福州新区做优做美。

三是加强项目库优化。提高入区门槛标准，不断增加城市规划工作的科技、文化、绿色、美学、市场经济、舒适度等含量，围绕"功能好、交通畅、环境优、形象美"，大力开展综合管廊、海绵城市、绿色生态新区、智慧城市、绿色建筑等规划建设，把福州新区做精做实！

以上考虑不很成熟谨供参考，谢谢。

哈尔滨都市圈建成什么样 ^①

2005 年 1 月 11 日，哈尔滨市委、市政府下发了《关于推进哈尔滨都市圈建设的指导意见》，自此拉开了哈尔滨都市圈建设的序幕。哈尔滨为什么要扩建都市圈，扩建后的都市圈什么样？近日，哈尔滨市城市规划局局长俞滨洋对此进行了详细解读。

关键词一：背景

从外部看，全球经济一体化和国家宏观政策支持带来的发展机遇、东南沿海发达地区劳动密集型产业向技术密集型产业转移，以及外资的良性流动、"南联北开"发展战略，都已成为哈尔滨都市经济发展的关键因素。

从自身看，哈尔滨是欧亚大陆桥上的重要节点城市，具有优越的区位条件。作为东北老工业基地，具备良好的工业发展基础、科技人员和熟练工人的人力资源。腹地广阔，具有充足的发展用地和广阔的市场。周边的阿城、尚志、肇东等城市，已具备建设卫星城的雏形。

推进都市圈建设，有利于进一步发挥哈尔滨作为省会和区域性中心城市的集聚与扩散效应。有利于加快市域内卫星城市的培育和建设，推进城市化进程，形成工业化与城市化之间良性互动、城乡之间优势互补的区域发展格局。有利于推进区域合作，在更大范围和更大规模整合区域资源，增强区域经济核心竞争力。因此，建设哈尔滨都市圈已是大势所趋。

关键词二：整合

●一个主城区、六个卫星城

十二个产业集聚区

以哈尔滨市中心城市为核心，重点建设五常市、双城市、阿城市、尚志市、宾县、肇东市六个卫星城市，使其逐步发展成为人口规模 20 万~40 万，经济发达、特色突出、环境优美的中等城市。

---

① 俞滨洋先生生前就任哈尔滨市城市规划局局长期间详细解读《关于推进哈尔滨都市圈建设的指导意见》，后载于 2005 年 4 月 3 日《生活报》。

构筑宾县—宾西经济技术开发区，双城—双城市经济技术开发区、双城—新兴乡工业新区，五常—牛家工业区，阿城—阿城经济技术开发区、阿城—新华新区，尚志—尚志经济技术开发区、空港工业园区、对青山工业区、巴彦—兴隆工业新区、万宝工业新区，肇东—肇东经济技术开发区 12 个产业集聚区，以开发区为载体，发挥开发区的配套、要素流动、成本集约等效应，实现产业集群发展。

关键词三：联盟

● 资源共享

打造都市经济圈，关键在于物资资源、资本、技术、劳动力、信息、政策等在更大范围内重新整合和进一步合理配置，激活资本、人才等要素自由流动，实现资源、生产要素在更大范围内的最佳组合。

● 产业共兴

制定区域产业政策，促进农业向都市农业、精细农业、旅游农业、示范农业、科研农业和环保农业转变，工业向高新技术产业发展，第三产业向以金融、信息、物流、旅游等现代服务业为主转变。

推进中心城区支柱产业的产业链延伸和大企业集团的产品扩散，加快将电站设备、汽车、医药、食品等重点行业的零部件配套加工和中间产品向卫星城扩散，积极引导和促进省内大型装备制造企业在各卫星城设置配套园区。

把开发区作为都市圈建设的突破口，进一步完善开发区的基础设施和公共服务功能。并作为哈尔滨市老工业基地改造项目的主要承接基地，构建中心城市与各卫星城之间相互促进、相互补充、共同发展的产业格局。

● 市场共有

要推动要素市场联网，形成市场联合体，培育一体化的资本市场、技术市场、劳动力市场。积极发挥各级政府的主导作用，依靠全社会力量建设市场。尽快建立与国际接轨的市场运行规则，打破部门垄断和地区封锁，同时要进一步加强市场监管。

● 环境共造

统筹谋划生态环境建设，构筑适宜可持续发展需要的生态网络，实现区域生态环境共造、共保。突出解决诸河沿岸湿地的保护、草原和农田的"三化"、山区的森林植被减少和水土流失、水源涵养林和沿江护岸林的营造等问题。

●设施共建

加大交通等基础设施建设。以卫星城到中心城市的快速交通通道和卫星城之间的交通网络建设为重点，提高通行能力和通达深度，形成以哈尔滨为中心的一小时经济圈。

关键词四：突破

●观念突破

要树立科学发展观，坚持"以人为本"，坚持"五个统筹"，坚持可持续发展。要树立"区域协调"的观念，既要发挥城镇自我发展的主观积极性，又要实现区域内各城镇优势互补、协调发展。

●区划突破

要淡化行政界限的作用，淡化行政区域自我经济的影响，强化统筹区域经济观念，以利益主体自愿结合为基础，开展区域各单元之间的全方位、多种形式的经济合作。

●规划突破

要坚持高起点和高标准抓紧研究制定都市圈总体规划，通过规划主导都市圈城乡建设，促进区域经济社会协调发展。同时，统筹考虑都市圈内各县市的城乡规划，建立有效的层级实施机制。各县市规划既要符合都市圈建设的总体要求，又要突出各自优势和特色。

●政策突破

要进一步深化体制机制改革，消除制度性障碍。加大政策支持力度，提高都市圈自主发展能力。加大简政放权力度，扩大县市域经济社会管理自主权。强化都市圈建设的公共投入机制。加快形成各开发区招商引资的协同机制，实现政策资源的互通和共享。

●组织突破

加强组织领导，突破传统意义上的行政管理，成立由市级主管领导牵头、由各相关县市和有关部门参加的都市圈建设工作协调小组，统一协调解决推进都市圈建设工作中的有关问题，扎实推进都市圈建设。

解读哈尔滨市城市总体规划编制情况和发展思路 [①]

主持人：创新思维、关注发展。你好观众朋友，这里是本期的"都市论坛"节目，欢迎大家收看。我们今天演播室请来了哈尔滨市城市规划局局长俞滨洋同志。俞局长，大家知道，去年我们已经编制完成了《哈尔滨市城市总体规划（2004—2020年）》（送审稿），为什么要编制这一规划，是上一轮规划执行完了吗？

俞滨洋：还不完全是。因为上一轮的城市总体规划是国务院在1999年批复的，是到2010年的规划，从时间上还没有执行完。但是，从哈尔滨经济社会可持续发展的步伐看我们加快了，尤其是去年2月4日，国务院批准我市新增了呼兰区，设立了松北区，合并了道外区和太平区成为新道外区，哈尔滨城市空间由原来的$1660km^2$扩大到现在的$4272km^2$。从这张图上我们可以看出，这是原来的面积，在松花江北岸新增了2000多km^2。区划调整为我们两岸繁荣、城市空间拓展奠定了基础。同时，在城市建设发展过程中，在江南的城市发展受到一定的局限。新一轮城市总体规划受经济社会发展的影响和我们现实发展的需要，亟待我们尽快适应老工业基地振兴的需要。从黑龙江省建设六大基地的战略来看，要求我们哈尔滨加快发展、争当龙头。我市"努力快发展、全面建小康、振兴哈尔滨"战略也要求我们在城市空间布局上提供和布局对接的有效载体。

主持人：省里要求哈尔滨要加快发展，提高速度。在这样的前提下，提前修编城市总体规划就成为水到渠成的一件事了。

俞滨洋：是这样的。

主持人：那么到2004年底，就像我们手里这本送审稿所说，哈尔滨城市总体规划就已经修编完毕了，已经上报国务院了。那么，您是否可以用专业语言向电视机前广大观众简单描述一下2020年的哈尔滨究竟是一个什么样的城市？

俞滨洋：我们哈尔滨现状城市人口是347万，现状城市建设用地是$293km^2$。请看这张现状图，这是到2003年末城市建成区的现状图。根据经济社会发展的需要，到2020年规划期末，用地面积扩大了$165km^2$，增加到$458km^2$，人口增加

① 哈尔滨电视台"都市论坛"第37期、第38期《城市规划》（上）（下），2005年。

到460万。到那时,哈尔滨将成为经济上具有活力,适宜创业,居住上适宜人居,基础设施配套,环境优美,高品位,令人难忘的北方名城。总的来说是组团式布局,从大的概念上讲,中间还有些绿带,把它们有机地分割,有机地联系起来,交通网络也比较发达、密集,不仅有地上的,也有地下的,既有地上的公共交通,也有地下的地铁。

主持人:从图上看,到2020年哈尔滨城区要比现在大很多。而且建筑物密度很大,基本上连成片。从图上可以看到,松花江哈尔滨段将成为城市中心的一条生态景观带,成为城市中心的一条河流,甚至说呼兰河也在市区中间了。

俞滨洋:是这样的,我们是"一江、两河、三沟、四湖"这样一个大的生态团体。

主持人:以上是从图上考虑的,那么还有些指标,请您给我们介绍一下。比如说到了2020年还有哪些和老百姓密切相关的指标,2020年我们的城市会是什么样的?

俞滨洋:到那时,从我们全都进入小康的角度,人均GDP是3000多美元。最主要的指标是:人均公共绿地由现在的5.7m²达到10.2m²。如果把天恒山、长岭湖这些外围的生态绿地都加进来,人均绿地将达到40多 m²,就可以和世界上一些著名的城市相媲美,真正地形成生态园林城市。人均道路用地面积由现在的每人8.0m²增加到每人13.1m²。我们的公共交通环境将得到大大提高。新增地产业用地将达到60多 km²。新增居住用地主要是建设各类型商品房,经济型住房用地要增加33km²。新增公共设施用地,人均水平由现在的11.6m²增加到16.9m²,而且城市的污水处理率将达到90%以上,垃圾处理率将达到100%。即哈尔滨作为寒温带的特大城市成为一座可以和北美、北欧一些著名城市相媲美的环境优美、风格独特、经济繁荣令人难忘的区域中心城市。

主持人:大家都知道哈尔滨是我国一个重要的装备制造业基地、著名的冰雪旅游名城和重要的国际经贸城市,在新的规划中对城市的定位、城市的性质有哪些调整?

俞滨洋:有一定的微调。上一轮的城市总体规划对城市性质作了科学界定,也得到了国务院的批复。这一轮的规划对城市性质的确定,经过专家的研究,设计部门的研讨,最后经过市委、市政府、人大、政协,包括省城市规划技术鉴定委员会的鉴定，征求多方面意见，最后形成这么 5 句话：哈尔滨市是黑龙江省的省会，我国东北北部的中心城市、国家重要的制造业基地、历史文化名城、国际冰雪文化名城。这 5 句话是哈尔滨在国家、省所担当的重要任务的高度概括。

主持人：第一句话黑龙江省的省会，这不用解释，第二句话我国东北北部的中心城市，我们现在就应当是，为什么这样说？

俞滨洋：从需要和态势来看，尤其是从我们区位来看，尽管哈尔滨处于祖国的东北，但从世界版图来看处于东北亚的中心，这种几何中心使哈尔滨不仅仅在我省起到一个"龙头"作用，实际上从区域经济一体化，全球化态势下，哈尔滨在东北亚，从资源深度开发和可持续发展角度看成为不可替代的区域中心。

主持人：但从城市性质的第二句话上并没有体现出带东北亚的含义。

俞滨洋：因为我国的一些权威部门认为，中国的国际性城市提法太多了，北京、上海、深圳、广州、大连都这样提，大连也没到这样一个程度。他们认为国际性城市不宜提的太多。实际上在全区化态势下，这种综合性巨大的国际性城市不可能很多。但是在某些专业、某些国际性区域范围内带有一些专业化分工比较强的专业性区域性城市，我们认为在全国还是很多的。比如说在寒冷地区，在东北亚地区首选的国际性城市，不仅从当地的优势条件来看，而且从国家战略、区域战略来看哈尔滨应该是一个。但真正的战略不是说在嘴上，关键是靠我们大发展、快发展积累我们的基础，增强我们的实力，用我们实实在在的魅力、活力和提供好的人居条件来扩大招商引资，成为这个区域范围内最具魅力、最具吸引力的城市。

主持人：我理解您说的意思，就是我们虽然没有提哈尔滨要建成东北亚地区重要国际经贸城市，但并不影响哈尔滨发挥这样的作用。

俞滨洋：是这样，从市委确定的战略来看，我们要建"五大基地、一个中心、一个名城"。这"五大基地"有四个工业基地，有一个对俄经贸合作基地。这"一个中心"就是区域性的国际经贸中心。从这个角度来讲，城市规划按照目前的法规体系、制度的约束，我们在报批过程中，在编制规划过程中，反复论证觉得这样是比较稳妥的，比较恰当的。

主持人：第三句话是国家重要的制造业基地，这个大家知道，从"一五"开始国家就有意将哈尔滨建成这样的一个装配制造业基地的工业中心城市，现在我们说的老工业基地。现在有国家振兴老工业基地的政策出台，未来的15年内哈尔滨仍然会是国家重要的制造业基地。

俞滨洋：是这样，黑龙江省要落实国家战略建成"六大基地"，哈尔滨建设"五大基地"。除了装备制造业，还有绿色食品、医药工业，还有高新技术产业。实际上对俄基地是一个宽泛概念，其中也有一块是指产业上的合作。从目前确定的和长远发展趋势看，哈尔滨的工业基础和科技优势以及黑龙江省和大哈尔滨的自然基础都能奠定它作为国家最重要的制造业基地之一，所以我们这座城市提供就业岗位的很多任务也是在制造业上。当然现代服务业和第三产业也是吸纳农村剩余劳动力提供就业岗位的重要载体。

主持人：如果更简单理解这两句话，是不是可以这样说，在未来的15年内，哈尔滨仍然是以制造汽车、电站设备、锅炉，以及一些为其他产业配套的装备为主，而不会生产什么彩电、冰箱、洗衣机这些直接的消费品。

俞滨洋：这种情况也不排除，因为市场是配置资源的最优方式，随着全球化进程的发展，和我国加入WTO，政府主要是搭建了这样一个平台，更重要的是社会化参与、市场化运作。哈尔滨在历史上创造了很多哈尔滨之最、黑龙江之最，甚至全国之最。未来的产业构架能不能产生您所说的这种情况，出现一些新的产业或新的产品，我们可以预测，会有一些奇迹出乎意料地发生。

主持人：也就是说，实际发展会超出我们眼前拿出的这本规划。

俞滨洋：这种规划是一种战略部署，是粗线条的。具体的一些产业，应该从微观角度看。所以搭建这样一个平台，主要是创建一个良好的经济发展环境和良好的适居环境再加上基础设施的配套，就有可能发生一些奇迹。世界一些工业的工厂转移就有可能转移到我国北方，而不仅仅转移到南方，尤其是到哈尔滨。因为我们这座城市和长春、大连、沈阳比，我们有很多优势，比如说我们的土地资源、我们的水资源。我们的能源条件无论从绝对意义上讲还是从相对意义上讲，都要比它们强。有竞争优势，这种优势越是往后看越是明显。这些条件都是产业聚集、产业发展，投资环境非常重要的组成部分。如果这些条件不具备，要克服这些门槛，需要加大很多成本。当然我们也有些不利因素，也需要在我们规划建设和管理中加以克服，扬长避短，做得更好。

主持人：这是说的第三句话，第四句话是说哈尔滨城市性质是历史文化名城和国际冰雪文化名城。国务院早已把哈尔滨列为历史文化名城。

俞滨洋：是这样，在 1994 年哈尔滨成为国家 101 座历史文化名城之一。历史文化名城不仅是一个称号，更重要的是哈尔滨有特殊文脉，有特殊魅力的城市风格。作为历史文化名城，它有一些重要载体。哈尔滨老城有独特的街区格局、有独特的城市建设风貌。尤其是还有一些在中国甚至是在世界都很有特色和美丽的建筑风格。这些艺术性、文化性的品味比较高，我们城市的历史遗产也是我们这座城市可持续发展的重要财富，也是我们这座城市的品牌。所以历史文化名城的保护尤其是它的有效的开发利用是我们这座城市复兴的重要标志。国际上冰雪文化名城就不言而喻了，在全国 600 多座城市、2000 多座县城中，哈尔滨的冰雪文化底蕴最丰富。

1963 年我们就成功地举办了冰灯游园会。实际上，冰雪文化追根溯源，我们历史上就有这样的风俗，但真正发展起来是近四十几年的事。

主持人：把严寒劣势化为优势？

俞滨洋：对，这样的话，冰雪文化不仅仅是文化而且是一种产业，现在实际上已经构筑了冰雪文化舞台，经贸唱戏。城市经济、社会、文化、综合实力增强这样一个态势，而且我们的冬季甚至比夏季还要火，吸引游客。开展"冰恰会"等一系列活动，尤其是我们冰雪大世界、雪博会、冰灯游园会这些重要载体已经堪称世界冰雪文化规模最大。

主持人：第二方面，我们来谈谈城市的职能，我看您提供的材料中城市职能的第一条是：历史文化名城这刚才已经谈过了。这第二句话是东北亚经济区的副中心城市，那么这个副中心城市该怎样理解？

俞滨洋：这个副中心城市是国家从战略层面的一种考虑，在全国城镇体系纲要中是这样界定的：从东北一盘棋角度来说，东北经济区的主中心城市是沈阳，副中心城市确定了两个，一个是大连，一个是哈尔滨。大连是整个东北的沿海开放的窗口，大的港口城市。哈尔滨是东北大的对外开放窗口，具有内陆港这样的优势条件，从黑龙江省，包括内蒙古北部地区的发展来看，尤其是对俄合作来看，黑龙江尤其是省会哈尔滨具有不可替代的战略地位和作用。所以这是国家层面的一个界定。

主持人：从全国角度看，东北经济区是以沈阳为核心，它的一翼是大连，另一翼是哈尔滨，所以我们命名其为东北经济副中心城市，在城市职能里还有一句话，恐怕是过去城市规划所没提过的，就是具有较强的经济活力，适宜创业的城市，其中具有较强经济活力是对城市一个整体概括，适宜创业则是从另一个角度，我觉得这是对城市居住的人来说的，适宜搞事业、适宜发展。请您具体给我们讲解一下。

俞滨洋：生存与发展不仅仅是一个国家、一个地区、一座城市面临的问题，而且对于每一位同胞、每一位市民也是非常重要的一个问题，在生存与发展上，通过我们政府请专家、请社会各界来参与未来，构造这么一个好的平台，就是要创造这种安居乐业的环境，这种乐业从我们的理解来看就是创造一系列的就业机会，在这样一些就业机会中丰富自己、完善自己，能够得到收益，能够改善我们的生活，这样才能实现我们的预测，即刚才您讲过的话。由现在的水平，翻几番，达到一个高的境界。这样的话，围绕哈尔滨现有的产业基础，利用它的区位优势。所以我们这次规划中很重要的，就是把战略落实到实现产业经贸体系当中，在第二产业、第三产业上设立了一些有特色有活力的工业区、产业区，就是要为企业发展提供空间，就是要为人们，不仅仅是市民，也为外来的人才提供创业机会。

主持人：这句话在过去城市规划中是很少见的一个提法。

俞滨洋：在计划经济时代，因为它是国家生产力布局，摆什么项目，我们配套，先生产后生活。在市场经济条件下，情况发生重大变化，我们规划工作的思维模式也是两个根本转变：适应市场经济的转变，适应以人为本集约化转变，所以就有了这样一个新的提法，而且它深刻地贯彻到我们整个规划中，为产业发展提供空间资源，也大为增强。

主持人：下面还有一句话，适宜居住的生态型城市，还有句话说：构建一流的寒地生态社区，形成人与自然、人与社会、人与其他物种和谐生存，独具寒地特色的居住环境。

俞滨洋：我们这座城市与其他城市不一样，在地球上，我们这座城市的地理位置是唯一的，处于北纬45°45′，和沈阳、长春、海口、深圳那是完全不一样的，具有唯一性和地域性。我们这座城市总体上来看，它是在松花江中游，是大陆性季风气候，处于全国最大的也是全世界最大的平原之一——松嫩平原的中心位置，平原是城市之母，从长远来看，从这个角度讲我们这座城市完全可以成为世界级的城市。在这种地理气候环境下，它的生物多样化，它的可持续发展的良好的生态环境的整合与营造，和其他地方完全不一样。我们就要利用这样的条件，比如说"一江、两河、三沟、四湖"，保护好我们的湿地，保护好我们的生存空间，比如说我们历史上叫榆都、丁香城，现在还有这样的遗迹，甚至有的地方还很好，我们要保留好杨树、榆树，同时还要适度有限地引进一些多样化树种、草种，按景观生态学的原理来保护我们的环境，来更新创造我们的环境，使我们的环境作为人与自然有机的复合体，适应我们面向 21 世纪可持续发展的需要，我们现在构筑了落实五大基地的平台，八个区招商引资都可以往这里放。我们也积极地给市委、市政府提出建议要形成合力，而不是各自为战。

主持人：下一步哈尔滨市这样的城市，我们到了要建设成为适宜人类居住的生态型城市阶段，即使是平原型城市我们也应尽量回避"摊大饼"形势的问题。

俞滨洋：我们再看一张图，是哈尔滨市 2020 年生态结构示意图。从这张图上我们可以看见"一江、两河、三沟、四湖"主要的生态廊道，天鹅湖是和太阳岛叠加在一起的，这样一个生态景观的基础，我们不仅要有效地进行保护，现在我们看这张图，从哈尔滨市绿化系统的建设上看我们要有一系列的举措来保护好现有的绿地，进行挂牌保护，并且我们开辟了一些风景区如天恒山、长岭湖风景区等，在市区内开辟大量的公园、主题公园，在松花江南岸保护好景观长廊，开辟松花江北岸的风景长廊，同时要建设一些楔形的生态廊道。

主持人：从现在的市区图上我们看到已经有了"摊大饼"的趋势了。下一步在市区扩大范围的基础上，推进大面积的楔形绿地。

俞滨洋：在市区的范围内建设焦点公园，预留一些生态绿地。在新区开发上严格按照国家的有关要求合理地布局居住区和居住小区的绿化用地，争取做到在 500m 的范围内就有一个比较成规模的公共绿地，能够给游人、居民提供一个经常、方便的休闲健身的环境。

主持人：这里还有一个词，就是构建一流的寒地生态社区，刚才您说的绿地、生态长廊这都是从生态的方面谈的，我们都知道哈尔滨每年都有 6 个月的取暖期，并不是人类最佳的居住地，那就是说，在未来我们在冬季寒地上有大的举措。

俞滨洋：实际上这里强调寒地生态社区是说要适应这种环境，比如说房屋的设计、居住区的规划等方面，一方面是夏季良好的通风，把生态廊道的新鲜空气吸引进来，冬季又要挡风，把西北风的侵袭阻挡在城市的外围。从城市的色彩来说我们要创造一个淡雅的、以乳黄与乳白为基调的城市，要打破寒地城市以灰白为基调，创造一个良好的视觉环境。尤其是从以人为本的角度上，我们要建设寒地的生态社区，要增加冬季的花园。在房子和房子之间有条件的，要建设连廊，多建设地上、地下的通道，多搞一些寒地的中庭，创造冬季人们交往、交流、休闲、健身的环境。这样的话如果这个概念真的建设完成了，对市民、投资商、人才的工作、生活都是有百利而无一害的。

主持人：简单的理解就是，哈尔滨的冬天不仅很热闹而且很幸福。

俞滨洋：是这样的，而且从现在有很好的趋势，有些饭店，特别是有些宾馆就营造了这样的环境，实际上就是生态园。以后我们整座城市就是生态园。一年四季都是有生态的方式展示出来的。

主持人：从更简单的、具体的问题上来讲就是，现在我们采取的集中供暖的问题，拆除了上百个小烟筒，就是为营造一个寒地生态社区做出的非常壮烈的举措。过去的一家一户的小锅炉，或者是几栋楼的锅炉供暖质量并不是很高，大家对供暖的意见很大，现在以道里为核心的集中供热大片改造，就是为居民建设一个冬季温暖舒适的生活环境，到2020年这些问题都不再是问题了。

俞滨洋：这种举措不论从环境保护方面，还是从基础设施建设的角度都是我们总体规划上重要的内容。

主持人：刚才简单地说了几个数，到2020年我们城市的居住人口规模是460万，城市的建设规模是458km²。据我了解国务院近期有个要求，严格控制城市无限制地对外扩张，您认为我们哈尔滨有没有这样的事情。

俞滨洋：没有。市委、市政府尤其是规划部门聘请了中外专家来谋划哈尔滨的发展，应该讲我们是比较实事求是。我们规划的458km²是适度的。大家都看到了前一段时间，周干峙院士和北京规划院的副院长董光器在媒体上批判和抨击举的例子现状是100多km²，规划了1000多km²，这些超出现状几倍、十几倍。我们哈尔滨的现状是293km²，我们规划时增加了165km²，而且我们是严格按照城市规划法及配套的技术规定来严格执行。所以产业用地的增加，适应老工业基地改造，"退二还三"，走新型工业化道路，人居环境的改善，增绿，增加公共空间，增加道路，都是与产业配套，都是按照建设小康社会的需要来配备各种指标的。新增加的尺度是比较适度的，所以专家们是比较认可的。尤其是行政区划调整，国务院已经批复给我们增加了 2000 多 km^2 的用地，但是我们并没有一张口就增加了 $500km^2$、$1000km^2$ 的，我们不是一步把它吃掉。城市的规划不是一成不变的，我们政府、职能部门组织编制规划，但是真正的批准部门是国务院。我们的责任就是根据经济社会发展的需要修编。

主持人：刚才我们提到了另外的数据是 460 万人口，这个数据是指城市的居住人口吗？

俞滨洋：对。是指在 $458km^2$ 的范围内生活的人口数。

主持人：如果加上下属的县（市）的人口是否突破了 1000 万？

俞滨洋：突破了。现在哈尔滨的人口就是 954 万，2020 年将突破 1000 万，这是我们的预测。这个规划也包括了整个市域城镇体系规划。

主持人：按照我们现在计划生育计划下的出生率来考虑，那时哈尔滨的人口将突破 1000 万。

俞滨洋：吸引一些人才和正常的人口流动的因素都要考虑到。

主持人：也就是说，从占地、人口等方面来说，哈尔滨都将是一个特大型的城市，毫无疑问的特大型城市。

俞滨洋：我们把都市经济圈这方面考虑进来，就不仅仅是一个不到 500 万人的城市了，面积就更大，外围还有肇东、双城、阿城、尚志、五常、宾县这六个卫星城，将来都是中等城市，人口规模都是 30 万 ~50 万城市，形成哈尔滨市的卫星城，形成大的哈尔滨市的城市群体。

主持人：从功能上讲，就不单纯是哈尔滨市的规划，将来的规划就要从城市圈、城市集团的角度来思考了？

俞滨洋：真正的城市规划实际上是一个区域的规划。城市是个开放的系统，不是初期的一个点，实际上是一张网、一个链，是一个开放的系统。

主持人：这里还有个细节，您刚才已经提到了，我市是老工业基地改造的城市，我们的城市中心由于历史原因存在着一些大型的工业企业，这些年我们已经有计划地外迁了一些企业，在未来的 15 年里，在城市的各区内的工业区、生活区是否也有一个职能的划分？

俞滨洋：我们看一下这张《哈尔滨市城市总体规划（2004—2020 年）》都市

经济圈发展示意图，我们现在的城区主要是在江南，行政区划调整后，我们设立松北区和呼兰区，这轮城市发展的空间规划是"北跃西扩、南延东优、中兴外联"12个字。"北跃"的意思是发展松北区和呼兰区的城市建设用地，城市向北跨越式发展，实现两岸繁荣，在松北主要是包括江湾地区和松浦区。江湾地区主要是以教育、旅游、科研、文化、行政办公和高新技术产业为主，松浦区主要是以对俄合作这样一个基地的建设为主，那么利民就主要是呼兰区的一个新的城区，主要是以绿色食品加工和医药产业为主，作为省一级开发区目前是发育得比较好、最有活力的一个增长点。"西扩"的重点是要发展群力地区。"西扩"就是把机场高新区进一步完善，作为哈尔滨一个高新产业的重要孵化器来营造，营造一个良好的人居环境，同时这里还有一个 CBD 现代的商务区。"南延"主要是指现在的平房老区，也包括经济技术开发区，要继续向南扩展 $30km^2$，要打造全国最大的机器制造业基地，以汽车、飞机、零部件为主。"东优"主要是指现在的香坊、老太平、道外地区产业要整合，用地要整合，现有的化工区在这一轮规划中还要保留一段时间，机械制造、农垦加工、化工区等工业园区将布置在这里。"中兴"就是指在二环路以内的城区，在铁路线周边的道里区、南岗区、道外区的老城区范围内"三增三减"，增加绿化、增加公共空间、增加现代服务业，提升它的品位，减容积率、减人口密度、减少污染。通过"三增三减"把哈尔滨市的老品牌保护下来，而且更新换代，都成为我们城市发展的主中心。"外联"主要指对 6 个卫星城市和 12 个产业聚集区的培育。这样的话，哈尔滨老工业基地的"退二"，不仅仅退到城边，有的可能退到卫星城市，有的可能退到郊区，有的可能退到产业聚集区。我们这样一个城市圈的经济格局和城市空间的载体系统就搭建起来了，可以和大纽约、大巴黎、大伦敦、大莫斯科相媲美的空间发展模式。在这样的范围内从远景来看，超过 1000 万人的特大城市，它的产业分工是明确的，它的空间联系是便捷的，它的绿化系统和我们的景观生态有机融合，无论是从事第一产业、第二产业，还是第三产业都很有潜力，代表国家在世界城市之林就能够立得住，能够参与国际竞争合作发展。我们这座城市应当讲，经过了反反复复的论证。这三年请了中外专家几百名，开了四次国际会议，大家一致认为这种想法是一个可持续发展的路子，尤其是现在用科学发展观、"五个统筹"来审视这个规划，我们觉得是能站得住脚的。

主持人：俞先生，坐着哈尔滨市城市规划局局长的这把椅子也有若干年了，应该说大家对哈尔滨城市规划寄予了很多厚望。换个角度来说，您的工作压力也比较大，这些年城市建设出现偏差时，往往第一个被问责的就是您这个部门。现在《2004—2020 年城市规划》送审稿已经出来了，我们已经谈了半天。您对未来15 年我们执行这个规划，心里有多大底？

俞滨洋：我们充满信心。为什么这么讲？一个是，现在城市规划工作从1990年10 月1 日走上法制轨道后，在依法行政的道路上，环境比过去好得多，尤其是广大市民朋友和社会各界规划意识、法制意识大为增强。我举个例子，比如说我们"规划公园"网站开通两年多，不到三年，点击量就已超过12 万次。除了政府门户网站以外，可能在各行业的网站中对比人数比较多，说明大家比较感兴趣、关注。我们近三年组织了十几次大型公共参与活动。群策群力，在我们实施"阳光规划"以后，我们在规划编制前、编制后、审批前、审批后都进行公示，大家参与意识也很强，而且很多市民朋友确实能够站在科学角度支持城市规划，理解城市规划，尤其是对公共利益、公共安全、公共空间，大家能够支持，甚至有时能够牺牲自己的利益来支持大局。所以我们觉得这是很重要的基础。再一个就是，各级领导对规划工作高度重视，大力支持。举个例子，去年12 月份市委和四大班子在讨论这轮总体规划的时候，我们汇报完了之后，省委书记做了总结讲话，讲了45 分钟，提出用科学规划来统领城市建设，作为一个前导原则。这在报纸头版头条也登了。在去年召开的市委十一届三次全会上，省委书记作了重要报告，从市委部署工作角度，也是头一次对城市规划进行系统部署，这是空前的。再说最近，政府工作报告也是专门拿出一定篇幅，过去就是一两句话。这几年对规划资金的投入，对规划人员、规划队伍的建设很重视，给我们派博士后局长，又增加编制，最近又要成立6 个规划分局，非常重视。我们肩上的担子很重，责任很大，也很有信心。

主持人：我理解刚才您说的话的意思包含两方面含义，一是老百姓积极参与，依法提出自己的要求，参与规划，监督政府工作；二是上级领导重视。这实际上对您来说是一个很大压力。

俞滨洋：既是压力又是动力。

主持人：那么这个压力会变成您工作中一个很强大的支持力量，当有的个别领导打电话、写来条子的时候，老百姓对您的监督本身来说就是抵制这种不正之风最好的一个撑腰力量。

俞滨洋：我到市里工作三年多了，还真没有接到这样的条子。领导对规划尊重要比过去好得多，有了根本性的好转。因为除了《城市规划法》以外，《行政许可法》等对我们来讲都有非常严格的约束。

主持人：这是一层意思。第二层意思，我现在通过做这个节目和哈尔滨几个区的区长有过密切接触，我明显感觉到，各区的负责人都雄心勃勃，要把自己这摊事做好，从您的角度来说，各区都从自己的角度考虑，恐怕在全市来看就要有重叠，就要有"顶牛"的问题，这样是不是您做规划管理工作很难协调的一个问题？

俞滨洋：应该说，这在过去是个难题，现在也是个重要问题。我们现在是这么做的。按照市委、市政府的部署，城市整体规划建设管理重心要下移，实际上我们这一轮论证规划时，反反复复到区里征求意见，到基层反反复复听取他们的意见。规划编出来以后，规划分纲要阶段、初步成果阶段、成果阶段、成果完善阶段，前前后后修改了几十次。在这个过程中，不仅听取了区委、区政府的意图，而且我们也积极地为他们建议、策划。比如说，这轮总体规划，我们把规划的战略和8个区进行了对接，也提出落到8个区，你的特色，你的优势、潜力，你的布局，你的重点，我们都进行了统筹。按照科学发展观，哈尔滨是一个整体。8个区、11个县是哈尔滨这个整体的有机组成部分，你局部的格局要和全市的可持续发展总的格局一脉相承。不然的话，就有可能有问题。举个例子，我们在上风向、上游地区就不能发展化工产业、医药产业。我们构筑了落实"五大基地"这样一个平台。实际上8个区的招商引资都可以往这里放，我们也积极地给市委、市政府提出这样的建议，形成合力而不是各自为战，形成哈尔滨统一好的产业框架。当然在实际运作过程中，多年形成的体制机制还有不适应的地方。我们"快发展、大发展"也要创新，要加强联合，区与区的联合，协作分工，市区联动，以区为主。我们既是一个执法部门、执法主体，同时也是一个服务部门。我们积极当参谋出谋划策。所以总体来看，我们这几年工作，尤其近两年工作和区里的配合，在这样一些问题上处理的比较好。当然也有一些问题，也不是十全十美的。因为规划有刚性、有弹性。刚性这部分，如国务院批复的总体规划和一些重要地段，涉及铁路、重大基础设施、军队用地，一些大的基地、大的生态廊道，都不能动。红线、绿线、蓝线，还有一部分可以灵活性，使规划更具有科学性、操作性。再一个配合上加强沟通理解，加强互相支持，规划不是规划部门的规划，是全民的规划，是党委、政府的规划，也是多个区的规划。

主持人：这本规划正是未来 15 年哈尔滨发展的一个纲领性的东西，完全100% 地按它执行是不现实的。作为一个规划方面的专家，如果 15 年我们走的一个历程，发展的一个趋势，能和我们这个规划大概完全吻合多少您能满意？

俞滨洋：当然吻合越多越好，实际上中国特别大，中国发展社会主义市场经济、走的是中国特色社会主义道路，尤其是我们处于社会主义初级阶段，在向社会主义市场经济迈进的过程中会有很多不定的因素。过去的城市规划，它是国民经济的计划和升华。现在看不仅仅是国民经济的计划和升华，随着我们国家政治体制的改革，国民经济计划每五年推进，还在推进。但它主要是宏观调控，抓一些重大项目。这种规划做起来从空间资源、可持续利用角度来进行战略部署，研究多情景的战略，是可持续发展的有效途径。人尽其才，地尽其用，因地制宜，搞好我们这盘棋。从谋划角度来讲，日本流、韩国流、中国流，我们认为还是中国流比较好。再一个，可能具体情况有些变化，但大的格局不会变。如果全民支持，国务院批复以后，加强领导，形成合力，它的实施百分比会更大，尤其是在规划法制上越来越健全。从这个角度，我们觉得从规划的编制、审批、批后管理，从每一个项目做起，从大家关注的公共利益、公共安全、公共空间考虑，实现的可能性都非常大。当然，我们要加大宣传力度，提供更广阔平台，让市民参与，再一个加大向领导汇报力度。

主持人：最后，让我们共同期待着，哈尔滨 2020 年远景规划中为大家描绘的美好蓝图、共建一个和谐社会的目标能早日实现。谢谢俞先生。

历史街区能否有效盘活？ ①

多年来，很多历史街区的所谓"保护"仅仅停留在"不能动"的层面上，在岁月的侵蚀中，它们面临自然消亡的困境。与此同时，在城市日新月异的发展变化中，它们往往已经成为"孤岛"，成为被众多利益集团所觊觎的"肥肉"。

我们能否面对现实、解放思想，对历史街区的保护进行大胆创新？在保护的同时，历史街区能否有效盘活？以花园街为例，哈尔滨市城市规划局局长俞滨洋接受了本报记者的采访。

记者：坐落在哈尔滨市主城区黄金地段的花园街，是现存唯一保持哈尔滨开埠时期新城住宅区基本原貌的地区，早期俄罗斯风格住宅区的典型代表。专家研究表明，花园街具有重要的历史价值和商业价值。目前，这个地方的现状如何？

俞滨洋：目前，这个地区的建筑破损老化十分严重，如果再不挽救的话，它可能就在我们的眼前逐渐消失了。

应该说，哈尔滨市政府对花园街等历史文化遗产的保护一直以来都很重视，1997 年，《哈尔滨保护建筑街道街坊和地区管理办法》经市政府批准实施；2001 年，颁布《哈尔滨保护建筑和保护地区条例》。花园街从 1984 年起就被市政府正式定为保护街坊，先后组织过六轮规划设计方案。

记者：虽然有政府重视、立法保护为前提，但事实上，花园街的现状却并不乐观。为什么会这样？

俞滨洋：花园街保护街区的保护面临着四个方面的矛盾：一是需要的经济投入较大，地方财政实力不足；二是按法规制定的规划设计条件十分严格，开发商难以取得理想的经济效益；三是区内居民居住条件的改善与保持原有格局之间的矛盾；四是保护历史风貌与提高空间资源利用效率之间的矛盾。

花园街的现状用地以居住为主，间杂公企和市政用地。虽然划入了保护的范围，但老百姓一直在这里生活。按规定历史保护街区要只拆不建、多拆少建，那么要通过社会化运作的方式来对其进行综合整治的话，大家的积极性不高。

---

① 此文是俞滨洋先生时任哈尔滨规划局局长期间接受哈尔滨日报社记者的访谈记录。

记者；那您认为应该怎么办呢？

俞滨洋：要想办法把它盘活，在保护的同时，把它利用好。从单纯保护转变到保用结合，从房屋修缮转变到传统空间的保护、拓展与再利用。这实际上也是一个思想解放的过程，不断转变观念创新举措，赋予历史建筑与街区以新的活力。

记者：但根据有关规定，对历史保护街区的风貌要整体保护。"盘活"是否违背了整体保护的原则呢？

俞滨洋：这个事情很复杂，我们也很困惑。在过去做的第一轮保护规划中，老建筑全部保留，新建筑全部拆掉。但谁来拆？政府没有钱，开发商不感兴趣，老百姓水深火热，历史文化遗产面临毁灭。

如果我们有很多钱，已经到了发达国家的水平，那就好办了。但现阶段我们政府的财力十分有限。因此，对这个问题是有争议的。如果完全依法行政，保护怎么还可以再加建呢？但如果不加建就没有出路。

也有人说，那你干嘛非要把它定为历史保护街区呢，如果把它定级为历史文化风貌区就不违法了。但如果定为历史文化风貌区，那可能就全拆了。风貌区为什么不能拆呢？所以这个事情很矛盾。

记者：也就是说，我们现有的法规规定与面对的现实之间有一定矛盾，需要进一步调整完善？

俞滨洋：如果不考虑经济因素、单纯历史文化遗产保护的话，我们的法律、法规很好。但是如果你考虑经济因素、具体操作的话，它有许多不适应的地方。所以权威部门也好、权威专家也好，一定要客观，要更加实事求是。

专家提出的分层次保护的观点没有错，我过去在规划院当过院长，曾经和专家们有过同样的立场。但到规划局从事行政工作后，我就发现，理想虽好，与现实操作却存在一定的距离。如果你完全站在理想的角度，这盘棋就走不下去了，历史建筑面临坍塌，老百姓生活水深火热。

记者：理想与现实交织，使这个问题在现阶段表现得比较复杂。对于花园街，你们准备如何运作呢？

俞滨洋：按照保护与利用相结合的原则，去年5月，我们组织编制了花园街保护利用专项规划方案。规划中，注重对历史建筑完整保护，恢复历史风貌，拆除非历史建筑，更新基础设施，整修历史建筑，设计了五个不同的主题空间，分别是中心广场、民俗花园、咖啡花园、啤酒花园和艺术花园，同时在街区内规划地下商业街，并与地铁站有机相连。五个主题空间和地下商业街都具有较大卖点。

在具体操作中，我们准备采取政府搭台、市场化运作的方式。为了使开发商能够对这个地区产生兴趣，我们也在考虑在地上、地下适当地加建一些；另外，在招商引资的时候，按照国际惯例，在其他新区给予一定的奖励，你对历史街区的保护作出了贡献，那么在新区的开发中我允许你加高一些。

记者：据了解，目前在这个地区生活的大多是中低收入阶层，城市的弱势群体。改造之后，这个区域会不会由原来的穷人区变成了一个富人区呢，还是变成一个公共的文化游览休闲区？

俞滨洋：应该说是你说的后者。我们首先要完成功能的转换，目前这个地区主要功能是居住，但改造之后，我们把它由单纯的居住转变成高级第三产业，成为一个城市活的博物馆、生态园。另外，在管理方式上也要进行转换。努力使它成为一个经济有活力、环境有魅力、对外地人和投资者有吸引力的理想区域。

用和谐规划促进和谐哈尔滨又好又快发展 [①]

一、深刻认识肩负责任，增强构建和谐哈尔滨的自觉性

构建和谐哈尔滨，实现我市经济社会又好又快发展，达到全社会的和谐繁荣，城市规划工作者肩负着义不容辞的责任。城乡规划是重要的政府职能，是政府调控城市空间资源、指导城乡发展与建设、维护社会公平、保障公共安全和公众利益的重要手段。城市规划通过合理确定城市发展目标与战略，统筹协调影响城市发展的各项要素，综合安排城市布局及各项建设，配置土地和空间资源，发挥着分配和协调社会利益、构建和谐社会的重要作用。规划不仅要谋划美好的愿景，更要精心策划可操作的行动实施计划，这已是各级政府、社会各界重要的工作需求。

二、牢固树立和谐规划理念，促进城市可持续发展

贯彻落实市委全会精神，就是要全面理解科学发展观的深刻内涵，坚持"五个统筹"，用创新的和谐城市规划理念和方法促进城镇化进程和城市经济社会各项事业持续健康发展。一是坚持"全面、协调、可持续"的科学发展观，体现科学的规划。贯彻我市城市总体规划确定"北跃西扩、南延东优、中兴外联"的空间发展战略，按照提高土地使用效益，促进集约和节约用地的原则，综合考虑土地、水、能源和生态环境等与城市发展密切相关的基础条件，向"紧凑型""节约型"城市发展，科学合理地确定城市的发展目标和规模。二是坚持"以人为本"的思想，体现人文的规划。把满足人的合理需求、人的自由流动、人的物质和文化生活水平的不断提高作为规划的重要内容，为实现人的全面发展创造条件，更多地体现对人、自然和历史文化的尊重。三是坚持城乡一体，体现区域协调发展的规划。必须注重城乡统筹和区域协调发展。按照建设社会主义新农村的目标要

① 此文原载于《哈尔滨日报》2007 年 1 月 8 日第 007 版专刊·理论。

求，加强村镇规划和村（屯）规划的编制与实施指导工作，构建以哈尔滨为中心，包括 6 个卫星城和 40 个小城镇在内的哈尔滨都市经济圈。通过加快市域内卫星城市的培育和建设，构筑宾西、新华、牛家、空港工业园区等 12 个产业集聚区，承接中心城市产业转移，吸纳老工业基地产业，实现产业集约化发展。四是适应市场经济发展的需求，体现经济的规划。坚持规划为经济发展和城市建设服务的宗旨，按照中央关于振兴东北老工业基地的战略部署，调整产业布局，形成我市"五大基地"产业优势，为增强城市经济活力搭建载体。形成平房以机械工业、汽车零部件制造业为主的工业基地，市区东部以传统工业、化工及由中心区迁出的工业为主的工业基地，松北新区以绿色产业、高科技产业为主的产业基地。五是坚持人与自然协调发展，体现绿色的规划。提倡综合有效地利用资源，避免资源过度开发，特别是要保护好基本农田、水源地、自然景观、历史人文景观等资源，构筑以松花江为轴的主要生态廊道，形成"一江、两河、三沟、四湖"生态格局，构筑"组团布局、绿色环抱、点面结合、绿地楔入、廊道相连"的城市绿地系统，把哈尔滨建设成为生态型园林城市。六是以人民群众的利益为出发点，体现公平与公正的规划。要重视城市危棚户区的改造，改善百姓的居住生活条件。多规划建设经济适用住房和廉租房，给广大中低收入的群众创造一个良好的工作、学习和生活环境。七是坚持经济与社会协调发展，体现社会与文化的规划。在规划的内容上，从以城市建设为核心的物质性布局规划，向经济、社会、生态协调发展的立体、动态、整体性规划转变，进一步完善我市"两轴、四环、十射"的城市道路系统格局，完善配套给水、排水、电力、电信、供热、环保及污水处理、垃圾处理等基础设施规划。八是国内与国外相结合，体现开放的规划。和谐的城市规划应该是开放的规划，要坚持借鉴国际先进城市规划理念与本地实际相结合，学习国内外先进的城市规划方法和经验。在规划标准上，既坚持国家标准又对接 WTO 与国际标准接轨并更加突出地域性特点。九是加大公众参与，体现公共政策的规划。注意尊重广大公众的知情权、参与权和监督管理权，加大公众参与力度，强化公众参与程序，进一步实施"阳光规划"，提高城市规划工作的透明度。十是坚持依法行政，体现法制的规划。依据法定规划，依法行政，有步骤地推进规划的实施。从以行政管理手段为主，逐步向将经济手段和法律手段、行政手段有机结合，逐步实现规划管理与决策的民主化、科学化、法制化方向转化。

三、全面提升城市规划工作水平，为构建和谐哈尔滨服务

按照市委全会做出的部署，新的一年城市规划工作要以构建和谐社会为目标。一是进一步提高规划编制水平，努力在促进哈尔滨城市可持续发展上实现新突破。针对阿城改区和香坊与动力合并为香坊区，做好行政区划调整后哈尔滨市城市总体规划调整和完善工作；全面完成我市控制性详细规划编制任务，实现全覆盖无缝连接；围绕创建国家级园林城市目标，深化完善全市绿地规划，编制主题公园规划；编制年度危棚房改造规划、年度环境综合整治规划，为改善人居环境服务；为召开"大冬会"服务，做好道路交通组织等配套设施规划，重点做好哈阿公路沿线绿化及环境整治规划；按照国企改制的整体安排，完善工业企业用地调整详细规划，编制土地储备项目的规划，为盘活企业存量资产进行"招拍挂"提供条件；编制重点基础设施工程规划。二是进一步提高规划工作效能，努力在管理重心下移为基层服务上实现新突破。进一步发挥行政服务中心窗口作用，推进审批管理重心下移，巩固和发展 2006 年初步形成的"哑铃型"审批模式；对国家和省市重点建设项目、老工业基地改造项目、招商引资项目，纳入绿色通道，对项目采取主动服务，提前介入，全程跟踪；积极筹建哈尔滨市城市规划建设展馆，加强政务公开，使市民进一步了解城市规划的方案；依托规划短信服务平台，畅通市民与政府沟通的渠道；实行对违法建设行为处理预案制，预防和及时查处违法建设工程。三是进一步加强规划实施监督管理，努力在执法科技创新上实现新突破。加强对审批后建设项目实施情况的监管力度，继续完善由规划、土地、建设、环保、城管等部门组成联合执法监察机制，按各自的职责对建设项目进行监管和处罚，确保建设项目依法建设；创新执法监察科技手段，结合"数字城管"，配置有监控功能的动态执法监察车辆，配置激光测高仪等设备；加强测绘行政执法力度，开展测量标志的普查工作，采取多种形式做好地图市场整顿。四是进一步发挥规划先行作用，努力在社会主义新农村建设上实现新突破。指导各县（市）开展县域村镇体系规划编制工作；加大村（屯）规划编制力度，完成 200 个村社会主义新农村试点规划编制任务；牵头有关部门，做好"城中村"改造相关政策的研究制定，同时抓好各区"城中村"改造试点的规划编制和实施指导工作；牵头有关部门，做好城镇居民和农村村民个人建造住宅的政策调研，修订我市个人建造住宅的相关规章。

建设"规划公园"网站　加强公众参与 ①

2002 年 6 月，为了让哈尔滨市民能及时了解该市的规划动态，为市民提供对城市规划发表意见和建议的渠道，哈尔滨市城市规划局正式开通了"规划公园"中文网站，8 月，又设置了英文网页。

网站对规划设计工作的各类新闻、动态、规划项目、规划设计理论研究等内容作了发布，使广大市民在第一时间了解该市规划工作的最新情况。半年多来，共在网上发布"规划动态"46 期，规划专著 3 部，规划专业论文 10 余篇，公示规划项目 29 个。

由于网站栏目众多，功能广泛，图文并茂，既有政府信息网站的严肃性、权威性，又有专业网站的学术性，同时集规划专业性、知识性于一体，因而开通以来受到广大市民的广泛关注。目前，已有 1 万余人次登录访问。市民对公布的《松花江南岸沿江风景长廊总体规划》《建设生态城市绿地系统专项规划》《哈尔滨市城市总体规划》等项目给予了较大关注。市民们还积极为城市规划工作献计献策，对该市规划工作提出建议 300 余条。

局领导对市民提出的意见和建议十分重视，指定专人进行归纳整理，并编辑印发了"网站简报"，目前，已出至第 13 期。对市民提出的问题，要求相关部门限期解决，并在网上予以答复。部分市民提出的有价值的意见和建议还被采纳融入规划编制工作当中。

---

① 俞滨洋在哈尔滨任规划局长时，创建规划局门户网站"规划公园"。

城市规划·经营城市·城市品牌 ^①

1 经营城市的目标是实现可持续发展

目前对"经营城市"概念的理解和解释不尽相同。经营城市作为一种理念，可分为狭义和广义两种理解。狭义的"经营城市"，也指"城市经营"，主要是城市政府运用市场经济的手段，把拥有的各种有形无形的资产及存量资产转化为可以增值的活化资本，赋予其资本属性，在政府权力和市场规律作用下，通过流动、组合、裂变、出租和转让等多种形式，进行优化配置和优化运作，最大限度地实现增值、获利和赢利，拓宽城市建设资金渠道，加快城市基础设施建设步伐。

在城市化加速发展的背景下，城市建设资金短缺成为城市发展最主要的瓶颈之一，城市政府把筹集城市建设资金作为经营城市的目的有其必然性和迫切性。但资金导向的城市经营难免导致出现追求短期效益的负面效应。例如，"以地升财"，利用土地抵押大规模举债，不仅加重后任政府的财政压力，也使稀缺的土地资源过度开发，过早地抬高地价门槛，反过来影响市民生活与招商引资，也影响城市功能的发挥和优化。

市场经济体制下的"经营城市"应是广义的经营城市理念，是一种不同于"城市经营"的城市发展思路。其主旨是政府根据城市功能和环境的要求，按照市场经济手段，通过市场化运作，综合运用城市土地及空间资源和其他经济要素，盘活城市资源资本并通过高效的城市管理，从整体上优化运作城市经济，实现资源配置在容量、结构、秩序和功能上的最大化和最优化，从而实现城市建设投入和产出的良性循环及城市的可持续发展。就是根据城市功能定位，按照城市环境的要求，以经营城市的理念规划城市，以经营城市的手段建设城市，以经营城市的方式管理城市，以经营城市的谋略推销城市。

经营城市是城市化发展到一定阶段的产物，城市在经历外延式扩张发展阶段

---

① 原载于《城市规划》2002 年第 11 期。

后，经营城市的重点应该转向城市内部功能的完善和集约化发展模式，经营城市
不仅要经营有形资产，也要经营城市的功能、城市的空间、城市的生态、城市的
文化等无形资产。国内有的省市已提出发展"循环经济"，实际上也是可持续发
展战略思想的体现。

2 城市规划是经营城市的起始点和基础

城市规划与经营城市是紧密联系的，城市规划是经营城市的起始点和主要依
据。城市规划与经营城市的主体和客体相近，在操作层面上相互呼应。经营城市
是一种理念、一种模式、一种思路，不能脱离城市规划、建设、管理等环节而单
独运作。城市规划实际上决定了城市土地及空间资源未来的使用、运作和发展形
态。在宏观上，城市的性质、规模、产业结构、空间布局、发展方向、环境政策
都是决定经营城市成败的基础；在微观上，规划控制指标如用地性质、位置、面积、
容积率、绿化率等的确定，都决定了经营城市效益的关键，因此城市规划在经营
城市中具有极其重要的地位。

城市规划是对城市土地及空间资源进行基础性配置的重要手段，对城市发展
具有宏观调控作用。市场经济条件下，市场行为是有缺欠的，常会导致发展的无
序，为了追求局部利益的最大化而忽视整体和公共的利益。因此，经营城市作为
市场化运作的手段只有在城市规划的指导和调控下，才能保证其整体利益的实现。
必须利用城市规划的整合能力克服目前经营行为中的狭隘利益观，充分强调城市
经营效益的整体性。

反过来，经营城市的思想也给规划工作实现"两个根本转变"提供了一个很
好的切入点。规划工作者要加强对市场经济的研究，自觉运用价值规律使规划成
果容易为社会各阶层所接受，提高规划的科学性、实用性和可操作性，切实发挥
龙头和指导作用，为城市建设服务，为经营城市服务。

3 科学规划、创造城市品牌是经营城市取得成功的关键

城市品牌形象一般表现为城市外部的知名度和口碑，它是由城市外在的和内

在的经济、环境和社会变化的深度、广度和速度的信息传递形成的。城市品牌是宝贵的文化和经济资源，成功打造城市品牌是优化城市资源配置、搞好经营城市的灵魂，是城市经营实现良性循环、产生正效益的重要保证，也是全球化态势下城市可持续发展的必然选择。

经营城市的重点就是集约化经营土地。城市政府运用"级差地租理论"，调整城市用地功能，置换土地，"以地生财"，推进了城市建设，美化城市环境，提高城市品位和知名度，打造城市品牌。反过来，良好的城市品牌又促使城市土地进一步升值，有利于新的土地运作，形成良性循环。一些比较有眼光的城市经营者从很早就开始用整体的思路去经营城市，规划建设城市全新形象。大连经营城市成功的两个秘诀就是创造优美的城市环境和吸引外来资金，"足球城"和"服装节"已成为大连的城市品牌。青岛围绕全方位经营城市，在经营土地的同时，还经营注意力资源。通过策划啤酒节、国际电子家电博览会、海洋节等名牌节庆活动和各种综合性经济文化活动，凝聚人气，扩大需求，打造青岛"红瓦绿树、碧海蓝天"优美自然风光的城市品牌。

城市品牌是城市的无形资产，具有超过一般商品品牌的效应，要充分认识它的价值。城市定位和形象的形成，有些是历史的结果和痕迹，有些就需要人为地去营造和经营，就像塑造一个商品的品牌形象和品牌个性一样。面对经济全球化和中国加入 WTO 的新形势，在新一轮的竞争中，国内众多城市都有定位和形象塑造的问题，通过规划建设城市品牌把城市的综合实力整合起来，发掘、构筑自己的比较优势，形成核心竞争力，实现经济、文化的更大突破。

规划考察心得

理性布局全域"一盘棋" 共筑美丽中国幸福家园 [①]

——住房和城乡建设部德清县"多规合一"试点经验总结

2004年习近平同志在浙江省工作期间主持召开全省统筹城乡发展、推进一体化工作座谈会,明确要求开展制定市县域总体规划。2006年习近平同志在浙江全省城市工作会议上部署强调,要全面推动县市域总体规划编制,并将城市规划建设管理工作延伸到乡镇和村庄,使中心镇和中心村纳入城市规划,实现规划一张图,城乡全覆盖。为贯彻落实党的十八大以来提出的"生态文明""美丽中国""人民对美好生活的向往就是我们的奋斗目标"等发展理念,住房和城乡建设部按照中央统一部署,于2014年在德清、富平、四会、大理、敦煌、寿县、嘉兴、厦门8个市县开展"多规合一"试点,探索建立空间规划体系方式,推进城市规划体制改革。经过两年实践探索,积累了以德清模式为基础的改革创新经验。

布好"一盘棋",优化全域空间结构

以"多规合一"为基础布好"一盘棋",是解决当前空间规划各自为政的重要途径,也是落实中央城镇化工作会议、中央城市工作会议的重要任务。

德清县强化底线思维,将生态文明建设放在突出位置,科学统筹发展与保护的关系,统筹城乡空间功能,优化全域空间结构,建立"横向到边、纵向到底、多规协同"的全域空间规划"一盘棋",建立覆盖全域的"多规合一"控制线和控制指标体系,作为实施空间资源管理的科学依据。德清县划定19%的城镇空间、63%的农业空间和18%的生态空间,落实了主体功能区划,与土地利用总体规划、县域总体规划、环境功能区划无缝对接,增强了空间管控能力。

德清县以城市总体规划和土地利用总体规划"两规合一"为基础,统筹生产、生活、生态"三生空间",突出县域总体规划的战略性和纲领性,发挥对全域空间资源统筹管理的"一盘棋"作用,是落实习近平总书记"规划科学是最大的效益,规划失误是最大的浪费"的重要方法创新。

---

① 此文是俞滨洋先生在城乡规划司工作期间于2016年10月针对"多规合一"工作的考察报告。

管好"一盘棋",提升空间治理能力

以"多规合一"为契机管好"一盘棋",建立规划长效管控和多规成果动态更新衔接机制,是住房和城乡建设部落实国家治理体系和治理能力现代化建设的重要着力点。

德清县建立全面空间治理机制。一是成立以县委书记和县长为组长的工作领导小组,制定《"多规合一"协作联动工作实施意见》,形成一般问题由牵头单位召开专业会议决定、重要问题领导小组办公室会议决定、重大问题领导小组会议研究决定的工作机制。二是建立协作联动长效机制。通过完善"德清县规划管理委员会"的组织架构和机构职能,统筹推进"多规合一"成果编制与管理实施、开展法定规划的联动修改和动态更新。建立多规协作联动和长效管理运行机制,明确统一衔接规划编制的时间节点、内容、实施评估等,做到各级专项规划与县域总体规划相统一。三是建立督查考核机制。将"多规合一"工作纳入年度综合考核的重要内容,根据"多规合一"政策分区对全县各镇、街道、部门进行分类考核,有效引导不同区域和部门实现科学发展。

在规划行政体制改革上,德清县推动项目审批流程再造,"标准承诺制"改革,提升了项目实施精准高效服务。一是建立并运行"1+1+N""多规合一"信息平台,即规划协同平台+审批服务平台+部门服务平台,将目前建设部门1954坐标数据、国土资源部门1980坐标数据及其他部门空间数据统一到2000坐标系,统一空间信息管理数据,做到各部门信息资源的共享和在线审批,实现"多规"信息"一平台"集成、部门业务"一站式"办理。二是探索项目审批流程再造,通过调整审批事项办理阶段、合并部分审批环节、跨部门联合评审等项目审批流程再造机制,从"部门审批"向"综合审批"转变,实现了项目审批的标准化、扁平化、规范化管理。

落好"一盘棋",共筑美丽幸福家园

以"多规合一"为动力落好"一盘棋",规划建设生产空间集约高效、生活空间宜居适度、生态空间山清水秀的幸福家园,提升城乡居民"获得感",是规划改革的最终目标。

通过德清县"多规合一"试点工作,优化了城乡空间功能布局,明确了各级城镇和村庄的定位、规模、形态。在美丽县城建设中,进一步完善城市功能、提升城市形象、改善城市环境，全力打造国际化山水田园城市；在美丽城镇建设中，突出有产业、有文化、有个性的要求，助推特色小镇建设和农民就近城镇化；在美丽乡村建设中，分区、分类制定村庄整治指引，打造了全覆盖的美丽宜居村庄，在全县域形成了美丽县城、美丽城镇、美丽乡村交相辉映的新型城镇化格局。有效构建了布局合理、功能齐全、城乡一体的现代化基础服务设施网络体系，让城乡居民共享发展成果。

通过布好、管好、建好"一盘棋"，使得德清的"山水林田湖城乡"作为一个有机生命体而迸发新的活力与魅力，让美丽中国梦目标更近一步。

在总结两年来"多规合一"试点经验的基础上，2016年9月1日，住房和城乡建设部在济南召开了全国城乡规划改革工作座谈会。黄艳副部长提出，城乡规划工作要落实党中央要求，顺势而为、锐意进取，通过全流程、全方位的改革，形成"一张图、一张表、一报告、一公开、一督察""五个一"的规划编制和实施管理机制，使城乡规划真正成为落实生态文明建设的基础保障、建设宜居城市的战略引领、推进治理体系和治理能力现代化的重要途径。

城乡规划改革的号角已经吹响，住房和城乡建设部将和大家一道，齐心协力，把城乡规划事业推向前进！

俄罗斯城市规划建设考察报告 [①]

　　应俄罗斯建筑师联盟邀请，我率领哈尔滨市城市规划局一行 8 人，在 10 月 13 日至 26 日期间，参加了莫斯科第十四届国际建筑师节，并对伊尔库茨克、莫斯科、圣彼得堡三座城市的规划建设情况进行了考察访问。

一、参会情况

　　莫斯科国际建筑师节是俄罗斯建筑规划行业层次最高、规模最大的国际性会议之一，一般每两年举办一次，与会人员来自世界各地，尤以全俄、原苏联及东欧国家的规划师、建筑师为主，会议主要研究和探讨当前规划建筑行业设计、管理方面的相关问题，并对近期内取得的成果予以展示和交流。

　　俄罗斯建筑师联盟与哈尔滨市城市规划局近年来一直保持着多层次、多角度的业务联系和学术交流，2005 年度、2006 年度中俄城市设计及建筑风格国际会议暨哈尔滨城市风格研讨会的成功举办就是两国规划行业互相交流与合作的成果。本次莫斯科第十四届国际建筑师节举办地点为莫斯科。与会者逾千人，分别来自前东欧十几个国家和地区，中国代表团是唯一的亚洲国家代表团。俄罗斯建筑师联盟主席彼得罗维奇先生特意邀请哈尔滨市城市规划局参会，旨在进一步加强两国之间，特别是与其具有类似地域特征又深受俄罗斯规划影响的城市——哈尔滨之间的学术交流和业务沟通。

　　与会期间，我们参观了俄罗斯各地区及设计部门的规划展览，实地考察了莫斯科近期规划建设的重点项目和获奖项目，并分别与俄罗斯建筑师联盟主席、副主席、国际建筑师协会二区负责人、东欧地区建筑师、莫斯科总规划师及其他多座城市总规划师进行了交流与座谈，对两国的城市规划问题进行了相互学习和深入探讨，特别是与莫斯科总规划师之间达成了初步的合作意向，为我市与俄罗斯建筑师联盟及莫斯科的长远合作与交流奠定了基础。同时，我也向俄罗斯的同行

---

①　作者写于 2006 年，时任哈尔滨市城市规划局局长。

发出邀请，欢迎他们能够参加 2007 年在哈尔滨市举办的中国城市规划学会年会，以更好地与中国各地区进行多方位交流。

二、考察情况

在俄罗斯期间，我们除参加莫斯科第十四届国际建筑师节及相关活动以外，沿途还参观考察了伊尔库茨克、莫斯科、圣彼得堡三座城市的城市发展与规划情况，并与各城市的规划部门进行了广泛接触，充分了解了当地的民俗风情、城市风貌以及城市发展与管理等多方面内容。

（一）伊尔库茨克——西伯利亚的心脏、贝加尔湖畔的明珠

伊尔库茨克始建于 1700 年，已经拥有 306 年的城市发展史，该城市是西伯利亚最大的工业城市、交通和商贸枢纽，也是离贝加尔湖最近的城市，被俄罗斯人视为"西伯利亚的心脏"，被外国游客誉为俄罗斯的"东方巴黎"。

走在伊尔库茨克的大街上，并未感觉到这是一座拥有 60 万人口的大城市，相反却像是进入了一座恬静的小镇，只有在中心区最繁华的马克思大街上才感觉到一些城市的味道。伊尔库茨克的城市格局并不复杂，马克思大街、列宁大街等几条干道贯穿了整个中心城区，伊尔库茨克河、安加拉河沿岸是城市较为集中的聚居区，众多的居民零散地分布于 300 多 km² 的土地上，使整座城市显得稀疏松散，也正因为如此，良好的生态环境、自然多样的开敞空间成为城市的一大特色。

城市的整体尺度也较为协调，全市以多层建筑、低层建筑为主。宜人的空间尺度，使城市更加具有亲和力。据当地政府介绍，伊尔库茨克将继续坚持这种规划建设策略，尽量减少高层建筑的出现。这种规划策略的持续性，是伊尔库茨克几百年来能够一直保持独有的城市风貌的重要因素之一，当然相对较少的人口、充足的土地资源以及较少的建设需求也是能够实现这种策略的主要原因。

分布于老城区的做工细腻但多少有些陈旧的木制民居，是城市另一个亮点。据说该城市在建设初期的 17 和 18 世纪，全市均是木制建筑，由于一次大火，使大部分建筑遭到焚毁，损失惨重，于是当时的市长下令在城区内不得建设木制建筑，因此现存的木制建筑都具有 200 多年的历史。这些建筑的檐口、窗花及入口处雕刻细腻的花纹，展示了当时俄罗斯远东地区精湛的建筑艺术。

除零散分布的木制建筑外，伊尔库茨克更多的是形式多样的欧式建筑，特别是在老城区，留存了各时期的大量建筑精品，马克思大街两侧就是集中的展示区。17、18世纪各种风格的建筑形式在这里均有体现。

不仅仅是历史遗存，在新规划、新建筑方面，也充分体现了俄罗斯人深厚的文化底蕴。这主要体现在对城市历史的尊重方面。在伊尔库茨克的街头，随时都可看到与历史建筑结合完美的新建筑，它们的体量、色彩、立面等都十分协调、统一，这一点是十分值得我们借鉴的。

（二）莫斯科——国际都市、壮美的诗篇

莫斯科位于俄罗斯平原中部、莫斯科河畔，跨莫斯科河及其支流亚乌扎河两岸。大莫斯科面积900km^2，包括外围绿化带共1725km^2。绿化面积占总面积的三分之一，是世界上绿化最好的城市之一。

毋庸置疑，莫斯科作为国际大都市的气度是毫不逊色于世界上任何一座城市的。每一个到访者都会被它独特的魅力和强大的震撼力所吸引。其城市的格局受到欧洲城市的影响，呈放射状。克里姆林宫是城市的中心，雄伟的宫殿、壮丽的红场、繁华的古姆商店以及恢弘的教堂，成为认知莫斯科的第一景观点，也是俄罗斯建筑艺术的最集中体现。

城市的放射式格局，也影响到城市地铁的规划建设。莫斯科的地铁四通八达，多条放射线加环线的布局覆盖了整个城区，使地下交通快速、通畅、便捷。大部分地铁位于地下100m的深层空间，工程宏伟巨大，地铁站的建设也别具特色，不仅大气美观，还具有较强的艺术气息，无怪乎人们把莫斯科的地铁称为"人民的宫殿"。

地铁的发达，使其成为莫斯科公共交通的主要形式，从而在一定程度上缓解了地面的交通压力。但对于莫斯科这样的大都市而言，地面交通仍存在着很大问题。由于道路的放射式格局，又缺少快速的环线和立交，城市中心区的交通堵塞十分严重。这大大影响了整座城市的效率。但即便如此，莫斯科也不肯以牺牲老城区历史风貌为代价，建设现代化的立交设施，可见俄罗斯人对城市历史的珍惜与尊重。

随着俄罗斯经济的复苏，近年来莫斯科的新区规划与建设速度逐步加快，每年的住宅建设量达到了500万 m^2，就人均住宅拥有量而言，已达到了欧洲水平。2006年莫斯科的财政预算高达300亿美元，其中大量资金用于城市建设。根据规

划，莫斯科已经筹备"莫斯科新环"建设计划，即至 2015 年在莫斯科外环之外，再建一个新环，同时作为国际大都市，莫斯科正逐步完善自身的硬件设施，根据莫斯科 2007~2009 年地铁建设规划，莫斯科将投资 820 亿卢布用于地铁建设，未来三年内新建地铁总长达 23.9km。高额的投资，快速的发展，日新月异的变化，巨大的发展潜力使莫斯科获得"欧洲未来城市"奖。

俄罗斯建筑师联盟副主席、莫斯科建筑师联盟主席维克多及其助手，带领我们考察了莫斯科新区的规划建设情况。莫斯科的新区建设仍然比较大气严谨，建筑风格深受当代欧洲城市的影响，新材料、新技术应用广泛；独具匠心、别出心裁的设计也随处可见。例如，莫斯科河新桥及桥上悬挂式餐厅的设计，形式独特、耗资巨大，充分体现了现代欧美强势文化对俄罗斯的文化冲击和影响。

莫斯科也十分重视文化设施的规划与建设。各类博物馆、纪念馆、名人故居、音乐厅，体现了城市厚重的文化底蕴，莫斯科河畔的音乐厅就是新时期文化设施建设的代表作。这座耗资 3 亿美元，由俄罗斯建筑师联盟主席设计的具有国际一流水准的音乐厅，充分体现了当代俄罗斯设计师的技术水平和文化取向。

值得一提的是，莫斯科虽然不乏新式独特的建筑，但在新城区内是新老城结合区，仍基本延续着原有的城市风格，建筑的色彩体量协调统一，这也反映出俄罗斯规划师、建筑师在把握城市风格的总体发展方向上的严谨态度和对莫斯科城市内涵的深厚理解力与控制力。

（三）圣彼得堡——北方的威尼斯、涅瓦河畔的名城

圣彼得堡位于波罗的海芬兰湾东岸、涅瓦河口。彼得大帝在 1703 年开始建设，至今已有 300 多年的历史。市内水道纵横，遍布桥梁，因而有"北方威尼斯"之称。整座城市仍然是放射状路网格局，城市各区由几条主要干道串联。豪华、富丽、精美的冬宫，举世闻名的彼得大帝夏宫，代表城市起源的彼得要塞以及分布广泛的教堂、博物馆、纪念广场、涅瓦大街等名胜古迹，成为展现城市历史底蕴和文化底蕴的重要节点。目前的圣彼得堡不足 500 万人，城市人口的负增长成为困扰城市发展的主要因素。

规划将整座城市划分为历史中心区和自由建设区，并分别由不同的部门进行管理。历史中心区注重历史建筑与街区的保护和利用，自由建设区满足城市发展需求。这种方式将历史建筑的保护与利用上升到新的高度，使其在城市发展中得

到更广泛的认可。

为保证城市良性有序发展，圣彼得堡制定了详细的规划管理条文，并通过政府审批，形成法律文件。在总体规划的基础上，进一步编制控制性详细规划，这些做法与中国基本相似，但不同的是，俄罗斯面临着土地私有化的过程，规划必须协调政府与私人业主之间的关系，而如何解决国家在私有土地上的大量基础设施上投入问题也是规划面临的新课题。

通过在圣彼得堡的考察与交流，不仅领略了涅瓦河畔这座名城独特迷人的风采，也通过座谈了解了更多有关俄罗斯特别是圣彼得堡的城市规划设计、实施与管理等方面问题，使代表团的成员受益匪浅。

三、经验借鉴

通过参加莫斯科第十四届国际建筑师节及俄罗斯建筑师联盟第十四次会议，与会人员不仅同俄罗斯规划建筑同行进行了广泛的学术交流，同时也奠定了中俄长期合作的基础；同时，通过对俄罗斯三座城市的风貌及当今建设规划情况的考察，以及与规划部门的座谈，充分了解了俄罗斯的规划体制及城市规划情况，增强了感性认识。他山之石，可以攻玉，通过学习和借鉴，必然能够拓展我们的思路，有效地推动哈尔滨的城市规划建设工作。

（一）城市规划管理方面

俄罗斯城市规划实行分级管理制度，每座城市均设立总规划师职务，下设多个主管不同方面的副总规划师，共同负责全市的规划管理，组织规划编制、审理规划的执行情况。总规划师、副总规划师具有政府行政官员及规划专家双重身份，这使得规划的制定与决策过程较为清晰，更趋科学化。同时，在主要城市中，还设有总艺术师，负责城市历史街区、历史建筑及其周边地区的城市规划和城市设计，俄罗斯各大城市能够一直保持原有的历史风貌，新旧建筑统一协调，与这种双重管理机制是分不开的。

另外，规划管理的持续性较强，管理部门能够体现规划的延续性，合理把握城市的长远发展战略。每一年度的城市总体规划修编工作均保持一贯的规划控制思想，城市发展年代清晰，城市特色鲜明。

（二）城市规划建设方面

一是历史建筑保护与利用成效显著。

考察的三座俄罗斯城市的历史都十分悠久，历史遗存、保护建筑众多，但从城市的风貌上看，每座城市都较为协调统一，城市风格各具特色，新旧建筑能够较完美地结合，这主要是在历史建筑的保护与利用上，已形成了较为完善的设计、实施与管理的体系。例如，在圣彼得堡，保护建筑与街区保护范围内所有建设均由专门的部门审批和管理，在老城区内所有建筑的高度不得超过冬宫，在新老建筑结合上，从体量、风格上均有详细的规定，这些规定的严格执行保证了历史建筑的原有风貌不被破坏。

在历史建筑的利用上也呈多样化。俄罗斯各城市没有将历史建筑作为文物封存起来，而是通过利用增加它们的魅力和内涵，有些历史建筑一直延续着原有的功能（如分布于城市许多地方的教堂），也有许多建筑改建成博物馆、商场、旅馆等各种形式。

另外，俄罗斯的历史建筑保护意识比较强，这充分反映了俄罗斯民族丰厚的文化底蕴，这种底蕴增加了俄罗斯人对建筑艺术的理解力，从而增强了保护意识。

二是城市风格、建筑风格统一协调。

俄罗斯城市、建筑的典型风格特征首先来自于其独特的地域、地理特征和气候特征，而与上述因素紧密关联的社会文化心理特征同样也在其城市、建筑的气质上留下自己的烙印，在经历了历史岁月的洗礼之后，潜移默化地在人的心灵深处构成了俄罗斯城市、建筑发展的主线，不论建筑的建设年代或同样是采取了某种激进或保守的表现形式，人们都能据此自觉或不自觉地识别出哪些是本土的、哪些是异域的。

在特定建筑文化特征与凝重历史传统的框架下，俄罗斯当代建筑师在建筑创作中在对"形"的把握上表现出其民族心理积极、活跃甚至是激进的一面，新结构、新材料、新技术，以及新的空间形式被大量采用，表现出建筑师对运用当代建筑语言解决当代社会生活需要的自信和魄力，对形式新的可能性的深入挖掘不仅使俄罗斯当代建筑具有了与当今世界建筑发展潮流进行对话的可能，同时更加丰富和发展了其自身的文化传统的内涵。

这些都与我们哈尔滨所积极倡导的且在当今具有广泛影响的主流建筑理

论——"批判的地域主义"不谋而合,肯尼思·弗兰姆普顿将"批判的地域主义"特征概括为"真正的地域主义不是简单地恢复已消失或者将要消失的乡土风格形式,而是间接地选取某一特定地点的特征要素当作设计的切入点,并与现代科技文明很好地结合,从而形成一种新的形式,并赋予场所及建筑新的意义"。

在运用新技术、挖掘新的空间形式的过程中,俄罗斯当代建筑师注重与地域传统文化取得审美心理上的共鸣,如俄罗斯传统建筑由于气候因素往往注重对体积的塑造,表现出饱满厚重的整体效果,而现代建筑材料玻璃幕墙由于其构造特点一般被用来表现建筑的表皮特征,俄罗斯建筑师在新建筑中尝试用现代建筑的玻璃幕墙来塑造体量的效果,结果是整栋建筑犹如是当代的水晶宫一般与周围建筑在体量与尺度上形成了极佳的协调、在质感和量感上则是充满了张力。又如,俄罗斯传统城市的街道、街坊格局具有独特的肌理特征,新的城市住区建设在尊重其尺度、肌理特征的同时,引入现代建筑流动空间的概念,具体做法是将建筑的底部在街坊的转角处架空,形成街道与街坊内院的沟通,形成多层次的城市空间。

通过交流,我们对地域建筑文化的气候因素、历史因素、民俗生活习性和心理因素、不同文化间的互相渗透、吸收等层面有了更清晰的认识,更加深了我们对地域建筑文化的理解:地域建筑文化的传承不是一个静态、封闭的体系,而是在尊重历史文脉的基础上充分结合现代科技文明进行创新进化的过程。

三是绿地系统及开敞空间规划形成了完整的体系。

由于自然条件十分优越,土地资源较为丰富,加上规划的持续控制,俄罗斯各城市的绿地及开敞空间建设十分合理,形成了完整的体系。例如,莫斯科和圣彼得堡的绿地率均在30%以上,街头绿地随处可见,城市公园、广场形式多样,郊野公园广袤壮阔,各种空间亲切宜人,有较高利用率。各层次、各等级的开敞空间形成了完整的体系,大大提高了人居环境的质量。

四是牌匾广告管理经验丰富。

无论是莫斯科繁华的阿尔巴特大街商业区,或是圣彼得堡的涅瓦大街,虽然酒吧、商店、饭店林立,但整个街道立面却并不凌乱,各类牌匾广告有机地与建筑结合在一起,协调统一。可以看出莫斯科的牌匾广告经过了精心设计,管理也较为严格,体现了整座城市的文化品位。在重要的或是历史建筑上,牌匾广告一般比较通透，对建筑立面不造成遮挡，字体小巧，牌匾的色彩、位置均与建筑立面相协调。

（三）城市文化建设方面

俄罗斯的城市规划一直与城市文化紧密相连，城市、建筑、空间时刻体现城市悠久的文化底蕴，文化建筑、设施形式多样，配套齐全，大大提升了城市的文化品位。例如，各城市形式各异的博物馆、纪念馆、名人故居、油画市场以及具有不同文化内涵的酒吧、餐厅、音乐厅、剧院，还有纪念历史人物与事件的雕塑、小品、纪念碑……合理的规划与建设，使这些文化设施成为体现城市特色的载体，丰富了城市的内涵，增添了城市的魅力，提高了城市的品位。

（四）在城市形象与品牌建设方面

俄罗斯各城市都十分重视自身形象的树立，通过各种途径展示自己的特色和品牌，如每一座城市均有自己的城徽、纪念章、邮票，有丰富多样、独特新颖的旅游产品，有不同文字、不同版本的城市介绍与宣传册，这些细微的工作虽然并不复杂，投资也不会太大，但却因此让每一位到访者了解了城市，了解了俄罗斯，这种城市形象与品牌的建设是宣传城市、扩大知名度的重要手段。

四、几点建议

（一）继续加强与俄罗斯城市规划部门的交流与合作

哈尔滨市规划局已经和俄罗斯规划部门建立了长期稳定的友好关系，俄罗斯建筑师联盟主席、莫斯科总规划师及俄罗斯规划建筑同行对我市关于建筑风格的规划控制研究表示钦佩和赞赏，并达成了初步的合作意向。建议在 2007 年即俄罗斯的中国年，我市可以配合中国建筑学会、规划学会及协会，参加明年在俄罗斯举办的相应活动，并举办专门的中国规划展。同时，通过本次访问，与俄罗斯建协二区负责人达成初步协议，拟在 2007 年哈尔滨国际贸易洽谈会期间，举办规划建筑专题讲座，并举办俄罗斯规划建筑展。

（二）进一步加大哈尔滨市历史建筑的保护与利用力度

俄罗斯对历史建筑保护与利用的经验是十分值得借鉴的。应对历史建筑本身应加强保护意识，进一步严格执行我市紫线管理规定，加大审查和监管力度，严格控制历史建筑保护区域的建设；加大对历史建筑维护的资金投入，对濒危建筑进行系统保护和维修；另外，要在保护的前提下提出对历史建筑利用的合理化建议，充分发挥其应有的作用。

（三）进一步加强哈尔滨城市风格特色研究

建议进一步加强哈尔滨城市特色的研究工作，归纳总结哈尔滨城市与建筑风格的特色构成。例如，应重新确立新艺术运动建筑在哈尔滨市的地位。来源于欧洲的新艺术运动风格的建筑在俄罗斯以及欧洲城市的遗存并不多，作为当时先进思想新生文化形式的代表，虽起源于欧洲，但却未在当地发扬壮大，相反却在哈尔滨生根结果，因此应将新艺术运动风格与"中华巴洛克"风格一样，作为哈尔滨城市风格的特色构成要素之一。

（四）集中规划建设一批代表哈尔滨内涵的文化设施

借鉴俄罗斯各城市的经验，为提高哈尔滨的城市品位，城市规划应注重文化设施的建设策略，启动《哈尔滨市城市文化载体规划》，制定包括博物馆、纪念馆、音乐厅、酒吧文化等设施在内的文化设施专项规划，制定分期实施计划。集中财力建设一批具有一定意义和影响力的文化设施，如纪念碑、浮雕、环境小品等设施。

（五）加大绿地及开敞空间的建设

继续加强全市绿化和开敞空间建设工作，加大绿化建设力度，以主题公园建设为起点，局部地段的生活休闲绿地为补充，主要出城口建设林荫道，且在城区适当位置的道路设计上选用4块板断面形式。

（六）集中精力进行牌匾广告治理

借鉴俄罗斯经验，加大牌匾广告治理工作。通过整体设计，以清理历史建筑牌匾广告为起点，相对集中成片地治理牌匾广告设施，拆除不合格的牌匾广告，修订《哈尔滨市户外广告设置技术规定》，形成持续有效的管理制度。

（七）开展城徽征集工作

效仿俄罗斯各地树立城市形象、宣传城市品牌的方法，制定城市形象宣传策略，并可通过市场化运作，纳入计划予以逐步实施。面向全市或全国进行哈尔滨市市徽的征集工作，通过活动的宣传提高城市形象、扩大知名度。

国际城市交通可持续发展项目经验借鉴

应亚洲开发银行及美国交通与发展政策研究所 ITDP 邀请，我率领哈尔滨市规划局相关人员先后于 2008 年 9 月初及 10 月初参加了亚洲开发银行组织的交通可持续发展论坛及美国交通与发展政策研究所组织的交通会议，并对亚洲开发银行总部所在地菲律宾首都马尼拉市、印度尼西亚首都雅加达市、墨西哥首都墨西哥城、哥伦比亚首都波哥大市、厄瓜多尔首都基多市 5 座城市就交通可持续发展项目进行了富有成效的考察。

一、经验收获

（一）加深对城市交通可持续发展的理解

1. 城市交通可持续发展的主要行动

通过参加国际会议，聆听了国际专家的最新研究成果的演讲，全面地了解了城市交通可持续发展的概念、主要行动，并学习了世界先进城市的经验，了解了国际上相关研究的最新发展方向与动态。

城市交通可持续发展不但关注生态的可持续性，而且更关注社会的可持续性，世界范围内，当前的主要行动是发展快速、大容量公共交通体系与完善人性化、安全的交通体系，重点是完善非机动车、步行交通体系。

上述行动的生态可持续发展方面的意义在于，一方面通过提高公交客运车辆的运载能力及效率，在运载同等客流的情况下，减少车辆数量及二氧化碳排放量；另一方面，建立完善的非机动车、步行交通体系，鼓励人们改变出行方式，减少对汽车的依赖，从而减少对能源的消耗。克莱梅沃克基金会的一项研究成果表明，如果在全世界范围内 300 座主要城市建设包括 BRT 在内的大容量快速客运系统，将有助于在交通领域实现减少二氧化碳排放量的目标。

社会可持续发展方面的意义在于，一是随着城市人口的聚集，发展大容量、快速公交系统是解决城市交通拥堵问题的唯一出路；二是建立公交优先的理念有助于从"以人为本"角度落实社会平等的观念，新型拥有 200 人运输能力的公交汽车与只有 4 或 5 人运输能力的小汽车相比，应当享有绝对的优先权；三是提高公交的效率有助于提高城市的整体效率，使依赖公交、自行车交通的大多数普通市民及中低收入群体受益；四是非机动车及步行交通体系建设有利于人居环境改善，有利于城市旅游产业、休闲娱乐产业等现代服务产业的发展。

2. 发展符合发展中国家实际的快速公交系统

在发展中国家中，快速公交（BRT）系统由于投资小、见效快，得到了快速发展。快速公交（BRT）系统是一种具有专有或部分专有路权、高效率收费系统及现代车辆，提供舒适、便捷、安全服务的先进公交车系统。理论上来说，BRT的投资仅为地铁的 1/20~1/10，BRT 的最大运载能力与效率仅相当于地铁的 1/2，但是根据考察时实测数据，波哥大市的 BRT 系统实际运载能力已经达到高峰时间双向 8.0 万人 /h，超过了世界地铁的最高运载能力（墨西哥地铁，高峰时间 6.7 万人 /h）。

在服务方面，BRT 是以改良的公共汽车，运用轨道运输的经营方式提供大容量城市公交运营服务。BRT 系统是一种具有轨道车辆服务质量与公交车营运弹性优势的大众捷运系统。BRT 系统具有建造时程短、建造成本低、运量大、营运速度快等特性，而且通过各种交通工具的整合、电子票证系统与智能化管理系统的运用，使得营运速度、可靠度以及整体服务水平大幅度提升。因此，对于急速发展中的中国城市，尤其是需要提供大量快速城市客运服务的大中型城市来说，BRT 与轻轨、地铁相比，经济可行性更高一些。

综合此次考察经验，BRT 具有投资小、见效快的特点，符合发展中国家的经济能力，取得国际投资银行贷款支持的机会较大。

世界银行的官员曾以韩国釜山为例谈地铁 MRT 与快速公交（BRT）系统间的经济可行性问题。韩国釜山曾向世界银行申请贷款建设地铁，世界银行的前期研究表明，釜山地铁投入运营后将严重亏损，因此未贷款给该项目。釜山按原计划通过商业银行融资建设地铁项目后亏损严重，不得不向韩国中央政府申请大量的资金援助，同时，釜山市因此项目背上了沉重的经济负担，导致城市其他基础设施建设也缺乏资金。世界银行官员认为建设 1 条地铁的投资可以建设 10 条BRT 廊道，形成覆盖全城的快速公交（BRT）网络。此次考察时，世界主要投资银行均多次询问哈尔滨发展 BRT 的计划，如果哈尔滨确定发展 BRT 项目，上述投资银行愿意提供贷款支持。有关研究表明，世界各地的 BRT 运营都处于盈利状态，在经济方面保障了城市交通建设的良性发展；如果投资银行为项目投入贷款，贷款的偿还能力也有保障。因此，世界主要投资银行的官员均认为对 BRT 贷款能够实现城市与投资银行双赢的局面。

（二）加强与国际组织间的联系

在与亚洲开发银行官员进行会谈中，亚洲开发银行官员詹姆士·莱德先生多次代表亚洲开发银行表达了为哈尔滨交通可持续发展提供技术乃至资金支持的意愿，并希望哈尔滨市政府在确定发展目标后，通过省政府、中央政府的有关渠道向亚洲开发银行申请贷款支持。另外，考察期间与世界银行的中国项目负责人及中国籍官员方可先生等建立了联系。

会议及考察期间，与国际基金会的代表进行了接触。根据哈尔滨市与 ITDP 的合作意向，克莱梅沃克（CLIMEWORK）基金会同意为 ITDP 今后在哈尔滨开展的相关研究提供 35 万美元的资金支持。

此次活动结束后，哈尔滨市与 ITDP 的合作内容将进一步拓展，双方初步确定了今后 5 年的合作项目，合作内容不但包括哈尔滨 BRT 方面的研究、交通安全研究、哈尔滨西客站周边地区交通组织研究，ITDP 还将邀请世界著名建筑师扬·基尔先生参与哈尔滨市滨水地区的城市设计。

作为双方合作的前期工作，ITDP 拟在 2008 年底再次邀请由我市对城市交通可持续发展或滨水地区开发进行深入考察。

（三）国际城市交通可持续发展的经验

1. 菲律宾首都马尼拉市

菲律宾首都马尼拉位于吕宋岛西岸，马尼拉湾畔，是一座新旧交错、东西文化交融的城市，城市风貌颇具欧式情调。大马尼拉面积 920km²，人口约 800 万，为全国最大的城市和经济、文化、交通中心。同时，马尼拉也被称作"危机之城"，贫富差距悬殊，现代化的高楼大厦旁就是堪称亚洲之最的贫民窟，各种交通、空气污染等都市问题严重。

马尼拉的轻轨 LRT 建于 1984 年，地铁 MRT 建于 1999 年。由于受到政局不稳定和经济实力下降的影响，马尼拉的快速客运系统（LRT 和 MRT）未能形成覆盖全城的网络，轻轨 LRT 仅形成环线和一条支线，LRT 和 MRT 超负荷运转，公交、社会车辆的交通效率低下，交通拥堵问题严重。

马尼拉的教训是规划控制滞后于人口增长，大马尼拉区域中各城市间的空间已经被棚户区填满，没有形成高效率的城市干道网体系，增加了建设新的快速公交系统的难度。

2. 印度尼西亚首都雅加达市

印度尼西亚首都雅加达是东南亚第一大城市，世界著名的海港，人口有 850万。大雅加达特区面积为 650.4km²。雅加达市城区分为两个部分，北面滨海地区是旧城，为海运和商业中心；南面是新区，是行政中心。雅加达是印度尼西亚的政治、经济、文化中心，海陆交通的枢纽，是太平洋与印度洋之间的交通咽喉，也是亚洲通往大洋洲的重要桥梁。

雅加达的快速客运系统包括 10 条已经建成的 BRT 线路，一条高架轻轨 LRT线路，规划至 2015 年再建设 10 条 BRT 线路。自 2000 年第一条线路建设至今，雅加达的 BRT 已经形成覆盖全城的网络，BRT 覆盖范围内传统公交车辆已经退出运营，BRT 廊道周边的城市空间也得到了优化。雅加达 BRT 采用小型车辆，站台系统采用坡道式设计，整体造价为 100 万~200 万美元/km（含车辆），是全球 BRT 项目每公里投资最少的。

雅加达的经验是统一规划，规模化实施。雅加达 BRT 一期同时建设 5 条BRT 廊道，在后续的 BRT 建设中，也保证 5 条以上线路同时实施。雅加达 BRT在初期就形成覆盖全市的网络，充分发挥了 BRT 的效能。

3. 墨西哥首都墨西哥城

墨西哥城是墨西哥合众国的首都，位于墨西哥中南部高原的山谷中，海拔2240m，是世界第一大城市，面积达 1500km²，人口达 1800 多万。它集中了全国约 1/2 的工业、商业、服务业和银行金融机构，是全国的政治、经济、文化和交通中心。

墨西哥城是拉美地区第一座修建地铁的城市，它每日的客运量占到公交总量的 60%，是拉美规模最大、最现代化的地铁网络。墨西哥城地铁 201.5km 运营线网，每天运送 450 万人次，年客运量达 16.46 亿人次，仅次于莫斯科和东京，名列世界第三。

随着墨西哥城的发展，地铁已经不能满足交通需求。墨西哥城规划建设10条BRT廊道，现阶段已经完成一条廊道。墨西哥城拥有完善的自行车及步行系统。

墨西哥城的经验是地铁MRT、快速公交BRT是相互补充的大容量快速客运系统，在交通需求大于任何单一系统的运载能力时，需要同时建设多种交通系统来满足交通需求。

4. 哥伦比亚首都波哥大市

波哥大是哥伦比亚首都，是全国政治、经济、文化和旅游中心，位于安第斯山脉东侧的高原上，海拔约2600m，人口700万。由于波哥大景色秀丽，四季如春，名胜古迹众多，因此被誉为"南美的雅典"。

潘纳罗萨在1998~2001年任市长期间，完全改变了这座城市的面貌，通过给予公交优先、公共步行空间和儿童活动场所的改善项目，把一座市民难以忍受、自卑和没有希望的城市变成了一座世界公认的典范城市。波哥大公交快速运输系统一期自2000年12月18日开工建设，2003年4月投入使用。其主要包括3条总长41km的干线公交走廊和总长覆盖7个区的309km的支线，4座公交总站，4座公交枢纽站，53座普通公交停靠站以及30个过街天桥、露天停车场和人行道。设计客运量79.2万人次/天。整个系统的设计最大运载能力为单方向35000人次/h，该系统总投资2.13亿美元。波哥大市同样拥有完善的自行车及步行系统。

波哥大市的经验是，BRT作为城市大容量快速客运系统的主干，高标准设计保障了客运能力；BRT网络覆盖城市大部分区域保障了系统的高运输效率；BRT实施及时有序，保障了良好的运行效果。在BRT干线网络覆盖全城的同时，设置了支线公交系统，方便偏远地区居民通过支线公交换乘干线BRT。同时，在历史老城区内，只允许BRT进入，限制小汽车通行，通过大容量公交来疏导老城区内密集的人流。

5. 厄瓜多尔首都基多市

基多是厄瓜多尔首都。基多位于赤道线以南皮钦查火山南麓的峡谷地带，距赤道线24km，人口170万，海拔2818m，是世界上最接近赤道的首都，其海拔高度在世界各国首都中居第二位。基多是全国第二大城市和政治、经济、文化与交通中心。1978 年，基多老城区被联合国教科文组织宣布为"人类文化遗产"，成为世界文物重点保护城市之一。

基多市建有 3 条 BRT 线路，第一条线路建设于 20 年前。三条线路分别采用常规公交、无轨电车、新型客车的形式。

基多市的经验是，在街道狭窄的历史保护区域建设 BRT 是可行的，解决了狭窄历史街道空间的局限与交通需求持续增长间的矛盾。

二、借鉴建议

此项考察的重点是城市交通可持续发展。通过考察我们认识到，哈尔滨城市交通可持续发展应当从"以人为本"的角度学习借鉴国际先进经验，以满足市民日益增长的公共交通需求为重点，优先选取投资省、见效快、融资渠道多样的项目。当前哈尔滨城市交通可持续发展遇到了千载难逢的机遇，一方面国家宏观经济方面大力投资基础建设；另一方面，国际重要投资银行表达了为哈尔滨交通可持续发展项目提供国际技术及资金支持的意向。建议哈尔滨市政府成立专门机构，加快推进城市交通可持续发展相关项目的立项、筹备及建设等工作。

（一）加快城市公交项目推进速度

成立专门领导机构。建议成立哈尔滨市推进城市公交可持续发展项目领导小组。建议领导小组组长由市政府领导担任，小组成员由市城乡规划局、市交通局、市发改委、市财政局、市建委、市城管局、市公安局、市城投集团等有关部门和单位组成。

确立工作目标。充分利用国内、国际金融机构融资渠道，充分利用国际贷款大力发展城市公交系统，在 3~5 年内显著提高哈尔滨城市公交系统的服务容量、效率与质量，为哈尔滨交通可持续发展奠定基础。

有关部门共同研究确定哈尔滨交通可持续发展的重点项目，以投资省、见效快、能够取得国家及国际资金支持的项目为重点。建议在 2008 年 12 月中旬前初步确定申请贷款的主体，并初步拟定备选项目。在 2008 年 12 月下旬前向亚洲开发银行递交意向性申请。在 2009 年 1 月份开展前期研究工作。

（二）现阶段优先发展快速公交（BRT）系统

在哈尔滨已经完成的轨道交通规划基础上，完善轨道交通与快速公交（BRT）系统互为补充的城市公交体系新格局，实施时序上现阶段优先发展快速公交（BRT）系统。轨道交通具有交通容量大、不受气候因素影响等优点，但是也有投资额度较大、建设周期较长、需要政府长期较大额度补贴、在发展中国家融资困难等局限，宜列入哈尔滨市公交系统长期发展目标。哈尔滨建设快速公交（BRT）系统具有投资省、见效快的特点，当前又遇到国内有利的经济发展环境，得到国际融资支持的承诺，因此，建议把建设哈尔滨快速公交（BRT）系统列入城市规划及交通领域重点工作中，争取在 3~5 年内大幅度提高哈尔滨公共交通服务水平。

此外，在发展快速公交（BRT）系统的同时，也可以捆绑一些惠民的交通改善项目，如交通事故黑点改善项目、利用 BRT 跨越式候车站台的天桥增加跨越城市干道的步行天桥、封闭的 BRT 候车站台能够在冬季为市民提供温暖的候车环境等。

（三）广泛宣传哈尔滨交通可持续发展项目

交通可持续发展作为一个新概念，尚未得到一些专家、学者及广大市民的广泛理解。市民对一些在国际上已经实施近 20~30 年并取得良好效果的优秀项目并不了解，专业技术人员及设计者缺少城市交通可持续发展方面的专业培训。上述现象在国内其他城市广泛存在。有的城市决定建设 LRT、BRT 等大容量公交项目，但是设计不合理，未能从"以人为本"、以交通需求为出发点考虑问题，造成了很多遗憾。同时，许多其他城市市民对仅占 15% 左右比例的人拥有的小汽车占用 80% 以上城市动态、静态交通空间的不合理现象已经司空见惯，对负担 50% 以上日常交通需求的城市公交车占用专用车道反而不理解和不支持。为保障今后哈尔滨市交通可持续发展项目的顺利实施，建议尽快开展与交通可持续发展相关的宣传与讨论，征集群众意见，为顺利实施相关项目做好准备。

新加坡、马来西亚两国城市情况报告 ①

按照省领导关于哈尔滨"在城市规划方面要向新加坡学习"的指示精神，市规划、土地、房产、交通、财政、法制等有关部门负责人组成的哈尔滨市代表团于 2007 年 4 月 15 日至 25 日考察了新加坡、马来西亚。紧张而充实的 10 天考察内容丰富，交流充分，收获较大，达到了预期的目的。现将有关情况报告如下。

一、考察概况

此次考察以新加坡为重点，将相关部门座谈交流与现场参观相结合，重点内容考察与全面了解相结合，取得了较好效果。

考察期间，代表团与新加坡市区重建局、建屋发展局、陆路交通局、裕廊集团等部门进行了有针对性的交流与学习。充分了解了新加坡的城市发展、城市规划、房屋拆迁政策与做法、廉租房建设、城市公共交通发展策略、工业区的建设、海水淡化及大型商贸中心建设。

考察期间，代表团考察了相关城市的规划管理、滨水景观、历史文化街区保护与利用、土地利用和交通管理等情况。在新加坡考察了裕廊工业园、政府组屋样板房、大巴窑中心住宅区、新加坡河两岸景观、小印度文化保护区、城市公交中转站及地铁、城市蓄水池等项目。通过考察我们感到新加坡经济发达、城市化水平高，在城市发展、建设方面形成了较完善的体系，积累了较丰富的经验。清洁宜人的居住环境、繁华的商业区、"无缝"连接的公交系统、历史街区与建筑的有效保护与充分利用、土地的高效利用、水资源的充分利用给代表团留下了深刻印象。在城市的建设发展中政府十分注重以人为本理念的落实，注重对自然环境的有效保护，注重历史文化保护与发扬，注重经济活力的培育。在城市总体概念规划的框架下，通过精心设计、精心建设与管理，形成了适宜人居和经济发展的城市载体空间系统和高品位的文化氛围。严格有效的法律、法规制度，使之成

---

① 作者写于 2007 年，时任哈尔滨市城市规划局局长。

为安全的城市。这些先进理念和成功案例，对构建我市"五大体系"，建设"三个适宜"的现代文明城市具有十分重要的借鉴意义。

二、可借鉴的经验、做法与体会

新加坡、马来西亚与中国相比，虽然在社会、经济和文化方面存在着差异，但城市发展有着共同的规律，其许多成功经验与教训都值得我们学习与借鉴。

（一）城市规划法规性、权威性突出

新加坡的城市规划管理部门设在国家发展部下属的市区重建局，负责国家规划和旧屋保留，制定概念规划和总体规划，指导城市设计，促进土地售卖和协调发展。新加坡的规划管理部门人才济济、法规健全、管理严谨。

新加坡概念规划（类似于我国的总体规划）每10年检讨一次，总体规划（类似于我国的分区规划）每5年检讨一次。规划一旦确定任何人不得随意改变，规划的法规性、权威性很强。在概念规划和总体规划之下，详细规划深入细致，充分考虑居住、产业、教育、医疗、绿化、交通、基础设施等方面的合理布局，满足人们的各项需求，充分考虑用地的混合实用，达到工作、生活、教育、公用设施的综合平衡，提高了土地综合利用率。例如，新加坡1991年概念规划针对人口、经济增长，技术发展以及日渐提高的富裕水平等变化，制定出了1991年修订规划概念的发展设想和策略，如商业园、区域中心以及地铁、轻轨列车网络等。在社区规划方面，强调建立具有凝聚力的社区，所有的区都经过精心设计，提供设施及机会让居民在家门口与邻居接触交流，鼓励多代同堂，已婚子女居住靠近他们的父母。吉隆坡在城市设计与建筑风格的规划调控方面,管理严格、布局合理、特色突出。在规划指导控制下一个个商业区、社区、城市景点、交通基础设施发展有序、彰显活力。

（二）高度集约化的土地利用

新加坡是一个国土狭小的城市岛国，经过不断填海造地，土地面积已达699km²，规划填海造地达到极限值735km²。土地集约化利用极高，十分强调

土地的立体开发，社区建设中 79% 为高密度。商业中心区有的地段容积率可达 10~20。对地下空间利用十分充分，有公共基础设施廊道、停车场、商场等，最深处地下利用可达 40m，而地面的利用可以将运动场、停车场放在地面 2 层以上，地面层多数为架空处理。对于工业厂房，他们创造出了堆叠式厂房，通过环形车道，货物到达各层的企业。在建筑屋顶均建设了屋顶花园以增加绿化率，降低温度。

虽然国土面积狭小，但城市中蓄水池、生态绿地等达到 48.2%。多处高尔夫球场，植物园、动物园、夜间动物园等使城市布局疏密有序，土地利用达到极致。

（三）个性鲜明、富有魅力的景观环境

新加坡是一座花园式的城市。从城市景观上看，东南亚这几个国家都根据自己的自然环境、历史文化和民族风情，考虑城市的特点和优势，通过科学的规划，打造了富有特色的城市景观。新加坡河的改造是城市综合改造中注重环境、追求效益的成功案例，一是对克拉码头周围加强原有建筑的保护与利用，保留了大量殖民地时期的建筑。二是新建许多具有影响力、给人以深刻印象的现代建筑，如滨海艺术中心（榴莲建筑）。三是充分将两岸环境整治与经营相结合，将娱乐、餐饮、酒吧、蹦极等综合考虑，建成了理想的休闲场所。新加坡圣淘沙岛海上大型激光音乐喷泉，是一个将灯光、烟火、音乐、喷泉、童话故事、科技融为一体，极具特色的大型水上景观。新加坡的公园绿地都是赋予一定的功能、文化内涵和主题进行建设的。新加坡能形成今天这样一座举世闻名的花园城市，是按照科学规划，长期研究引进世界优良植物品种，经过几十年不懈努力的结果。

在吉隆坡高楼林立、现代大都市的气象与丛林风景完美地融合在一起，树林环绕着宏伟高耸的伊斯兰风格建筑，马来西亚的多元文化表现得淋漓尽致。马六甲的荷兰红屋是荷兰殖民者留下的重要历史遗迹，是座恢弘的红砖建筑，这里既是历史文化的展示与记载，同时也是历史博物馆。曼谷的湄南河两岸在规划的控制指导下，城市天际线高潮迭起、疏密有度；乘船行驶，一个美丽的城市景观连绵不断，有高低错落的现代建筑，有塔尖如林的教堂建筑，也有地方特色显著的水上人家，通过高度、色彩、建筑轮廓勾画了一幅幅美丽的城市画面。

考察的几座城市特征明显，高低有序、错落有致的建筑系列和城市天际线，

疏密有度的城市格局，处处可见的精巧园林，千姿百态、各具风格的建筑形式，展示出东南亚多元文化、多民族的文化内涵。

（四）高拥屋率的住宅建设

新加坡国民房屋拥有率和人均居住面积是亚洲地区最高的，拥屋率高达90%。新加坡政府1964年宣布实施"居者有其屋计划"，政府允许国人利用公积金存款购买组屋（相当于我们的经济适用住宅或廉租房）。多数人都以本身的公积金储蓄来购买组屋，平均而言，他们只需动用薪金的20%来偿还组屋贷款，这使得他们轻易购买到一间组屋。购买政府的组屋价格上比购买私人公寓便宜50%左右。对于极少数没有能力购屋的低收入家庭，政府为他们提供获得政府大量津贴的租赁组屋。

新加坡政府组屋的建设、更新改造，均是在概念规划及总体规划的指导下，每年有计划地由政府下设的建屋发展局组织建设。

（五）规章严明人性化的陆路交通体系

新加坡的陆路交通是世界上管理严明、快捷通畅的交通之一。各种公共交通"无缝"连接，人性化设计细致入微。

新加坡交通策略紧紧围绕公交优先展开。乘公共交通工具（地铁、轻轨、巴士）出行的人数占总出行人数的76%。主要采取"推、拉"政策。推：在小汽车的发展上采用限制手段，即车辆拥有的管制制度。从1990年开始实行"拥车证"购车，车主需先获得拥车证后才有资格购买汽车，而拥车证是采取投标的方式购买，政府每年限量发售，每个拥车证有效期为10年，此政策实施后，车辆由每年增长7%~12%，控制在每年增长3%以下。在交通流量及车辆使用上采用经济手段来调控，即实行区域通行证制度。从1975年开始对中心区7.2km^{2}内规定为限行区域，并在34个通往限行区域的道路安置闸口。在中心区的入口处设立了电子监控与计费系统，进出中心区的车辆不同时间收取不同的费用。中心区的停车费也按小时计取，这一办法使进入中心区的车辆总数一直保持在30年前的水平。拉：在交通管理中，提供优质的多层面的公共交通服务，实行多种公交优先的方式，在多车道上划出公交专用道，不准其他车辆通行等。

新加坡的公路、地铁（轻轨）及公交场站的建设均由政府出资。公交运营模式实行特许经营并市场化。在公交站点的建设上十分注重以人为本方便乘客。一是绝大部分公交巴士站点与住宅之间都有加盖廊道相连，起到遮阳避雨的作用。二是多数地铁、巴士中转站都是在同一建筑物内，并带冷气设备，中转站的建设与商场、社区中心有机结合，既方便居民又节约土地，同时带来经济效益。

（六）突出保护、延续文脉的历史文化街区

东西文化交融的独特地理位置使新加坡留下了大量不同时代文化与民族特征的建筑和街区，它们是城市历史文化的物质载体。新加坡 1970 年成立了古迹保存委员会。1983 年成立了新加坡协调委员会，在城市历史遗迹保护工作中他们遵循以下原则：一是关注与保护建筑的整体。不仅要保护具有纪念意义的建筑，而且要重视对传统建筑集中的区域进行维护与翻修，注重整个社区原有传统职业与功能的延续，并注入新的经济活力。二是严格执行法律程序。各项工程只有拿到法律授权后才能按计划展开。三是妥善处理保护与发展的关系。四是政府始终承担保护工作的领导角色。对保护工作给予必要的财政、行政和技术支持。五是保护工作强调全社会参与。目前，新加坡共有 5595 幢建筑经政府公报被列为保留对象，34 处建筑被列为古迹，100hm² 城市地区被列为保留区。例如，克拉码头、牛车水、小印度等都是被政府列为历史性保护街区的，在这几处我们看到了街区的建筑形式、城市肌理都得到了完好的保护，功能上多数改为具有民族特色的商业服务。马来西亚的荷兰红屋、国际清真寺都是恢复原貌，注重保护与利用有机结合。

这些保护的原则与案例对哈尔滨市历史文化保护建筑与历史文化保护街区的保护与利用具有较大的借鉴意义。

另外，我们在考察中发现这些城市在建设发展中也存在一些教训与不足。例如，新加坡的建筑风格及建筑立面的建设与规划管理不够协调与严格；在海水淡化处理与室内冷气应用方面存在能源浪费；马六甲建设开发存在不求实际，造成许多烂尾楼存在；吉隆坡与曼谷由于交通发展策略不当，造成市区堵车严重；曼谷城市管理混乱，造成市区环境脏、乱、差。以上问题应该在我们的城市建设与管理中引以为戒。

三、建议

此次考察在城市规划、建设与管理等方面学习到许多好经验、好做法。基于此我们提出以下建议。

（一）借鉴国外先进规划理念，用科学规划指导城市建设与管理

围绕市委提出的哈尔滨市建设"三个适宜"现代文明城市的目标，充分尊重自然、历史、现状情况，立足当前，面向未来，统筹兼顾，综合布局。借鉴国外先进城市规划理念，用科学的规划指导好城市建设与管理。

一是树立科学发展观、构建和谐社会的规划理念。创建适宜创业、适宜人居、适宜人的全面发展的城市，把满足人的合理要求、以人为本作为规划的重要内容；规划要贴近百姓生活，体现人文关怀，建立邻里和谐、设施完备、环境宜人的生活社区，最大限度地满足人们对衣、食、住、行的需求；坚持集约型社会建设，提高土地利用效率，建设雨水收集系统，注重生态环境，加强"三废"治理，创造人与自然和谐共生的家园。在发展城市建设的同时也要注重对人的管理和市民素质的全面提高，注重公平与效率相统一、城市发展与生态环境相统一。

二是树立品牌意识，打造富有魅力的特色哈尔滨。在城市建设上，要树立精品意识，提高城市文化的底蕴。充分挖掘寒地文化、冰雪文化、北方文化，塑造太阳岛品牌，形成系列太阳岛品牌，将其建成名副其实的国家风景名胜区。在产业发展、城市经营等方面都要树立品牌意识，走哈尔滨自己的特色之路。

三是进一步强化规划的科学性、指导性和权威性。发挥规划的统筹、引导和控制作用，在城市总体规划的指导下，强化产业引导，合理配置资源，加强区域空间管治。尽快完善城市红线、蓝线、绿线、紫线、黄线的"五线"规划，严格城市"五线"管理，统筹城乡协调发展，树立规划的权威性与公共政策属性。

四是增强城市规划的公众参与意识。要高标准建设好我市的城市规划展馆，为广大市民了解规划、参与规划、监督规划提供平台。

（二）创建具备震撼力的城市景观

好的城市景观的共同特点是具有较强的吸引力和震撼力，给人留下深刻印象。

哈尔滨市虽然有防洪纪念塔、索菲亚教堂、中央大街、龙塔、冰雪大世界、太阳岛等一系列城市名片，但缺少代表哈尔滨的标志性建筑、标志性雕塑、标志性水景观。可以考虑在我市中心区建一座全市最高的（200m以上）现代风格、造型新颖的标志性建筑。哈尔滨是滨水城市，松花江岸线是重要的旅游资源，大顶子山截流以后，沿江建设滨水景观十分重要，沿岸可以建设让人们接近水、观赏水的景观平台，并把景观平台建设成为中国独有的水景观，通过雕塑、喷水、灯光、科技等手段打造一个新的哈尔滨旅游景点，形成冬天看冬泳、夏天看水景的场景。

（三）坚持保用结合，突出历史文化内涵

借鉴国外历史文化街区保护的成功经验，采取"保用结合"的方式，探索对老建筑和历史街区的有效保护与利用途径。要进一步完善哈尔滨历史文化名城保护规划，严格按规划执行。加强城市建筑色彩、风格与形态的规划和管理。

哈尔滨道外传统商贸区是城市总体规划明确、我市难得的历史保护区之一，目前的保护工作迫在眉睫。这一街区的保护，一是要坚持修旧如旧的原则，保持"中华巴洛克"的建筑风格。维护城市街路肌理、建筑格局。二是要坚持保护与经营相结合，激活街区的经济生命力，既要体现街区原有的文化底蕴，又要结合地域特点，赋予有人气、有活力的规模小的经营项目。在项目的引入与经营管理方面，要加大政府政策支持力度。通过优惠的政策，吸引品牌的经营项目入区，增强保护区的活力。三是要充分解决好现有居民的安置问题，要优先安置这里的居民购买经济适用住宅或廉租房，有条件的可优先回迁。四是处理好街区保护与交通问题的关系，留足消防通道，充分考虑步行系统和游客步行线路，在周围地区解决好行车停车问题。五是处理好保护与现代化设备配建的关系，在保护好外立面的同时，房屋内部的上水、下水、供电、供热、供气等各项设施均要达到现代化水平。

（四）加强交通管制规划，建设畅通哈尔滨

哈尔滨市的交通矛盾已日益突出，如何解决停车难、行车难的问题是当前重要课题之一。建设畅通哈尔滨市。一是规划先行。尽快调整完善哈尔滨市综合交通规划，编制交通管制规划，制定公交优先发展的具体策略。二是严格执法，公

正执法，加强交通管制研究，制定行之有效、方便百姓的人性化制度规定。三是加强交通基础设施建设，修建足够的行人过街天桥或地道；强化停车场的建设与管理，既要增加停车场数量，扩大停车场容量，又要调整停车位收费，同时加强对停车场的管理；补充交通标志；修建行人过街安全岛。四是充分体现以人为本。公交站点及中转站的建设尽量与商业建筑相结合，让人们寒冷冬季能在暖屋子里候车、购物；在中心区建设完善的暖廊步行系统。五是加大交通资金投入力度。构建数字化、智能化交通体系。

（五）学习先进的城市管理经验与手段，实现管理的精细化、人性化

创新城市管理体制，整合城市管理的行政资源，坚持条块结合，条抓块保，以块为主，形成多层次、全方位、多手段齐抓共管的新格局。一是充分发挥各区的工作积极性，将部分城市管理职能下放到各区，形成市区联动，齐抓共管。二是优化管理手段，加速数字城市规划与管理建设，尽快启动卫星动态监控监察系统。三是强化法制管理。补充完善城市环境卫生、道路交通等方面的法规体系。既要体现管理的人性化，又要体现管理的法制化。四是深化管理各环节的精细化。在建筑施工、公共设施维护、保养、使用，以及绿地建设与管理等方面更深入细致，管到位，责、权、利明晰。五是对于涉及百姓切身利益、矛盾突出的事项，可成立专项机构。例如，居民拆迁问题一直是我市城市建设中的重要工作之一，可以成立征地拆迁办，各有关部门抽调精兵强将，结合我市情况制定完善、严格、人性化的政策法规；协调各部门相互关系；协调城市基础设施建设、城市重点工程建设与百姓的关系，解决疑难问题。

规划行业发展建议

在 2015 年中国城市规划年会传承与变革主题论坛上的发言[①]

当前，我国已经拥有 653 个市、1596 个县城、20000 个镇和 58.6 万个行政村，城镇化率已达 54.77%，这是中华人民共和国成立后 60 年经济建设的巨大成就，是三次城市工作会议所确定的先生产后生活，以经济建设为中心伴随而来的城镇化加速发展应运而生的中国城市时代的硕果；2013 年出台的国家新型城镇化规划，确定了我国 2020 年城镇化率将达到 60%！行将到来的"十三五"时期，是我国实现全面建成小康社会的决定性阶段，也是我国日益走向国际舞台中央、实现中华民族伟大复兴中国梦的重要时期。党的十八大以来，以习近平同志为总书记的党中央高瞻远瞩，着力统筹国际、国内两个大局，陆续提出了"五位一体"总体布局、"两个一百年"等战略，针对经济新常态的科学判断，清晰勾勒出了"四个全面"的战略布局。

面对人地关系更加紧张、复杂环境条件的挑战，解决新常态下"五位一体""四个全面"落实等可持续发展问题，新时期城市肩负着的历史使命重大，城市不仅是经济增长的机器和集聚地，而且是市民适宜居住、适于创业的多姿多彩幸福生活的美丽家园，更是促进城乡公平、汇集人类文明尤其是生态文明的荟萃地和治理枢纽。

我国城乡规划工作迎来了空前的机遇和挑战，习近平总书记和李克强总理近来对加强城乡规划建设管理提高工作水平提出了一系列新要求，城乡规划在我国治理能力提升、治理体系现代化中的地位越来越重要！我国城乡规划传统与变革迫在眉睫，转型升级势在必行。

城乡规划服务大局依法行政，上承"美丽中国"国家战略，下接"三区四线"民生地气，是一个巨大的系统工程。我们正在开展一系列重要工作，首次开展引领城镇化健康发展的全国城镇体系规划、省域空间规划、"多规合一"试点，切实提高城市规划工作效率、加大治理违法建设行为、大力树立规划权威性，全方

---

① 2015 年 9 月 19 日，贵阳。

位启动城市设计、加强建筑设计管控，加强历史文化遗产保护，重视提高县城规划水平、搞好乡村规划、加快农村危房改造……这一切既有以人为本关注民生确保公共利益、公共安全的公共空间留足优化，也有促进市场经济发育开辟适于创业、创新的多姿多彩的城市空间；既有优化城市结构划清城市开发边界红线，也有进一步简政放权抓大放小提高效能；既有治理城市建筑贪大媚洋求怪乱象，也有打破"万楼一貌""千城一面"的艰巨任务；既有适应市场经济发展为大众创业万众创新提供的弹性服务，更有加强监督不断提高惩防体系执法水平，确保"一张蓝图干到底"的刚性约束、树立规划权威性的重要任务，尤其是主动发挥城乡规划优长，积极参与国家空间规划体制改革任重道远！可见，健全覆盖城乡、分工有序、技术和政策有机协同的城乡规划体系势在必行！

这一切都迫切需要城乡规划战线上的官、产、学、研、管各方和市民、社会各界齐心协力、奋发有为、真抓实干，不断加大尊重自然、尊重历史文化、尊重人的多样化需求、尊重法治力度，不断提高科技、文化、美学、绿色含量，需要特别强调的是，城乡规划学术研究应该进一步突出重点，与国家战略尤其是落实、服务城乡规划重点工作的关键"抓手"和"接口"挂钩，城乡规划全方位传承与变革，转型与升级，切实发挥龙头统领和调控的功效。

本次年会的主题是新常态：传承与变革，所定非常恰当，特别是围绕"十三五""两个一百年"优化生存环境创造发展条件的关键问题，广泛开展研讨，以科学研究支撑科学发展。

城乡规划当前的主要任务是全面贯彻落实"五位一体""四个全面"战略，在城市区域化、区域城市化、城乡统筹协调发展的大趋势下，如何科学谋划好"两个一百年"蓝图战略棋盘，其不仅应该规划到2020年、2030年，而且应该展望到2050年，将需要大量的保护自然山水和历史文化遗产与大量的建设要素在城乡空间上优化组合，通过城市结构优化升级和城市品质化提升，形成功能好、交通畅、环境优、形象美的生动局面！可以认为城乡规划发挥行业优长，上承国家战略（"三区"），下接民生地气（"四线"），在未来空间规划体制改革中将具有不可替代的关键作用。

城乡规划转型升级有很多工作要做，这里先强调三件事。

关于下大力气科学编制好全国城镇体系规划。这是我国城乡规划体系中最上位的法定规划，是深入贯彻中央城镇化工作会议精神，与新型城镇化相辅相成的重要战略规划。本次规划重点根据资源环境承载能力优化全国城镇化布局和形态，明确全国城镇体系布局结构，确定主要城市的规模、功能定位，引导人口有序转移；研究国家"一带一路"倡议、京津冀、长江经济带等重大区域发展战略的空间落地和布局，明确重点调控地区，引导城市群协同发展；提高城镇建设质量，实现城乡一体化和公共服务均等化，落实新型城镇化战略、"五位一体""四个全面"战略的发展要求；明确城镇化发展过程中的资源环境底线，强化空间开发管制，统筹生态环境保护和基础设施支撑；建立健全国家层面规划实施机制，落实管理调控手段，强化规划约束性，加强规划实施监督管理，从而解决该管什么、怎么管等有用问题，建议将规划实施绩效与城市政府权责挂钩进行考核、审计等跟踪问效，从而构建规划实施有效的硬抓手。

关于切实做好城市设计工作。2014 年 9 月以来，党中央、国务院提出了针对解决"贪大、媚洋、求怪"建筑乱象和"万楼一貌""千城一面"问题，加强城市设计的部署。我们通过调研和座谈，深刻认识到科学开展城市设计工作，不但要加大尊重自然山水格局、加大尊重历史文化遗产文脉力度，而且要加大对人的尊重，形成与城市所在地域自然山水、历史文化相敬相融、"显山露水、透绿见蓝"的格局和便利高效、多姿多彩的宜人空间，而对城市设计工作的定位，仅为指导性和参考性是远远不够的，在城市规划依法行政重要环节，即规划编制、"一书两证"行政许可颁发、规划实施管理等全过程管控中，都要加强合法性、科学性和合理性，从宏观、中观、微观构建由总体、地段和项目城市设计组成的城市设计体系，从而与现行城市规划相辅相成，促进城市规划由静态的二维平面基本建设项目前期规划向动态的多维立体全过程规划转变。

关于加强历史文化名城、名镇、名村保护工作。国家新型城镇化规划实施重点工作中，由住房和城乡建设部牵头负责的人文城市建设，其重中之重就是历史文化名城、名镇、名村和历史街区保护和监督，要提高认识，加大公众参与力度，进一步摸清底数、总结经验、借鉴惯例、健全制度、保用结合。

中国城乡规划教育状况和改革思考 ①

近代以来，城乡规划教育经历了从城市规划设计到城乡一体化发展的人才培养演变过程。2011 年，城乡规划由原来隶属于建筑学一级学科的二级学科，升级为国家人才培养的一级学科 [1]。经过近几年的快速发展，中国城乡规划教育在取得令人瞩目成就的同时，也凸显出诸多问题 [2]。本文试从多年一线工作者的视野，洞察目前中国城乡规划教育存在的问题，提出优化城乡规划教育格局的若干改革建议，以供分享讨论。

一、城乡规划教育发展格局初步形成

据不完全统计，目前全国拥有城乡规划专业院校 200 余所 ②，截至 2017 年 6 月，通过城乡规划专业教育评估的院校为 46 所（本科教育），其中 26 所院校通过研究生教育评估。目前，中国城乡规划教育发展格局呈现以下三大特点。

1. 初步形成理工兼备的城乡规划教育发展格局

从学科背景上看，依托工科建筑学专业的院校所占比例较大，依托其他学科的院校所占比例较小。其中，依托工科建筑学专业的院校共 107 所，占总数的 70%；依托理科地理学专业的共 20 所，占总数的 13%；依托林业、农业、风景园林专业的共 25 所，占总数的 17%。①

2. 初步形成东、中、西协调的城乡规划教育发展格局

从地域分布上看，华东地区和华中地区所占比例最大，其次是华北地区、东北地区、华南地区，其他地区开设城市规划专业的院校较少。其中，华东地区有 39 所，占总数的 26%；华中地区有 35 所，占总数的 23%；华北地区有 25 所，

---

① 原载于《城市建筑》2017 年第 30 期。

② 详见全国高等学校城乡规划学科专业指导委员会官网，http://www.nsc-urpec.org/index.php? classid=5939。

占总数的 16%；西南地区有 21 所，占总数的 14%；东北地区有 17 所，占总数的 11%。通过城乡规划专业评估的院校数量，华东地区所占比例最大 ①。

3. 初步形成课堂与实习相结合的城乡规划教育发展格局

从规划专业学年设置上看，建筑院校设置的城乡规划专业学制为五年，其中一年为在一线设计单位的实习期。南京大学、北京大学、中山大学等地理院校设置的城乡规划专业也逐步变更为五年制工科学习模式，也有一年的实习期。其他院校一般为四年学制，但也有半年的实习期[3]。

近年来，中国城乡规划专业每年培养 12000 余名人才，有力支撑了我国各地方的城乡建设与城镇化发展。

二、城乡规划教育发展问题初步凸显

中华人民共和国成立以来，我国城乡规划事业虽然取得了令人瞩目的发展成就，但是随着改革开放和现代化建设事业的蓬勃发展，从质量、品质和效益看，我国城乡规划教育发展也凸显了诸多问题，主要表现如下。

1. 理论教育落后于时代发展要求

大学是培养规划师的摇篮，也是未来规划师职业定型的主要成长期。由于受中华人民共和国成立以来苏联传统计划经济的影响，以及改革开放以后欧美近代城乡规划理论的引入传播，我国城乡规划教育理论仍然停留在国外理论指导学习阶段。针对中国国情的城乡规划理论研究成果及相关的课堂教育甚少。所以，当前中国城乡规划工作者呈现传统理念多、现代理念少，国外理论多、国内理念少的特点[4]。

2. 实践教育脱节于产、研、管环节

城乡规划是一门实践应用非常强的学科，也是成果技术转化表现不确定性的

---

① 详见全国高等学校城乡规划学科专业指导委员会官网，http://www.nsc-urpec.org/index.php? classid=5939。

一门学科，城乡规划实践教育环节显得尤为重要。然而，我国城乡规划专业的实践教育环节多流于形式，少沉浸于内容，学生实践教育与城乡规划管理、研究、设计严重脱节，尤其各地高校对城乡规划管理和实施环节的实践教育不够重视[5]。

3. 方法教育缺乏针对性

城乡规划是一门集综合性、艺术性、政策性等于一体的学科，规划方法集成各相关学科的核心精髓，具有针对性的专业方法论教育是城乡规划教育的灵魂。但从目前的城乡规划设计成果看，存在粗制滥造多、精品佳作少，模仿克隆多、创意创造少，网上了解多、实地调研少，就城市论城市多、城市区域统筹少，线性思维多、综合集成少等各种问题。核心问题是现代技术方法少，反映出认识问题、分析问题、解决问题的基本功不过硬、能力不足、水平不高，前瞻性、预见性不强，多情景分析不够，可操作性不强[6]。

4. 职业道德教育存在空白区

城乡规划是一项专业性极强的实践工作，也是涉及城市各项利益平衡的实践工作，城乡规划职业道德教育在高校专业教育中的地位不容忽视[7]。但从目前来看，我国城乡规划职业道德教育尚存在空白，一线城乡规划工作者听领导多、听群众少；倾向开发商利益多，给予群众公共利益少；保障土地财政利益多，给予绿色财政利益少；去大城市就业的多，去县级基层就业的少，全国大部分县城没有城乡规划专业毕业的大学生。

5. 交叉教育严重不足

城乡规划涉及建筑、地理、园林、景观、经济、城市、社会、生态、环境、市政、防灾、能源等多门学科，高校设置交叉学科教育是做好城乡规划工作的基础前提。但从目前来看，我国城乡规划专业高校交叉学科教育严重不足，建筑院校侧重于建筑学课程设置，非建筑课程开设甚少；地理院校侧重于地理学课程设置，建筑课程开设甚少等。

综上所述，当前我国城乡规划教育既有自身发展不到位的问题，也有学科不适应时代发展要求的问题，更有不同学科特色各自为政的问题。这些问题严重制约城乡规划专业人才的教育培养质量，也影响了当前我国城乡建设发展和现代化进程。

三、城乡规划教育发展改革迫在眉睫

按照党中央十八大以来对城乡规划工作的各项指示精神，尤其是中央城市工作会议对城乡规划工作的各项战略部署，城乡规划教育发展改革迫在眉睫。教学环节、教书育人十分重要。城乡规划教育改革关系到城乡规划人才素质的转型提质，对培养适应以人为本的新型城镇化发展人才、培养适应生态文明建设的新型复合人才、培养适应"一张蓝图干到底"的新技术人才都具有重要意义。城乡规划教育改革肩负着国家城乡空间治理体系和治理能力现代化的历史重任。落实"尊重规律、五个统筹"的中央城市工作会议精神，针对当前格局和现实问题，笔者提出如下改革建议。

一是加强交叉学科融合，培养"一专多能"复合型人才。住房和城乡建设部会同教育部共同研究制定适应当前发展形势要求的专业培养方案，规定必须学习的课程，彻底改变当前各自为政的培养格局。尽快将城乡规划学科从各自院系脱胎出来，成立独立院系，设置具有城乡规划专业培养目标的教研室体系，推进交叉学科融合教育，多开设社会学、人类学、人口学、生态学、景观生态学、系统论、市场学、美学、未来学、比较城市规划、公共政策学等课程，培养"一专多能"的复合型人才[8]。

二是构建学、研、产、管一体化发展格局，形成理论、实践、方法统筹发展的教育体系。加强高校规划院系与各类设计、管理、科研等单位的战略协作，形成相对稳定的学、产、管、研互动教学的体制机制。例如，实践单位设计人员到大学课堂授实践课，学生到设计单位进行实习、练习等[9]。

三是推进城乡规划专业职业道德教育的规范化。填补城乡规划专业职业道德教育的空白，尽快编制城乡规划职业道德教育课本，将已经发生的各类城乡规划职业道德案件进行总结、分类写入职业道德课程，明示学生职业道德底线。

四是加强国际、校际人才培养交流。加强专业人才培养的国际交流，包括专业学术交流、专业人才培养学术交流及师生互换交流学习等几个方面。加强国内校际人才培养与交流，包括已经通过评估的院校之间的人才培养交流、高校之间的学生联合培养交流及师资培养与交流。高校之间的学生联合培养将促进高校人才培养水平的提高。此外，师资力量的校际培养也是一个重要方面。

四、结语

中国城乡规划行业的发展也是城乡规划教育的发展。城乡规划教育经过改革开放以来的快速发展，到了一个总结、提升阶段，也到了一个伴随经济社会发展提质转型发展的新阶段。党的十八大以来的新机遇和新挑战对城乡规划的科学性提供了更加强劲的支撑。新时期的城乡规划教育要在应对社会需求的多元化、复合型变化上下功夫，要在应对提高人才培养质量、满足用人单位需求上下功夫，最终形成适应我国生态文明建设、"五位一体"布局、"两个一百年"目标的城乡规划人才培养体系。

参考文献

[1] 郝峻弘，邓晓莹.城乡规划专业综合改革探索与实践[J].北京城市学院学报，2015（6）：26-32.

[2] 陈前虎.《城乡规划法》实施后的城市规划教学体系优化探索[J].规划师，2009，25（4）：77-82.

[3] 樊海强.浅析城乡规划教育改革的趋向一基于城乡规划调整为国家一级学科的思考[J].华中建筑，2014，32（4）：162-165.

[4] 石楠，翟国方，宋聚生，等.城乡规划教育面临的新问题与新形势[J].规划师，2011，27（12）：5-7.

[5] 郑德高，张京祥，黄贤金，等.城乡规划教育体系构建及与规划实践的关系[J].规划师，2011,27（12）：8-9.

[6] 吕斌.规划教育要服务职业发展需要[J].城市规划，2015，39（1）：95-97.

[7] 谭健姝，谢宏坤，刘金成.城乡规划专业教育中伦理意识培养途径研究[J].高等建筑教育，2016，25（6）：1-5.

[8] 林莉.论城乡规划教育改革理念在调研实践环节中的渗透与探索[J].建筑与文化，2016（5）：176-178.

[9] 张赫，卜雪旸，贾梦圆.新形势下城乡规划专业本科教育的改革与探索——解析天津大学城乡规划专业新版本科培养方案[J].高等建筑教育，2016，25（3）：5-10.

第三篇

绿色筑梦

生态探索

与

绿色规划

新时代绿色城市高质量发展建设的战略思考^①

党的十八大以来，随着生态文明建设的深入推进，我国在"五位一体"的全面战略布局体系中逐步转变传统的生产方式和生活方式，正在逐步建立全方位的、宽领域的、立体化的生态文明建设体系，构建新的绿色生产方式和绿色生活方式。目前，我国政府界、学术界、社会界等各层面都正在深入研究探讨生态文明导向下的绿色生产方式和绿色生活方式的实质内涵和框架体系，但至今尚未形成统一认识的理论体系、方法体系和实践体系。从人居环境科学体系看，生态文明模式导向的人居空间，应该如何注入绿色基因，使传统城市成为新型的绿色生产方式和绿色生活方式的空间，这是目前人居环境科学领域从理论、方法和实践方面亟待探讨解决的核心问题。作为一名规划老兵，经历了我国城镇化低速发展期、城镇化快速增长期两个阶段，笔者试从城乡规划角度探讨新时代绿色城市高质量发展建设的若干问题与同行同仁们共勉。

1 新时代绿色城市的概念诠释

1.1 国外绿色城市发展建设规律认识

（1）国外绿色城市案例借鉴

从人类历史发展轨迹中可以看出，工业文明时代追求经济效益，城市建设以高密度的高楼大厦、水泥森林、玻璃幕墙等为风貌，城市设施以服务机动车的宽马路、大街区、无序蔓延、职住分离等为导向；生态文明时代追求的是蓝绿空间、智慧城市、科技创新、绿色建筑、15分钟生活圈、乡愁记忆、水资源循环利用、城市品质、历史街区保护、慢行交通、垃圾无害化等^[1]。不同时期、不同阶段的城市往往是人口最为集中、产业最为先进、设施最为完善的高度城市化地区，对人类文明进步发挥了核心的引领和推动作用。

纽约、伦敦、巴黎、东京等发达国家中心城市发展的经验表明，世界一流城

---

① 载于《人类居住》2018年第4期。

市在发展到一定阶段后均通过绿色提升改善城市人居环境，促进城市发展转型升级，以进一步确保城市的辐射力、向心力而继续成为世界最具魅力的枢纽和舞台。例如，纽约市在 2030 年的规划中提出投资建设新的休闲设施、开放公园，为每个社区增加新绿化带和公共广场，在 2030 年实现步行 10 分钟可到达公园。在大伦敦地区规划中明确了"使伦敦在应对气候变化问题上成为全球城市的榜样，并使伦敦成为一座更具吸引力、设计更精致的绿色城市"的目标。《大巴黎地区总体规划（2014—2030 年）》对大巴黎区域提出了通过扩建、美化、改造，将巴黎改造成"后京都议定书时代全球最绿色和设计最大胆的城市"[2]。《2030 年首尔城市基本规划》明确了"充满生机与活力的放心城市"的目标，提出了改善和优化城市生活环境质量，建立低碳能源生产与消费体系等 11 项策略。东京市政府制定的《东京 2020 年规划》提出了建设低碳、高效节能、能源自立型的城市。

（2）国外绿色城市经验总结和客观认识

通过上述国外城市的发展规划案例不难总结出其共同点：①编制了绿色低碳发展导向的总体战略规划，对城市绿色建设做出顶层设计；②推动产业持续向绿色高端服务业转型升级，使之成为增强综合竞争力的"城市名片"和"重要品牌"；③优化城市功能和空间布局，实现城市规模、人口分布与功能分工相协调；④调整能源结构，促进能源供应向绿色低碳转型；⑤倡导绿色低碳的生产方式和生活方式；⑥具有指导绿色建设的完备指标体系、标准体系、技术体系以及制度体系；⑦建设了一批具有引领带动作用的绿色标杆示范项目。这些工作经验使得城市功能好、结构优、交通畅、环境佳、形象美、有活力，有适宜人居、适宜创业、适宜人全面发展的好环境，也是我国各级城市在推进绿色建设过程中很好的借鉴。

由此可见，绿色、共享、创新是国外高品质绿色城市发展的核心内涵，主要目标特征是建设宜居住区、提供众多就业岗位、构建便捷公共交通、打造优美的生态环境和绿色公园、健全城市基础设施体系、彰显城市特色和深厚历史文化、注重有特色的习惯和生活方式、关注以人为本的细节公共空间建设、体现市民的舒适感与幸福感及自豪感、统筹地上地下及城乡的和谐发展、突出优质公共产品和高品质的服务等。国外绿色城市建设体现了尊重自然、重视历史文化保护的规划建设，突出了持续创新的建设理念和不断的城市更新，注重了新技术、新产品、新材料、新工艺的推广应用，强调了尊重法治、法制健全、执法严格、自觉守法等。

1.2 绿色城市的理论实践诠释

（1）国外绿色城市主义理论诠释

绿色城市主义是欧洲国家实践可持续发展理念的思想体现，包括采取集中紧凑的城市形态以及减少能源消耗。与以往的规划模式尤其是美国模式不同，它体现了当代实现可持续发展目标的要求，并为城市与环境的和谐发展指出了未来的可能方向。绿色城市主义并非一场有精确定义的理论运动，在实现城市与社会可持续发展的目标之下，它可以有多种具体的表现形式。绿色城市主义在欧洲的实践体现在不同国家、不同城市的各层面——城市形态、土地利用、交通模式以及城市的经济和管理手段[3][4]。

（2）新时代国内绿色城市实践诠释

党的十八大以来，我国提出了生态文明发展模式和理念，展开了"五位一体"建设总体布局，践行了创新、绿色、开放、协调、共享五大发展理念，建设新的绿色生产方式和绿色生活方式。在国家执政方针理念的落实贯彻过程中，我国经济发展从制造中国开始转型到创新中国、服务中国的新常态，生态建设从"雾霾中国"开始改造为"美丽中国"的新格局，空间转换从"乡土中国"开始迈向为"城市中国"的新阶段。因此，我国城市发展也开始转型升级，未来城市将会朝着创新、绿色、开放、协调、共享、高质量发展的方向不断发展。高质量发展的绿色城市将是未来城市发展的主旋律和总基调。

走进绿色，拥抱森林，营造人与自然和谐相处的生态文明城市，是全球化时代城市发展的新潮流[5]。与国外绿色城市发展道路和规律一样，我国高质量发展的绿色城市是充满绿色空间、生机勃勃的开放城市[6]，是管理高效、协调运转、适宜创业的健康城市，是以人为本、舒适恬静、适宜居住和生活的家园城市，是各具特色和风貌的文化城市，是环境、经济和社会可持续发展的动态城市。这五个方面是绿色城市的充分和必要条件，也可以称为绿色城市的"五大目标"[7]。

2 新时代绿色城市发展建设面临的问题和历史责任

2.1 国内绿色城市发展建设面临的核心问题

改革开放以来，我国经历了从经济弱国向经济大国的历史性转变，与此同时，我国城市化也经历了从低速发展向快速发展的转变过程。经过 40 年的发展,一方面,我国城市数量、规模、设施等都发生了显著提升;另一方面,我国城市发展质量出现了患"城市病"的城市、轻城市治理和生态建设的管理体制、弱绿色城市管理制度体系三大核心问题,且正在严重束缚我国城市的高质量发展。

(1)患"城市病"的城市比重较大,绿色城市建设任务艰巨

经历快速扩张的城市化之后,我国各级城市或多或少表现出以下发展特征:城市盲目圈地扩张,患了"巨人症";历史文脉消失于拆迁,患了"失忆症";垃圾围城、一雨成海,患"新陈代谢失能";交通不畅,拥堵不堪,患"种种栓塞";资源约束趋紧,生态环境恶化趋势尚未得到根本扭转;住房与医疗资源紧张,基础设施建设滞后等。因此,通过绿色城市建设治理"城市病"的任务艰巨。

(2)轻城市治理和生态建设、重规模扩容的管理体制亟待变革

在快速城市化发展阶段,我国大部分城市陷入了"扩容"的发展路径之中,再加上我国轻城市治理的管理体制,由此呈现了我国大部分城市轻视城市治理、轻视生态环境建设、重视规模扩容、重视项目扩张的城市发展格局。城市规划前瞻性、严肃性、强制性和公开性不够,城市建筑"贪大、媚洋、求怪"等乱象丛生,依法治理城市力度不够,违法建设、大拆大建问题突出,公共产品和服务供给不足,环境污染、交通拥堵等"城市病"蔓延加重。因此,建立精明增长、精细治理、精致建设的绿色城市管理体制是绿色城市发展建设的重要内容。

(3)弱绿色城市管理制度体系,建设水平相对较低

党的十八大以来,从中央到地方各级政府都把绿色发展作为落实"五大发展理念"的重要着力点和落脚点,在各项工作中予以贯彻实施。回顾过去取得的成绩,对标十九大关于绿色发展的最新要求,各级城市绿色建设仍有改进空间:一是城乡建设领域绿色发展顶层设计还不够完善,还需进一步整合包括绿色建筑、建筑节能、装配式建筑、可再生能源建筑应用、既有建筑节能改造、绿色建材、智慧城市、水资源综合利用、"多规合一"、城市"双修"、特色小镇、美丽乡村、海绵城市、地下综合管廊、垃圾处理、建筑业转型升级、工程质量提升等单项工作,形成统一的绿色行动计划和实施方案,以便在协同推进、监督考核等方面明确操作路径、形成合力。二是城乡建设绿色发展相关指标体系、标准体系、技术体系、监管体系的实施落地方案还需进一步完善、细化和深化,实现在城乡建设各领域

（如绿色城市、绿色城区、绿色社区、绿色建筑、绿色小镇、绿色乡村、绿色棚户区改造、绿色城市更新等）和城乡建设各环节（项目立项、土地出让、规划许可、设计许可、施工图审查、竣工验收等）全覆盖。三是还需按照世界眼光国际标准建设一批具有引领带动作用、可复制可推广、人民有感知和获得感的绿色标杆示范项目。

2.2　新时代绿色城市发展建设的历史责任

十九大对我国当今发展阶段所做出的"新时代"判断为我国城市发展指明了方向，明确了方针。从新时代的发展要求和国外发展案例借鉴看，通过深度剖析我国城市发展所面临的三大核心问题可以得出如下结论：我国非绿色发展模式难以为继了！建设高质量发展的绿色城市，以及构建与之对应的标准体系、指标体系、技术体系、制度体系，是贯彻落实党中央生态文明建设部署的重要内容，也是非常复杂的系统工程。目前雄安新区的临时建筑都已经有了很高的绿色含量，按照这个思路，新城区的绿色规划建设更应该一步到位，且有更高的标准，老城区也应该逐渐增加绿色含量来更新和复兴。

我国各级城市现在和将来都是支撑全国经济增长、促进区域协调发展、参与国际竞争合作的重要平台，承担着中华民族伟大复兴和成为世界级城市节点的重任。推进绿色建设、实现绿色发展不仅仅是解决"城市病"的问题，更重要的是推动区域协同发展践行"五大发展理念"，特别是在绿色发展领域区域共建、共治、共享，完善城市布局和形态，优化人口经济密集地区开发模式，探索城市生态文明建设的有效路径，为世界其他城市绿色发展提供范例和样板，为构建人类命运共同体提供中国方案和模式。

新时代的绿色城市应该是"绿色、创新、共享、高质量发展"，且需要动态发展，发展规模、生活品质、城市布局、城乡发展都需要统筹。新时代绿色城市高质量发展的成功与否，关系到我国"两个一百年""中国梦"目标的实现，关系到我国"五位一体"建设总体布局的落实，关系到我国人居环境学科、人居环境技术的建设发展，关系到我国可持续发展战略对全人类的贡献。因此，新时代绿色城市建设历史责任重大、历史意义深远。

3　新时代绿色城市发展建设若干思考

从雄安、海口、山东、黑龙江等各地绿色城市发展建设实践看，新时代建设高质量的绿色城市是当今我国生态文明建设进程中的重大课题。综合前述对新时代绿色城市的概念诠释、绿色城市发展建设的历史责任，结合笔者全国各地城市的绿色实践，提出如下思考和建议。

3.1　对建设高质量绿色城市的总体认识

"良好生态环境是最公平的公共产品，是最普惠的民生福祉。"因此，生态文明新时代更加追求公平和普惠，既要空间形式美，更要生态和谐美！绿色高质量发展为生态文明新时代最美！生态文明新时代兼具绿色、文化、艺术和科技属性的高质量的美！新时代"美丽中国"的建设需要经历美丽建筑、美丽城市、美丽中国三个发展阶段，相对应的是绿色建筑、绿色城市、绿色国土三个绿色基因成长阶段，其中高质量发展的绿色城市是整个"美丽中国"建设的关键，也是承上启下关乎全局的绿色基因单元。

在美丽建筑发展阶段，最为关键的是绿色建筑的推广应用，需要在传统建筑安全耐久（质量美）、适用经济（经济美）、文化美观（人文美）三大功能基础上，实现健康宜居（舒适美）、智能感知（智慧美）、绿色节能（环境美）三大功能的植入和提升，推动传统建筑升级改造。在美丽城市发展阶段，最为关键的是绿色城市的建设规划，构建创新智能（生产美）、绿色生态（生态美）、幸福宜居（生活美）的绿色城市体系，推动传统城市升级重塑。在美丽中国发展阶段，最为关键的是绿色城乡的统筹协调，构建人与自然和谐（人美）、城市与乡村统筹（城乡美）的绿色国土空间体系，推动传统城乡的升级联动。

由此可见，从原始文明人们追求天然美，到工业文明追求形式美、追求经济效益，再进入到生态文明，人们追求人地和谐美、人与自然空间共融共生。在新形势下，对建设高质量绿色城市的总体认知要从系统的角度来把握。传统的绿色建筑讲"四节一环保"，即节能、节地、节材、节水、环保。但这些和老百姓的生活有什么关系？目前以人民为中心的城市建设任务摆在我们面前。所以现在绿色建筑的升级版，不仅要有"四节一环保"的要求，还要增加安全耐久、健康宜居、绿色节能、智能感知、实用经济和文化美观。这样扩展到城市，再回到乡村，才是美丽建筑、美丽城市、美丽中国的逻辑体系；不仅是表面美，更重要的是"心里美"。

3.2 高质量发展绿色城市的规划逻辑

（1）规划方法论探索

据上述分析可知，新时代高质量发展绿色城市是为世界各地城市发展提供中国样板和中国方案，是为落实中央"两个一百年"奋斗目标，实现中华民族伟大复兴的中国梦。按照雄安新区"世界眼光、国际标准、高点定位、中国特色"的建设要求，高质量发展绿色城市应坚持面向全球竞争、面向未来可持续发展、面向实际国情三个基本原则。

按照战略引领、刚性管控的规划要求，以及生态保护红线、环境质量底线、资源利用上线和环境准入清单的环境管控，高质量发展绿色城市应从服务全球、国家和区域格局中定性未来城市主导功能，从资源环境承载能力角度定量未来城市规模，从人与自然和谐、城乡联动的全域棋盘中定位未来城市发展格局，从地域本地特色和历史文化保护格局中定景未来城市标志性名片和特色，从上承国家战略、下接地气的目标中定施未来城市的行动计划和发展举措。概言之，根据"三面五定"的规划方法，高质量发展的绿色城市将是面向世界竞争的以城乡居民点优化为重点的功能分工体系、面向可持续发展的国家空间安全体系、面向国情实际的管理体系的重要节点单元。

（2）规划本质内涵

高质量发展的绿色城市规划本质内涵是构建引领全球的绿色生产体系，打造集约高效的生产空间；建立符合国情的绿色生活方式，打造宜居适度的生活空间；优化可持续发展的绿色生态安全格局，打造"透绿见蓝"的生态空间。

（3）规划技术路线

通过"三面五定"的技术方法和对规划本质内涵的认识，初步提出"2+12+24+114+70"的高质量发展的绿色城市框架，建设构建引领全球的绿色生产体系、具有中国特色符合国情的绿色生活方式、引领绿色城镇化发展的全球绿色创新的节点城市（图1）。

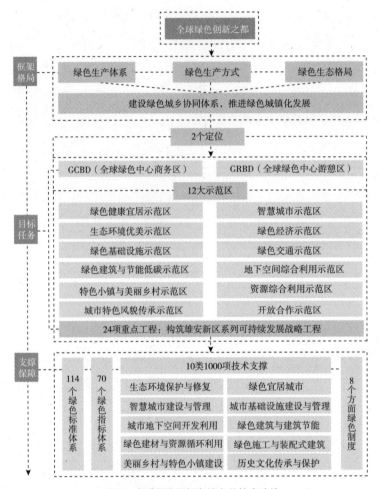

图 1　高质量发展绿色城市的技术路线

3.3　高质量发展绿色城市的建设逻辑

（1）分维度的绿色标准体系建设

高质量发展绿色城市建设应从指标管控、建设时序、城乡统筹等多维度构建绿色标准体系，以支撑绿色城市可持续发展。对标国际一流城市的成功经验，高质量绿色城市发展指标体系，包括生态环境承载力、人口容量、资源综合利用、绿色经济、开放合作、绿色健康宜居、节能低碳、城市特色风貌传承、绿色交通、智慧城市、生态环境优美、特色小镇与美丽乡村、绿色基础设施、地下空间综合利用 14 个方面共 70 个指标，覆盖规划、设计、建设、管理各环节[8]。在此基础上，推动绿色城市的规划、建设、管理统筹协调发展（图2、图3）。

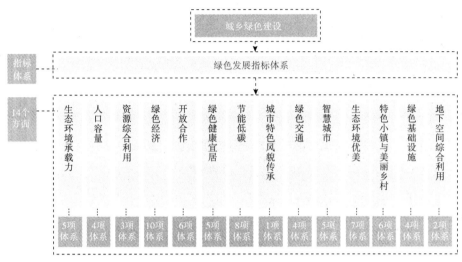

图 2　城乡建设绿色发展指标体系

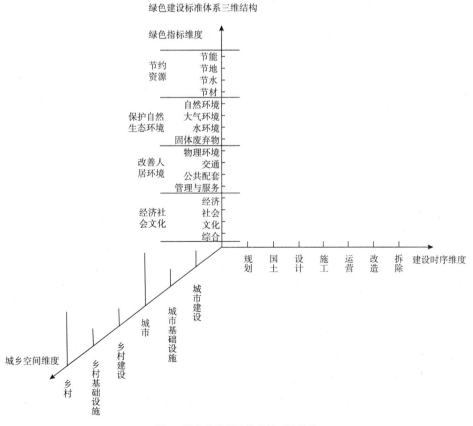

图 3　绿色建设标准体系的三维结构

（2）分类型的绿色技术体系建设

依照对标国际的建设目标与标准，确定绿色城镇化的技术门槛，通过技术成果动态收集、评估与认证，建立展现具有特色并具有国际水准的绿色发展先进技术体系。编制发布技术推广目录，组织技术交流与成果展示，开展技术集成与试点示范、技术咨询与人才培训，促进先进技术成果的推广应用。建立生态环境保护与修复、资源综合利用、绿色建筑与装配式建筑、历史文化传承和保护、"多规合一"与城市设计、城市基础设施设计与管理、清洁能源应用、美丽乡村与特色小镇建设 8 类技术支撑体系，保障高质量发展的绿色城市可持续发展系统工程建设（图 4）。

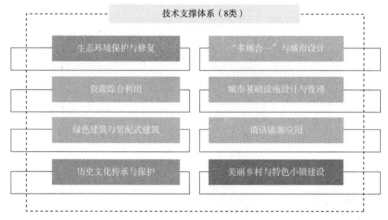

图 4　绿色建设技术支撑体系

（3）分部门的绿色制度体系建设

城市政府各职能部门要发挥组织的带头作用，各司其职做好产业升级、改革创新、开放发展、城市提升、幸福安康、文化繁荣、生态优美、城乡融合、法治城市、从严治党十大行动落实工作，并根据各部门绿色行动安排制定相应的绿色制度体系，以保障绿色城市高质量发展。

（4）分主题的绿色项目库建设

建立促进绿色城市科学建设发展的项目库，确保绿色发展顺利落地实施。例如，城市生命健康、城市人居环境、城市建设科技、城市文化创意、城市金融创新等各类主题的项目库。

    绿色城市意味着污染全部控制、资源高效利用、人与自然和谐相处。绿色城
市需要合理的规划布局、完善的基础设施体系、良好的环境质量。建设富有竞争
力的绿色城市，让一个天更蓝、地更绿、水更清的美丽家园以更加绚丽的姿态展
现在市民面前，就要融入"绿色、健康、安全"的理念，就必须着力提升城市绿
色竞争力。人与自然和谐共生的良好生态环境是未来城市最好的"名片"。

参考文献

[1] 俞滨洋，梁浩 . 城乡建设绿色发展的大平台——中国住博会 [J]. 建设科技，2018（20）：11-12.

[2] 俞滨洋 . 大都市绿色建设的总体思考和建议 [J]. 建设科技，2017（22）：8-13.

[3] 张梦，李志红，黄宝荣，等 . 绿色城市发展理念的产生、演变及其内涵特征辨析 [J]. 生态经济，2016
     （05）：205-210.

[4] 李漫莉，田紫倩，赵惠恩，等 . 绿色城市的发展及其对我国城市建设的启示 [J]. 农业科技与信息（现
     代园林），2013（01）：17-24.

[5] 深圳全面提升绿道建设生态绿色城市 [EB/OL]. [2013-01-31]. http：//www.cusdn.org.cn.

[6] 2012 绿动中国年度盛典举行福州获绿色城市称号 [EB/OL]. [2013-01-31]. www.cusdn.org.cn.

[7] 孙彦青 . 绿色城市设计及其地域主义维度 [D]. 上海：同济大学，2007.

[8] 俞滨洋 . 大都市绿色高质量建设的总体思考和建议——国内大都市绿色发展的现状、趋势和建议 [J].
     建设科技，2019（01）：14-17.

雄安新区千年发展的绿色方略^①

习近平总书记对雄安新区提出七个方面的重点任务和建设四区的要求，其中第一条是建设绿色智慧新城，建成国际一流、绿色、现代、智慧城市。之后，在中共中央政治局第四十一次集体学习中强调形成节约资源和保护环境的空间格局、产业结构、生产方式、生活方式。雄安新区应率先成为绿色发展方式和生活方式的示范区，发挥独特优势，建成全球绿色创新之都（global green innovation capital，GGIC），为全球绿色发展转型提供中国解决方案。建设全球绿色创新之都是落实习近平总书记对人类命运共同体论断、关于形成绿色发展方式和绿色生活方式的探索与实践，能够发挥全球绿色发展的引领作用、绿色经济发展的中心辐射作用、绿色科技创新体系的核心组织作用、推动绿色文化发展的示范作用、推进绿色城镇化的样板作用。

坚持"世界眼光、国际标准、中国特色、高点定位"的要求，制定雄安新区可持续发展方略应把握好前瞻性、创新性、系统性、针对性、可操作性。借鉴浙江、福建厦门的成功经验，坚持"三个面向、五定集成"的顶层设计，雄安新区应面向全球构建引领全球的绿色生产体系，打造集约高效的生产空间；面向国情建立高品质的绿色生活方式，打造宜居适度的生活空间；面向未来优化可持续发展的绿色生态安全格局，打造"透绿见蓝"的生态空间；将雄安新区绿色发展置于一个滚动开发过程中，构建绿色"三生空间"，建设绿色城乡协同体系，不断形成巨大的持续动力，打造绿色发展方式和绿色生活方式新样板，推进绿色城镇化发展。综上所述，可持续发展的绿色生态安全格局是雄安新区的"绿壳"，引领全球的绿色生产体系是雄安新区的"绿芯"，绿色文化以及绿色价值观引导下的符合国情的绿色生活方式是雄安新区的"绿魂"。

围绕全球绿色创新之都，雄安新区从全球绿色高端产业、绿色高新科技、绿色高端人才、绿色金融创新、绿色生态建设、绿色文化休闲游憩、绿色交流合作、

---

① 此文是以俞滨洋先生为总负责人的住房和城乡建设部科技与产业化发展中心雄安新区绿色建设方案工作组对雄安新区绿色建设的总体构想。

绿色成果输出八个方面，率先打造全球绿色中心商务区（GCBD）、全球绿色中心游憩区（GRBD）双中心，积极推进资源综合利用示范区、绿色经济示范区、开放合作示范区、健康宜居示范区、城市特色风貌传承示范区、高效节能示范区、绿色交通示范区、智慧城市示范区、生态环境优美示范区、美丽乡村示范区、绿色基础设施示范区、地下空间综合利用示范区 12 个示范区建设，着力抓好国际绿色指挥中心、国际绿色科技创新中心、国际绿色技术产品和服务 O2O 交易中心、国际绿色金融中心、国际绿色双创基地、国际绿色大学、国际绿色发展论坛、绿色智慧大数据平台、资源综合利用工程、环球绿色文化主题公园、绿色田园乡村、绿色生态社区示范工程、绿色配套服务设施建设工程、地下空间综合利用示范工程、白洋淀生态治理和保护工程、花园城市建设工程、智慧能源微网工程、绿色交通工程、地下综合管廊工程、供水安全保障工程、海绵城市建设工程、城市排水防涝工程、智慧市政设施建设工程、城市防灾工程 24 项可持续发展系统工程，构建引领全球的绿色生产体系、开创全球绿色发展新路径，建设全球绿色中心商务区（GCBD），将雄安新区建成全球绿色创新经济中枢；传承绿色文化新理念，倡导具有中国特色符合国情的绿色生活方式，建设全球绿色中心游憩区（GRBD），将雄安新区建成全球绿色文旅休闲娱乐胜地；推广绿色生活新方式，建设全球绿色人居环境示范高地，将雄安新区建成全球绿色生态示范区。

对标国际一流城市、千年城市的成功经验，雄安新区建设全球绿色创新之都应构建千年发展的绿色建设管理标准体系，包括生态环境承载力、人口容量、资源综合利用、绿色经济、开放合作、健康宜居、高效节能、城市特色风貌传承、绿色交通、智慧城市、生态修复、美丽乡村、绿色基础设施、地下空间综合利用 12 个方面，并覆盖规划、设计、建设、管理各环节。8 项绿色制度主要包括：建立省级主要领导任组长的雄安新区绿色发展建设领导小组，统筹雄安新区绿色建筑发展；以量化考核绿色发展方式和绿色生活方式成效为重点的考核评价机制，保障雄安新区绿色发展战略的顺利实施；设立雄安新区专项资金，用于新区的管理制度、技术标准的研究、宣传和培训，表彰激励先进单位和个人等；以城乡规划为龙头，建立涵盖规划、设计、施工、验收等环节绿色基本建设程序；建立负面清单制度，建立绿色审批通道，提高政府行政效率；建立绿色大学，以绿色为核心的宣传与教育制度；依托绿色产业，吸引高端人才创业，促进和保障被征地农民、退养上岸渔民就业；创立绿色专利大赛、绿色效果评估大赛，宣扬绿色典范、形成绿色生活理念。逐步建立雄安新区绿色发展建设制度体系，积极推进"法治雄安"建设，探索一套新城治理体系和治理能力现代化的新路径、新模式和新方法。

围绕雄安新区绿色发展千年大计战略定位与布局，依照对标国际的建设目标与标准，确定雄安新区建设技术门槛，通过技术成果动态收集、评估与认证，建立包含数百项先进技术与产品在内，展现雄安新区特色并具有国际水准的绿色发展先进技术体系。通过编制发布技术推广目录，组织技术交流与成果展示，开展技术集成与试点示范、技术咨询与人才培训等方式，促进先进技术成果的推广应用，为绿色创新之都建设提供技术支撑保障。150项重点技术包括：城市生态环境动态监测与评估技术、城市生态适宜性评估技术、城市绿道系统/园林绿地与人居环境质量协同改善技术、土壤修复与绿化覆植技术、黑臭水体治理成套技术、岸线修复技术、湿地修复技术，建筑绿化技术、居住区环境改善技术、住区公共服务布局优化与室外宜居环境营造技术、适老化住宅配套技术、二次供水安全保障技术、污水处理与再生利用技术、污泥处置与资源化利用技术、生活垃圾分类与减量资源化技术，高性能节能建筑结构体系技术、建筑围护结构高性能保温隔热与装饰装修一体化技术、建筑能效提升技术、超低能耗建筑技术、建筑能耗监测评估技术、室内除湿与健康环境保障技术、既有建筑绿色化改造技术、绿色建材、建筑垃圾与植物纤维利用技术、可再生能源建筑应用技术、清洁取暖技术、基于实际运行效果的绿色建筑性能后评估技术、装配式建筑技术、绿色施工技术、工程质量安全保障技术，市政管网健康诊断技术和运行风险评估技术、管线全生命周期安全运行与应急处置技术、城市雨水收集调蓄与净化利用技术、海绵城市工程设施全生命周期监测评估技术、城市轨道交通绿色节能技术、基于防灾减灾及节能减排的城市交通设施设计与建设技术、基于大数据分析的城市运行安全综合风险评估技术、城市公共安全与空间防灾治理一体化规划技术、基于地理信息和城市水力高程的雨洪内涝易发点评估技术、城市灾害应急保障与恢复重建技术、城市重大工程及区域抗震和防火风险评估与管控技术，地下空间分层开发管理及系统开发利用技术、地下空间规划设计技术、地下综合体安全应急疏散空间设计技术、地下构筑物系统设计与安全运行技术、地下空间综合管理信息化技术、地下综合管廊建设管理技术，智能建筑、智慧家居、智慧社区、智慧交通、智慧管网、城市建设与管理数据库、城市公共信息平台、BIM 技术，基于大数据与虚拟仿真的预测模型技术、城市建设用地效率动态评估技术、城市资源环境承载力评估技术、城市群协同发展规划技术、基于三维城市空间地理信息的城市设计技术、建筑协同设计技术、城市风貌延续与特色营造技术、传统建筑修缮与延续创新工程技术，宜居村庄建设规划技术、特色小镇自然环境改善与保护技术、特色小镇产业发展路径与支撑技术、传统村落保护监测技术、特色小镇风貌提升与保护技术、民居功能综合提升技术、传统民居加固与修缮技术、绿色农房、被动式节能技术、村镇污水与固废分散式处理处置和资源化利用技术等。

落实习近平总书记重要指示，雄安新区绿色发展势在必行。绿色发展、科技创新，把雄安新区建成全球绿色创新之都，成为人类命运共同体绿色发展中枢和引擎，具有重大现实意义和深远历史意义！我中心发挥绿色建筑与建筑节能、建设科技推广与产业化等综合职能优势，广大员工群策群力、集思广益，提出了雄安新区应坚持"三个面向，五定集成"的"8 个 1 工程"绿色建设工作方案。雄安新区建设发展是国家大事、千年大计，也是复杂的系统工程，规划建设雄安新区涉及城乡发展的不同领域，极其复杂，需要进一步研究重要问题，完善建设方略。限于时间和能力水平，中心本着主动担当、积极作为的态度结合本职工作提出上述初步思考，算是为雄安新区的建设尽一份绵薄之力。

1 座全球绿色创新之都	—
1 个全球绿色中心商务区	—
1 个全球绿色中心游憩区	—
1 套国际一流标准和指标	114 个标准和 70 个发展指标
1 批中国特色绿色发展示范区	12 个示范区
1 系列可持续发展战略工程	24 个可持续发展系统工程
1 套绿色制度保障体系	8 方面绿色制度
1 套绿色技术支撑体系	8 类 150 项绿色技术

建设面向 2035 年的绿色北京战略思考 [①]

2017 年 9 月 13 日，中共中央、国务院对《北京城市总体规划（2016—2035年）》（以下简称《总体规划》）作出批复。明确北京城市战略定位，坚持和加强首都全国政治中心、文化中心、国际交流中心、科技创新中心的核心功能。习近平总书记在十九大报告中进一步明确指出："建设生态文明是中华民族永续发展的千年大计，必须树立和践行绿水青山就是金山银山的理念。"为全面贯彻落实习近平总书记十九大报告精神以及十八大以来中央关于生态文明绿色发展的总体布局和战略部署，北京应按照世界眼光、国际标准，科学对标纽约、伦敦、巴黎、东京等世界级都市，高举"四个全面""五位一体""两个一百年"的重大战略旗帜，在城乡规划建设管理全过程中践行绿色发展方式和绿色生活方式，优化生产、生活和生态"三生空间"，致力于建设伟大社会主义祖国的首都，迈向中华民族伟大复兴的大国首都、国际一流的和谐宜居之都。

一、国际对标

对标纽约、伦敦、巴黎、东京等国际一流都市，这些都市普遍具备以下 12大特征：宜居的住区、繁华的商区、优美的生态环境；绿色高端服务业提供众多的就业岗位；城市能源结构绿色低碳；便捷的公共交通体系；完善的城市服务设施；完备的城市基础设施；绿色低碳的生产方式和生活方式；有鲜明的城市特色；深厚的历史文化内涵；各种设施以人为本，注重细节；地上地下、城乡空间和谐发展；市民舒适感、幸福感、自豪感强。

国际一流都市之所以功能好、结构优、交通畅、环境佳、形象美、有活力，有适宜人居、适宜创业、适宜人全面发展的好环境，是因为有"四大支撑"：有尊重自然、重视历史文化保护的规划建设方案，有持续创新的建设理念和循环城市功能空间优化建设更新，注重新技术、新产品、新材料、新工艺的推广应用，

---

① 此文是俞滨洋先生 2017 年 11 月对北京绿色建设的思考和建议原稿。

尊重法治、法制健全、执法严格、自觉守法。

二、北京现状

近年来北京市住房和城乡建设委员会一直把绿色发展作为落实"五大发展理念"的重要着力点和落脚点，在各项工作中予以贯彻实施。先后开展了绿色建筑、建筑节能、可再生能源建筑应用、公共建筑节能改造、绿色建材、绿色生态城区、装配式建筑、被动式超低能耗绿色建筑、绿色农房等示范创建工作，取得了显著成绩。但对标国际一流城市先进发展经验和党中央、国务院关于绿色发展的最新要求和总体部署，仍有改进空间：一是城乡建设绿色发展顶层设计不完善，目前城乡建设领域绿色发展涉及单项业务较多，各项工作较为分散，没有统一的发展战略和规划，在协同推进、监督考核等方面没有形成合力，难以上升到市委、市政府重视的高度，不利于全面、系统提升城乡建设绿色发展水平。二是城乡建设绿色发展相关标准体系、监管体系、技术体系等支撑工作还有待完善。表现在城乡规划对绿色建设的统筹引领作用不强，绿色建设系统性标准体系尚未形成，绿色建设科技创新驱动发展的支撑能力有待进一步提高。三是激励城乡建设绿色发展的相关财税、金融等政策措施和市场化机制有待完善。

三、战略思考

深入贯彻落实习近平新时代中国特色社会主义思想，立足京津冀协同发展，坚持以人民为中心，建设面向 2035 年的绿色北京，对于我国引领全球特大城市发展转型、探索人口经济密集地区优化开发新模式、履行人类命运共同体世界责任具有重大现实意义和深远历史意义。因此，北京应是全球绿色发展的标杆都市，由绿色"四心"组成，即绿色政治中心、绿色文化中心、绿色国际交往中心和绿色科技创新中心。通过绿色"四心"建设，汇聚全球绿色高新科技、绿色文化交流、绿色国际合作、全国绿色行政示范四大资源；构建引领全球的绿色生产体系、符合国情的绿色生活方式和可持续发展的绿色生态格局；发挥五大作用：一是全球都市绿色发展的引领作用，二是绿色节约型行政中心的示范带动作用，三是绿色科技创新体系的核心组织作用，四是推动绿色文化发展的交流作用，五是推进绿色国际合作的指挥作用。应做到 12 个方面的"示范"：绿色经济示范、绿色资源综合利用示范、绿色开放合作交流示范、绿色健康宜居建筑示范、既有建筑绿色改造和清洁能源示范、绿色城市特色风貌传承示范、绿色交通和出行示范、绿色智慧城市示范、绿色生态环境示范、绿色美丽田园镇村示范、绿色基础设施示范和绿色地下空间综合利用示范。

　　对照总体规划要求和国际一流都市，北京应建立和完善绿色建设指标体系和标准体系，涵盖生态环境承载力、人口容量、资源综合利用、绿色经济、开放合作、健康宜居、高效节能、城市特色风貌传承、绿色交通、智慧城市、生态修复、美丽乡村、绿色基础设施、地下空间综合利用等诸多方面，覆盖规划、设计、建设、管理各环节。动员社会力量参与城市治理，践行"共同缔造"理念，注重运用法规、制度、标准管理城市。同时，可借鉴"美丽厦门"战略规划"十大行动"（产业升级、改革创新、开放发展、城市提升、幸福安康、文化繁荣、生态优美、同胞融合、法治厦门、从严治党）和发达国家国际大都市建设经验，建立符合北京特征的绿色建设制度体系。创新城市绿色建设方式，综合应用行政和市场两只手，在城乡建设领域加快建立绿色生产和消费的法律制度和政策导向，构建市场导向的绿色技术创新体系，发展绿色金融，推动建设产业全面绿色转型升级。开展创建节约型机关、绿色家庭、绿色学校、绿色社区和绿色出行等行动。

四、绿色建设重点项目暨可持续发展系统工程（"十个一"）

　　"十个一"的可持续发展系统工程是支撑绿色建设的关键载体，是落实总体规划要求、践行绿色发展的示范项目。

1. 一个绿色行政机关服务办公区

　　选择北京中心城区或城市副中心合适区域打造一个绿色行政机关服务办公区，作为创建北京绿色政治中心的试点示范项目。新建办公建筑全面践行高标准绿色建筑，既有办公建筑推行绿色化改造，并创新"绿色化"城市公共服务模式，通过推行合同能源管理以及绿色物业管理等创新绿色运行管理机制，建立优质、高效、绿色的行政中心。

2. 一个绿色建筑文化展示中心

在北京城市副中心、延庆冬奥会场馆等合适区域打造一个绿色建筑文化展示中心，作为创建北京绿色文化中心的试点示范项目。重点展示古今中外绿色建筑理念、绿色建筑发展历程、绿色建筑评价体系、绿色建筑核心技术、典型绿色建筑案例。通过打造绿色建筑文化展示中心，多模式、全方位、高视角地展示绿色建筑特色，推动绿色建筑在北京市范围内推广应用。

3. 一个绿色科技创新中心（"绿色硅谷"）

在北京中关村科学城、怀柔科学城、未来科学城等合适区域打造一个绿色科技创新中心，作为创建北京绿色科技创新中心的试点示范项目。依托相关创新载体，建立绿色众创空间、绿色孵化器、绿色加速器等模式的绿色创新发展平台，打造一个汇聚"绿色创新研究院＋绿色科技园区＋绿色产业基金＋绿色公共服务平台"的绿色科技创新中心，为来自全球的绿色创业者提供全方位的创业服务。

4. 一个绿色国际交流中心

在北京雁栖湖等合适区域打造一个绿色国际交流中心，作为创建北京绿色国际交流中心的试点示范项目。规划建设好绿色重大外交外事活动区、绿色国际会议会展区、绿色国际体育文化交流区、绿色国际交通枢纽、绿色外国驻华使馆区、绿色国际旅游区、绿色国际组织集聚区等。

5. 一批绿色地下空间综合利用工程

借鉴国际经验，在首都合适地区建设地下空间综合利用示范工程，作为优化城市功能和空间布局的试点示范项目。统筹地上、地下空间，加强地下综合管廊建设，保障城市运行的"生命线"，推进地下空间"多规合一"，统筹布局各类地下设施，合理布局综合管廊。

6. 一批历史文化街区绿色保护更新

落实总体规划批复要求，选取合适历史文化街区对其进行绿色保护更新，作为做好历史文化名城保护和城市特色风貌塑造的试点示范项目。一是体现尊重自然、顺应自然、天人合一的理念，"让城市融入大自然，让居民望得见山、看得见水、记得住乡愁"；二是符合古都文化特征、地域特色和时代风貌的符号与元素用于北京城市建设，在继承与发展、传承与流变中提升城市绿色品质、塑造城市绿色个性、彰显历史绿色文脉；三是传承具有老北京风貌和地域特色的绿色建筑风格。

7. 一批老旧小区节能宜居改造

选取合适老旧小区对其进行节能宜居改造，作为严格控制城市规模、科学配置资源要素的试点示范项目。改造主要包括抗震加固、建筑节能、煤改清洁能源、房屋增加厨卫、无障碍通道改造等房屋建筑改造，道路设施、照明设施、停车设施、供热管网设施、燃气管网设施、供水设施、排水设施等基础改造，拆除违章建筑及环卫设施、园林绿化和小区风貌等环境整治改造。

8. 一批公共服务绿色建筑

十九大报告中提出开展创建节约型机关、绿色学校等行动。北京市应打造一批绿色公共服务设施：对标国际一流的绿色城市公共服务设施体系，包括绿色节约型机关、绿色医院、绿色校园、绿色市民中心、绿色美术馆、绿色音乐厅、绿色影剧院、绿色图书馆、绿色陵园等，建设一两个独具北京文化特色的高星级绿色建筑（如绿色胡同、绿色四合院等）。

9. 一个绿色主题公园

借鉴丹麦乐高主题乐园、迪士尼乐园等国际知名主题乐园建设模式，依托通州环球影城等主题乐园建设独具特色的绿色主题公园。

10. 一批棚户区绿色改造和绿色保障房

围绕十九大报告中提出的开展创建绿色社区、绿色家庭和健康中国等行动，选取合适棚户区改造项目，对标国际一流绿色生态社区，建设绿色健康宜居生态示范区。将绿色、森林、智慧、水城一体的要素全面融入社区建设，打造高星级绿色建筑、被动式超低能耗建筑、零能耗建筑以及正能建筑、高比例装配式建筑、健康建筑、康居示范、3A住宅性能认定、海绵型社区、绿色建材推广应用示范区、百项"四新技术"应用示范区、智慧社区、花园社区、立体园林社区等。从绿色规划、绿色城市设计到绿色建筑设计再到绿色建设运营，全过程最高标准、最全技术体系、最佳产品组合、最优整体解决方案。

通过"十个一"绿色战略构想，使北京全球绿色创新之都绿色建设贯穿室内、室外，从地下到地上，从建筑到社区，做到引领全球绿色发展新路径，创新全球绿色城市新形态，推广全球绿色生活新方式，传承全球绿色文化新理念。北京应坚决贯彻习近平总书记关于生态文明、绿色发展的重要指示，坚决扛起生态文明建设的政治责任，凝心聚力、奋力拼搏，为引领国际大都市绿色发展而不懈奋斗。

绿色倡导

城乡建设绿色发展的大平台①

为全面宣传城乡建设领域绿色发展的最新成果，推动绿色城市建设和乡村振兴、建筑产业转型升级与建筑工程品质提升，住房和城乡建设部科技与产业化发展中心（住房和城乡建设部住宅产业化促进中心）会同中国房地产业协会和中国建筑文化中心于 2018 年 10 月 11~13 日在中国国际展览中心（新馆）举办了"第十七届中国国际住宅产业暨建筑工业化产品与设备博览会"（以下简称"住博会"）。本届住博会以"绿色发展"为主题，以"科技创新"与"产业升级"为展览主线，展览面积 5.7 万 m²，参展企业 600 多家，参观者达 7 万人次，全国住房和城乡建设系统相关管理人员和地方政府代表、众多两院院士和国内外权威专家学者、知名大学和科研院所、国际机构代表与会交流，会议取得圆满成功。

为贯彻党的十九大精神和中央城市工作会议精神，本届住博会着力打造城乡建设绿色发展的服务平台，搭建了行业沟通交流的平台、先进技术与产品展示的舞台、优秀企业同台竞争的擂台、全面宣传绿色创新的平台

本届住博会设置了住房发展与安居工程、中国明日之家、城乡建设绿色发展、"世界城市日"、建筑工程品质提升、乡村振兴绿色发展、建筑产业转型升级、国际技术产品八大主题展区、24 个分主题展区，着重展示了老百姓可感知、可体验的成套技术和产品。同时设置了 24 块主题展板，充分展示了改革开放 40 年来住房和城乡建设领域取得的成就，包括：中央城市工作会议精神、城乡建设绿色高质量发展，住房和城乡建设领域科研成果，装配式建筑、城乡建设绿色发展技术，公共建筑能效提升，城乡建设绿色发展技术，我国绿色建筑发展成果，城市生态修复成果，被动式低能耗建筑，国家康居示范工程，房地产转型升级，乡村建设绿色发展技术，海绵城市建设，城市地下空间综合利用，既有建筑改造、老旧小区改造成果，住房保障（含棚户区改造、公租房）成就，建筑工程质量提升成就与发展，智慧城市与建筑业大数据，开展"世界城市日"活动改善全球人居环境，"世

---

① 原载于《建设科技》2018 年第 20 期。作者：俞滨洋、梁浩。

界住房日"（世界人居日），中美清洁能源联合研究中心建筑节能合作项目和 C40
中国建筑项目等内容，同步举办了 24 场专业技术交流会议。

本届住博会是企业家的盛会、科学家的盛会（268 名中外专家演讲交流）、管理者的盛会（近 500 位建设系统领导和地方政府管理者在住博会期间交流和学习）、国际盛会（约 50 个著名的国际机构和组织参展与参会）、市民的盛会（3 万余民众现场体验先进技术和产品）

本届住博会发挥了助力我国城乡建设绿色发展的推进器作用，众多住房和城乡建设系统与地方政府管理人员表示住博会展示的绿色发展新理念、新业态、新技术、新产品、新工艺、新模式对当前转变地方城乡建设模式和经济增长方式大有裨益。

发挥了引领城乡建设绿色发展方式和绿色生活方式，实现科技创新的风向标作用。众多行业、企业表示住博会展示的绿色建筑、超低能耗建筑、装配式建筑、城市生态修复、智慧城市、建设信息化与人工智能、海绵城市、老旧小区改造、绿色建材、垃圾处理、清洁能源、绿色农房等先进技术对企业实现科技创新和转型升级大有裨益。

发挥了搭建城乡建设绿色发展领域"政、产、学、研、用、管、投"协同创新、供需对接和信息共享的平台作用。住博会上实现了一揽子采购对接、技术交易、科技金融和投资合作。地方政府实现了城市推介和招商引资，大学和科研院所实现了技术转移和成果转化，企业实现了产品推广和市场拓展，国际机构找到了国际新技术登陆中国的窗口，金融资本找到了投资合作的对象，普通市民切身体验到了具有获得感的绿色健康宜居的新科技。

住房和城乡建设部科技与产业化发展中心 25 年来聚焦建设行业绿色发展、科技创新和产业升级，掌握大量国内外绿色发展和科技创新成功案例与先进经验，集聚了一批专业人才，完成了一批科研成果，打造了一批优秀案例，建立了覆盖全国的绿色建筑节能发展网络、建设科技推广网络、装配式建筑推进网络，积累了较为丰富的国内、国际合作经验，具有一定的组织协调能力与科技成果转化推广能力，正在按照习近平总书记在中央城市工作会议上关于城市发展"一个尊重，五个统筹"的重要指示，根据住房和城乡建设部的工作部署，开展绿色城市建设方面的相关研究和咨询工作。

围绕中国住博会，住房和城乡建设部科技与产业化发展中心将重点开展城乡建设绿色发展领域的相关研究和技术咨询工作

根据国内外城市发展规律，我国主要城市将先后逐步由工业文明过渡到生态文明，由工业化时代过渡到后工业化时代，因此，城市发展范式将发生根本性变化，工业文明时代以高楼大厦、水泥森林、城市蔓延、汽车导向、空气污染等为标志特征的城市发展模式将被生态文明时代以窄马路、密路网、小街区、绿色建筑、公共空间、蓝绿交织等为显著特征的绿色城市发展模式所取代，必须将绿色理念贯穿城乡规划、建设、管理全过程并实施管控落地，同时要更加注重"以人为本"，以老百姓的获得感作为最终评价准绳，如绿色建筑要更加关注安全耐久、健康舒适、绿色节能、环境宜居、适用经济、智能感知、服务便捷、人文美观八大性能。绿色城市和绿色建筑都要"真绿"而不是"假绿"，要"深绿"而不是"浅绿"，要"全绿"而不是"半绿"，要从"绿壳"到"绿心"再到"绿魂"。

高质量建设生态城市从好房子绿色建筑开始[①]

尊敬的倪虹副部长，女士们、先生们、朋友们，大家中午好！非常有幸代表住房和城乡建设部科技与产业化发展中心把近年来在绿色发展尤其对生态城市和绿色建筑方面的一些初步体会和各位分享。本届"世界城市日"大会主题是"生态城市·绿色发展"。相比前四次会议主题，本届会议让"世界城市日"实现了从探讨城市建设规划向谋划城市发展方式的转变，也是"世界城市日"设立以来顺应新时代发展的一个新的开始。之前，在"城市，让生活更美好"主题的引导下，从城市转型与发展，到城市设计、共创宜居，共建城市、共享发展，城市治理，开放创新等主题活动，都让上海世博会的理念与实践得以永续，激励人类为城市创新与和谐发展而不懈追求与奋斗。本届主题涉及很多话题，我着重讨论三个问题与各位同仁共勉之：

第一，生态文明呼唤城市发展路径的转变。从国内外经验来看，生态文明时代本质是公平、普惠和高质量，具体要求是留下"显山露水、透绿见蓝"的更优质空间，为多姿多彩的人的需求在城市化时代提供更优质的服务，尤其是要保护老的品牌、老的记忆，同时还要创新新的品牌。从工业文明向生态文明的发展，文明形态在组织形式、经济结构、物质供应、文化风貌、空间连接等方面都有很大不同，改变了从工业文明的先生产后生活最后才研究生态的发展路径，逐步建立了生态文明的城市的精明增长与收缩城市理念，先生态后生活最后生产的优化空间的发展路径。

第二，生态文明需要建设高质量绿色发展的生态城市。党的十九大以来，由工业文明以"物"为本向生态文明以"人"为本的政策转型，已经是我国的重大决策和各界的一致共识，且转型升级已经是势在必行。生态文明体制建设是转型升级的关键，建设"美丽中国"是实现"中国梦""两个一百年"目标的重要组成部分。由此判断，"美丽中国"需要建设生态城市，生态城市的主旋律是高质量绿色发展，高质量绿色发展的核心内涵是转变绿色发展方式和绿色生活方式，

---

① 2018年10月31日——徐州"世界城市日"会议的发言。

建设集约高效的生产空间、山清水秀的生态空间、宜居适度的生活空间，打造绿色生态创新中心，汇集绿色高端产业、绿色高端人才、绿色金融创新、绿色高新科技、绿色文化休闲游憩、绿色交流合作、绿色成果共享、绿色生态建设八大方面，实现城乡、人与自然、"三生"空间的全方位、宽领域、立体化的绿色发展。

第三，高质量建设生态城市从好房子绿色建筑开始。安居乐业中的安居问题现仍然是重要命题，生态城市高质量绿色发展在某种意义上是把绿色建筑作为居民生产与生活活动的基本载体考虑，才能将以人民为中心、以"人"为本的发展理念落实到位。绿色建筑升级版绝不是绿色技术的叠加，更不是加大经济造价和消费者负担。安全耐久、环境宜居、健康舒适、资源节约、服务便捷、智能感知、适用经济、人文美观八个获得感应是未来高质量绿色发展的生态城市绿色建筑的评价标准。相比于传统建筑，未来绿色建筑更多体现以人民为中心，让人民更多地对美好生活的向往得到满足。相比于工业文明，未来绿色建筑是实现高质量绿色发展的生态城市基因和基层细胞，在满足功能、安全、美观、经济等传统要求上更多体现人与自然在空间载体上的和谐共生，实现从城市表面"浅绿"到国土保护"深绿"再到生态系统"全绿"的转变过程，真正构建"绿壳—绿芯—绿魂"的人和自然共融共生、共敬共享的生态文明时代的绿色发展路径。

在党中央、国务院生态文明建设总纲的指导下，高质量的生态城市应从绿色建筑开始，更需要政府、市场、社会、市民共同缔造，不断地增加绿色科技的含量，不断地让绿色环境上台阶。只有高质量建设生态城市，只有绿色建筑不断发展，才能解决我国快速工业化和城市化留下的诸多城市病，才能让城市更加美好，让市民和游客更安全、更健康，体验到舒适、快乐、幸福的获得感、自豪感！

协同构筑建设科技产业化平台，共同缔造城乡绿色高质量发展 ①

各位住房和城乡建设系统科技与产业化战线的同仁：

大家上午好！在深度总结今年改革开放 40 周年、即将迎来中华人民共和国成立 70 周年的重要历史时刻，在刚刚召开的中央经济工作会议精神落实之际，在这辞旧迎新的美好节日里，全国住房和建设科技战线的同仁齐聚美丽的海口，共同总结住房和城乡建设领域科技与产业化促进工作经验，探讨住房和城乡建设系统机构创新发展新思路，推动住房和城乡建设事业高质量发展，我感到意义重大也十分必要。首先我代表住房和城乡建设部科技与产业化发展中心，对大家在岁末年初、百忙之中来参会共商行业和工作发展大计表示衷心的感谢。借此机会，我想讲如下几个问题，与大家分享，希望大家批评指正，共同探讨。

一、我首先介绍一下我们中心概况。

相信在座的住房和城乡建设科技与产业化战线的各位老兵对我们中心一定不陌生，但对我不一定熟悉，我是一名规划老兵，也是科技与产业化战线的一名新兵。到中心两年来，应该说我个人深受科技与产业化工作的熏陶，向大家学习了很多宝贵的知识，感觉我多年来形成的规划思维和科技与产业化工作碰撞出了诸多火花，发生了不少化学反应，我受益匪浅，后面我再详细分享我的体会。住房和城乡建设部科技与产业化发展中心（住房和城乡建设部住宅产业化促进中心）（以下简称"中心"）是住房和城乡建设部直属事业单位，2012 年由住房和城乡建设部科技发展促进中心（成立于 1994 年）与住房和城乡建设部住宅产业化促进中心（成立于 1998 年）合并重组成立。中心现有职工 87 人，其中享受国务院政府特殊津贴专家 5 名，教授、研究员级高级专业技术人员 14 人，高级专业技术人员 32 人，具有博士、硕士学位人员 68 人。中心内设 17 个处、6 个专项工作办公室，下设北京康居认证中心和培训中心两个独立法人单位，主办《建设科技》《住宅产业》《住宅科技》三本专业期刊。今天我们中心的各位中层干部也都参加会议了。

---

① 2018 年在建设科技产业化座谈会上的讲话。

中心以推动住房和城乡建设事业高质量发展为主线，聚焦绿色发展、科技创新和产业升级三大方向，依托辅助管理、技术研究和咨询服务三个工作手段，目前我们整合形成城乡建设绿色发展、建筑节能与绿色建筑、装配式建筑、建设信息化、住房与房地产市场研究、建设科技创新与技术推广六大板块，全力为各级政府部门提供决策咨询与智库支撑，为城市转型升级与绿色发展提供综合咨询服务，为企业科技进步与改革创新提供优质服务。

这几年中心着重在如下八个方面做了一些工作，在此向大家简要汇报一下，待会儿有时间的话我们也可以简明扼要地通过PPT展示一下。

1. 推进城乡建设绿色高质量发展。中心围绕雄安新区、海南绿色建设、山东绿色城镇化与青岛绿色建设科技城等工作初步集成了围绕"一都、双心、12个示范区、24个示范工程指标体系、标准体系、技术体系、产业体系、制度体系"的整体城乡建设绿色发展解决方案，并在相关项目实践中取得了较好效果。在三亚、嘉兴、武汉、西安、固原、上海等地开展海绵城市技术咨询相关工作，在污水处理和污泥治理以及老旧小区改造等方面也开展了相关工作。

2. 推进绿色建筑与建筑节能工作。中心以雄安新区绿色建筑发展等相关课题为案例，形成了围绕绿色建筑高质量发展"1+N+X"的整体解决方案。牵头承担国家"十三五"重点研发计划绿色建筑与建筑工业化重点专项"民用建筑四节一环保"大数据及数据获取机制构建项目，继续推进中美清洁能源合作以及净零能耗建筑相关研究，与C40合作推进城市级建筑节能工作，在相关省市开展了清洁能源采暖的技术咨询工作，持续推进超低能耗被动式建筑相关工作。率先组织研究发布了52项绿色建筑评价系列标准。

3. 推进建设信息化工作。大力推进住房和城乡建设产品BIM大型数据库建设、努力开拓建筑业大数据技术转化应用与技术咨询服务，积极开展信息化技术培训、交流活动。

4. 推进装配式建筑工作。按照部领导要求在部相关司局指导下与陆军合作推进拆装式营房技术研发应用，启动了"全国首届2018'三一杯'中国装配式建筑技能大赛"，完成了包括雄安新区在内的多个省市装配式建筑发展规划，打造了装配式建筑信息化服务平台，与湖南省联合打造了首个装配式建筑科技创新基地。

5. 推进住房与房地产相关研究工作。配合部相关司局做好房地产市场形势分析工作，包括起草相关房地产市场形势分析报告、报给党中央国务院相关房地产工作建议、房地产市场每周资讯等。研究房地产业健康发展长效机制，就新市民居住问题、机构出租住房、租购并举制度等热点问题，研究编制了机构出租住房性能评价标准，开展了相关省市的住房发展规划研究。

6. 推进科技创新与技术推广工作。承担国家、省部级科研项目 145 项，总经费近 1.2 亿元。进一步扩大华夏奖和广厦奖行业影响与品牌效应，其中华夏奖 2017 年度授奖 114 项，2018 年度授奖 146 项。继续高水平推进科技成果评估和推广工作，近两年共组织了逾 500 项建设行业科技成果评估和技术推广项目，围绕雄安新区、海南、青岛绿色建设科技城、山东绿色城镇化等重点工作分别编制了技术体系。

7. 推进国际合作工作。主要负责住房和城乡建设部 / 世界银行 / 全球环境基金"中国城市建筑节能和可再生能源应用项目"管理办公室、住房和城乡建设部 / 联合国开发计划署 / 全球环境基金"中国公共建筑能效提升项目"管理办公室的日常工作，与美国加利福尼亚州能源委员会、德国国际合作机构（GIZ）、世界银行国际金融公司（IFC）、瑞士发展合作署、能源基金会等国际机构组织开展科技合作项目。与德国、新加坡、瑞士、日本、芬兰等国家建立了良好合作关系。

8. 推进住博会等相关会议展览平台工作。住博会经过近两年创新发展，以绿色发展为主线，以科技创新和产业升级为特征，展览面积达到 5.7 万 m^2，参展企业超过 600 家，参观者超过 7 万人次，已经成为行业规模最大的盛会，是管理者的盛会，科学家的盛会，企业家的盛会，国际机构的盛会，市民的盛会。同时，中心也与"世界城市日"、中国园博会、贵阳生态文明国际论坛、香港内地建筑论坛保持了长期的深度学术交流合作关系。

二、我想谈谈改革开放 40 年伟大奇迹中我们行业的贡献以及新时代再出发面向人民群众对美好生活向往的 N 个转型升级，同时向大家简要汇报一下全国建设工作会议的相关精神。

王蒙徽部长在 24 日的全国建设工作会议上总结了改革开放 40 年中我们行业的贡献，应该说是举世瞩目的。我举几个简单的数字，从 1978 年到 2018 年，城镇化率从 17.29% 增加到 58.52%，城市数量从 193 座增加到 661 座，群众居住条件显著改善，城镇人均居住房建筑面积从 6.7m^2 增加到 36.9m^2，农村人均住房建筑面积从 8.1m² 增加到 46.7m²，城乡建设成就斐然，城市道路长度增加 13.5 倍，轨道交通运营里程增加 189 倍。建筑业不断发展壮大，全国建筑业总产值增加 745 倍，建筑业增加值占 GDP 比重达 6.7%。如此种种，还有很多。我们的体会有 5 个：第一，"四个意识、两个维护"是根本保障；第二，习近平新时代思想是根本遵循；第三，最广大人民根本利益是出发点、落脚点；第四，改革创新是根本动力；第五，实事求是是有力保障。

成绩有目共睹，但问题也是存在的，如我们的城市是有"城市病"的，高楼大厦、水泥森林、城市蔓延、汽车导向、空气污染、城市"看海"、不够老年友好、公共空间严重不足、人居环境品质差、城市防灾等韧性能力差等，过去几十年我们更多地追求 GDP 增长和物质生活丰富，用 40 年的时间走完了国外几百年上千年才能走过的城乡建设道路，时空的差异在我国的特定社会情况下被高度统一，因而出现一些问题完全是可以理解的。

当前根据习近平总书记在中央城市工作会议上关于城市发展"一个尊重，五个统筹"的重要指示为理论基础，王蒙徽部长"共同缔造美好人居环境与幸福生活"为实践方法，我中心结合国内外城乡建设绿色发展的优秀案例和中心近年来服务京津冀协同发展与雄安新区规划建设、山东国家新旧动能转换综合试验区以及青岛绿色建设科技城规划建设、海南深化改革开放试验区以及海口绿色建设和海南西部中心城市儋州市绿色发展、东北振兴与黑河市绿色建设、长江经济带高质量发展以及上海宝山、连云港绿色建设等实践探索，从城乡建设绿色发展的总体策划、指标体系、标准体系、技术体系、产业体系、制度体系和示范项目等多角度对绿色城市建设和绿色建筑高质量发展进行了系统梳理。

就在本月 24 日全国建设工作会议上，王蒙徽部长分别就住房和房地产、城市建设管理、村镇建设管理、建筑业改革（建筑工程质量保障体系、建筑市场管理体制机制、转型升级步伐慢、标准体系不适应）和党的建设方面就当前形势进行了判断，指出 2019 年三大着力点为：①着力推进住房和城乡建设领域绿色发展，全面提高发展质量和效益；②着力补齐租赁住房和城乡基础设施短板，扩大有效投资和消费，促进经济持续健康发展；③着力保障和改善民生，解决人民群众最关心最直接最现实的利益问题，不断增强群众的获得感、幸福感、安全感。

要着重重点抓好 10 个方面工作：

（一）以稳地价、稳房价、稳预期为目标，促进房地产市场平稳健康发展。

（二）以加快解决中低收入群体住房为中心任务，健全城镇住房保障体系。

（三）以解决新市民住房问题为主要出发点，补齐租赁住房短板。

（四）以提高城市基础设施和房屋建筑防灾能力为重点，着力提升城市承载力和系统化水平。

这里面有几个问题与我们密切相关：

一是系统推进城市基础设施建设；

二是提高城镇房屋建筑抗震防灾能力；

三是加强城市市政公用设施安全管理；

四是加强建设工程消防设计安全管理。

（五）以贯彻新发展理念为引领，努力建设没有"城市病"的城市。

一是建立没有"城市病"的城市建设管理和人居环境质量评价体系。

1）制定标准；

2）建立城市高质量发展评价体系；

3）总结北京经验，扩大城市体检评估试点范围，建立一年一体检、五年一评估制度；

4）建立健全城市建设及基础设施规划体系。

二是推进绿色城市建设。

1）建立政策和技术支撑体系；

2）开展绿色社区和绿色建筑创建行动；

3）推动绿色出行；

4）加快提升新建建筑能效；

5）提高建筑节能标准；

6）推广超低能耗绿色建筑；

7）推动北方冬季清洁取暖试点工作；

8）持续开展生态修复、城市修补。

三是推进智慧城市建设。

四是推进人文城市建设。

1）历史城区、历史文化街区人居环境改善；

2）既有建筑保留利用和更新改造；

3）工业建筑、工业厂房保用试点；

4）城市设计；

5）建筑设计。

（六）以集中力量解决群众关注的民生实事为着力点，提升城市品质。

实施"城市品质提升三年行动计划"，抓好七件民生实事，切实增强群众获得感、幸福感。

1）推进老旧小区改造工作；

2）打造"15分钟城市居民活动圈"；

3）开展人行道净化和自行车专用道建设；

4）专项整治户外广告设施和招牌标识；

5）推进生活垃圾分类处理；

6）普查建档历史文化建筑（街区）；

7）搭建城市管理服务平台。

（七）以改善农村住房条件和居住环境为中心，提升乡村宜居水平。

一是全力推进脱贫攻坚三年行动；

二是着力提高农房设计水平和建造质量；

三是提高村庄规划建设水平；

四是继续推进农村生活垃圾污水治理；

五是加强传统村落保护利用；

六是统筹推进县域村镇建设。

（八）以发展新型建造方式为重点，深入推进建筑业供给侧结构性改革。

一是大力发展钢结构等装配式建筑。

1）化解建筑材料、用工供需不平衡矛盾；

2）完善技术和标准体系；

3）推行装配式装修；

4）开展钢结构装配式住宅建设试点；

5）加强示范城市和产业基地建设；

6）开展拆装式营房试点建设。

二是持续深入开展建筑工程质量提升行动和建筑施工安全专项治理。

三是加快完善建筑市场管理体制机制。

四是着力推进建筑业"放管服"改革。

五是完善工程建设标准体系。

（九）以工程建设项目审批制度改革为切入点，优化营商环境。

（十）以加强党的政治建设为统领，为住房和城乡建设事业高质量发展提供坚强政治保障。

三、谈谈当前在事业单位改革发展的大背景下对科技产业化机构定位的新认识：我个人认为是"三位一体"的定位，即建设领域新型智库（服务政府）+ 新型研发机构（产业技术研究机构，服务行业和城市）+ 综合咨询服务机构（服务政府、行业和企业），是当今社会和时代急需的独立于政府和企业之外的第三方机构。

1. 智库支撑：立足住房和城乡建设领域联合服务党中央、国务院、住房和城乡建设部等相关部委以及省委、省政府；

2. 咨询服务：立足城乡建设绿色发展、建筑工程品质提升和产业升级服务城市政府及城市运营商；

3. 科技创新与产业升级：通过我们的评估、推广、认定、认证、评价、奖项、展会论坛、专家资源等一系列平台和手段联合服务行业和企业。

为什么这么说，是基于我们辅助管理、技术研究和咨询服务的三个工作方式，我认为：

1. 辅助管理不是简单打杂，而是通过辅助管理了解政策出台背景，上承国家战略，通过咨询服务下接地气，上下联动就具备了既了解国家战略又深接地气的能力，因而可以政策咨询，当好智库；

2. 技术研究不是像大学、科研院所那样的纯技术研究，而是技术产业化研究、技术商业化研究，是科技与市场的中介和平台，我们的人与大学、科研院所的科研人员不一样，不是追求技术上如何精深，而是懂得技术的应用和市场前景，有技术孵化和转化能力；

3. 咨询服务不是单纯的技术咨询、政策咨询、规划咨询等，我们有别于规划院、设计院和建科院等机构的独特点就是我们是综合咨询，我们是集成研究综合咨询，不是咨询完了跑路不管了，是可实施落地的咨询。

为什么这么说，我觉得我们科技与产业化机构有特定优势，如我们既了解政府又了解行业、企业，比如我们的人员能力非常多元，既可以辅助管理，又可以做课题研究，还可以做咨询服务，比如我们的工作给了我们既了解政策又理解市场的机会，相比于规划院，他们宏观有余落地实施不足，且在绿色、科技和产业三个方面较弱；相比于设计院，他们更加传统且视角更集中在建筑本身，对于政策、模式与产业的研究相对较弱；相比于建科院，他们更加关注对技术的研究，而对科技成果产业化、政策机制设计的研究相对不足；相比于各种咨询公司，他们远远没有我们的平台和资源。所以我感觉我们最主要的优势是"综合集成"，是绿色＋科技＋产业＋政策＋市场＋模式＋……诸多做成一件事情所需要素的集成。

以我一个规划老兵倚老卖老的感觉，现在我们有些零打碎敲的事儿都太小了，无论是政策建议还是咨询服务，如果换位政府和城市的角度都显得微不足道，因为它只是站在建筑节能、绿色建筑、装配式建筑一个微观视角，而政府和城市人家要落实都是系统思维和大战略，微观视角容易以偏概全、挂一漏万，所以我们需要用综合集成的思维，如用绿色发展主线统一集成服务；论单打独斗，我们哪个中心以我们的人力、物力、财力恐怕也不是类似规划院、设计院、建科院甚至小咨询公司的对手，但中心的优势就是集成和整合，所以当我们单打独斗其实就失去了我们最根本的优势，无异于以己之短搏人之长，辛苦就不用说了，质量效果实难保证。我以一个规划老兵的视角看科技与产业化工作，我们各级中心不适合当"小弟"，因为即使费尽力气去当了，也是一个不称职的被人施舍的"小弟"，中心只适合干适合中心的事，那就是要当"带头大哥"，因为政、产、学、研、用、管、投综合集成只有我们最合适。我们各级中心应该充分发挥好"综合集成、整合服务"的功能，我们后面应该有一群规划院、设计院、建科院和相关公司作为我们的"小兄弟"和开展工作的"腿"，而我们自身要提高能力，上下联动，互动信息，当好绿色高质量发展和转型升级科技创新的行业领军机构。

四、最后，我谈谈与大家合作推进科技与产业化工作，协同搭建建设科技大平台，实现机构和行业转型升级的初步建议，供大家批评指正，也供大家探讨。

首先是当好智库，因为这是我们未来最根本的存在价值，围绕智库支撑，每年我们各级中心或者咱们联合研究能不能拿出几篇得到部领导、相关部委领导、副省级以上党委、人民政府领导甚至国家级领导批示，有多少受相关部委和地方政府委托的政策研究型课题等，这是我们中心智库型事业单位存在价值的体现，否则做多少科研、横向赚多少钱都不是政府对我们的需要，只是我们自己生存的需要，智库的功能发挥不好，咨询的钱赚不长也赚不踏实。

其次是打造科技与产业化深度融合的机构，关键看推动多少技术实现了产业化；原来这些企业自身产值多大，由于中心科技创新与技术推广转化作用的效果，这些企业产值利润倍增了多少等，我以为这是中心最核心的价值。还是刚才的观点，从我们各级中心的人员数量、设备试验水平、投入科研的精力能力来看我们创造多少高精尖、高水平科研项目是不切实际的，也不具备这个土壤，跟大学、科研院所不可同日而语，不是一个量级，但是就科技成果产业化来讲却是中心的优势。

最后是咨询服务：我一再觉得咨询服务产值绝不是我们各级中心唯一的目标，特别是我们很多中心是全额拨款不用创收的，不择手段赚钱的话，钱根本不是问题，关键是服务国家和行业重大战略，有重大意义的咨询项目中心才做，有所不为才能有所为，不是什么都干。例如，服务地方政府要看是否在京津冀、长江经济带、粤港澳大湾区、海南、东北振兴、西部大开发、中部崛起、北部湾等国家重要战略地区，服务行业、企业要看是否是当前国家产业政策鼓励的行业、企业，因为零七碎八的东西一多，占用的人力、物力资源就多，中心精力有限，就会耽误服务国家重大战略、提升中心核心竞争力的精力，长此以往中心就会落入不入流的机构，不宜于培养各级中心成为卓越的机构。

因而，我们设想：为贯彻落实党的十九大精神，以新发展理念积极推动落实创新驱动发展国家战略，发挥科技创新在生态文明建设中的支撑和引领作用，推动住房和城乡建设事业高质量发展，住房和城乡建设部科技与产业化发展中心（住房和城乡建设部住宅产业化促进中心）与全国住房和城乡建设科技与产业化促进机构广泛合作，充分运用"共同缔造"理念，依托辅助管理、技术研究和咨询服务三大手段，发挥各自优势，聚焦绿色发展、科技创新和产业升级，协同推进城乡建设绿色高质量发展。为此，提出以下合作倡议。

（一）加强工作交流，实现信息共享

建立工作交流与信息共享平台，交流建设科技与产业化相关政策、工作动态，分享研究成果和工作经验，统计发布行业数据和工作信息。建立联席会议制度。

（二）加强政策研究，当好智库支撑

联合开展住房和城乡建设绿色高质量发展相关领域的调查研究，总结成功经验，发现存在问题，深入剖析原因，研究解决方案，提出政策建议，努力当好各级政府机构的智库。

（三）加强集成研究，提供综合咨询

统筹政策、技术、专家、产业、产品、工程、资本、市场、知识、信息十大资源，加强绿色城乡建设、建筑品质性能提升和建筑产业科技进步与转型升级等领域集成研究，为城市和行业转型升级与绿色高质量发展提供综合咨询服务。同时，根据各地城乡建设绿色高质量发展需求，合作研究区域产业发展政策，推动产业升级发展，打造产业升级示范样板，培育产业化示范基地。

（四）加强科技推广，构建创新体系

建立建设领域新技术新产品研发、科研成果示范、科技奖励和成果市场转化与交易服务联动机制。根据各地建设需求和重点技术发展方向，合作开展科技成果评估、认证与推广相关工作。通过中国国际住宅产业暨建筑工业化产品与设备博览会等展会、技术交流与培训、华夏奖推荐等活动，联合开展科技成果宣传推广，推进重点工程应用示范，打造科技成果展示与推广交流权威平台，共同服务行业、企业。

（五）加强行业自律，推进高质量发展

完善工作机制，规范职业操守，提升服务品质，引导行业、企业自律，倡导诚信经营，推进行业高质量发展。

如上是我个人的一点粗浅思考，规划老兵毕竟是科技新兵，对于行业还需要深入研究，很多观点仅是一家之言，未必合适，供大家批评指正。谢谢。

从高能效建筑到一体化的城市能源转型园区 ①

女士们、先生们、朋友们：

大家上午好！非常高兴在深圳参加"中德能效提升论坛"！

一、中德绿色国际合作成效及本次论坛重大意义

中德双方自 2009 年共同开展"中国被动式低能耗建筑示范"项目以来，可以说，从低能耗建筑向被动式超低能耗建筑、零能耗建筑，以及产能建筑的推进，我国不断加大绿色建筑可持续发展力度，已经带来建筑用能方式的可喜变化：一是低品质的能源可以得到利用，如地道风、炊事得热、生活污水等；二是随着太阳能等可再生能源的利用，产能建筑将使建筑摆脱对化学能源的依赖，甚至成为新的能源供给的主要产品。经过 10 年的发展，中德绿色项目国际合作取得了丰硕成果。在标准研究不断健全、政策导向更加清晰、推广模式不断丰富的情况下，全国 33 个示范项目从北到南，遍布 12 个省（直辖市）、4 个气候区，已经有力推进了中国建筑能效实现跨越式的提升发展，目前正在发挥非常好的绿色示范引领作用，正在迈向国际先进水平行列。

一方面，我们欣喜地看到中德绿色项目国际合作的工作是卓有成效的，也得到了中德社会各界的高度认可；另一方面，我们也要清醒地意识到目前中德绿色项目国际合作仍然停留在以关注微观层面的单体建筑为主，而对中观、宏观的高能效绿色建筑一体化空间集群研究偏弱。本次论坛主题是"从高能效建筑到一体化的城市能源转型园区"，实质上是讨论如何建设一个由若干片高能效建筑一体化空间集群的绿色节能城区和绿色节能城市，倡议从关注绿色建筑单体向重视绿色城区、绿色城市的重大战略转变，因此，这次会议研讨的影响将是深远的，意义将是更加重大的。

---

① 2019 年 4 月 10 日在中德能效提升论坛上的讲话。

二、我国绿色建筑创新转型的新要求和新理念

从建筑节能到城市节能是从工业文明向生态文明转型的迫切需要，应该说从能耗主要产生于工厂车间转型为产生于工作居住建筑群，这是生产方式绿色转变的迫切需要，同时也是从解决人居环境的有无问题到解决更安全耐久、更舒适健康、更智能便捷、更宜居幸福、安居乐业的生活方式绿色转变的迫切要求！

党的十八大以来，尤其是党的十九大开辟新时代之后，我国高质量发展要求绿色建筑和建筑节能不仅要回归"以人民为中心"的大众需求，还要回归"人与自然和谐共生"的大生态、"绿色生产方式和绿色生活方式"的大格局！为适应国家实现高质量的可持续发展和未来"两个一百年""中国梦"目标，推动我国从微观单体的绿色建筑与建筑节能向中观、宏观的高能效的绿色城区、绿色城市的工作转变，势在必行。

王蒙徽部长提出以贯彻新发展理念为引领，努力建设没有"城市病"的城市。要把绿色发展理念贯穿到城市规划建设管理的大局和各环节，不断增强城市的整体性、系统性和生长性，有效地提升城市的承载力、适应度和宜居性，可以说高楼大厦、水泥森林、宽马路、汽车都不是绿色可持续发展的主要标志，而城市的密度、强度、建筑形态、空间布局等，自城市规划开始其实就决定了一座城市是否节能的"基因"，因此拓展建筑节能到城市节能这样的整体研究和统筹规划、统筹建设势在必行。

三、住房和城乡建设部科技与产业化发展中心绿色创新转型的探索实践认知

我们住房和城乡建设部科技与产业化发展中心近几年开展的绿色建筑、绿色节能等综合集成研究，始终将安全耐久、健康舒适、环境宜居、服务便捷、智能感知、资源节约、适用经济、人文美观八个人民群众和消费者获得感作为驱动绿色建筑创新发展内生动力与重要抓手，我们这样的研究是要"深绿"而非"浅绿"，要"全绿"而非"半绿"，其实质，我们就是要实现由传统的"点"绿向"面"绿的转变，由小众空间绿色氛围体验向大众绿色空间生产转变，本质是要"绿芯、绿魂"，

而不仅仅是要"绿壳""绿点"。

围绕城市建设绿色发展尤其是建筑节能和城市节能，我们中心已初步形成了"一都、双心、十二个示范区、二十四个可持续工程"的整体解决方案，在新城区类似雄安，在老城区类似青岛这样的案例，我们都在研究围绕绿色节能型城市的指标体系、标准体系、技术体系、产业体系、制度体系和示范项目，探索城市在规划设计开始就构建其"绿色节能的基因"和"三生空间"的大格局的路子。

四、未来绿色建筑创新转型倡议

作为城市节能的重要组成部分，城市能源规划是重要话题。当我们的城市在推广超低能耗建筑形成规模之后，意味着终端建筑能耗需求不断降低，那么其供应侧能源基础设施的规模理应相应地进行调控缩减。这就是高能效建筑与城市能源基础设施规划建设统筹兼顾的典型命题。过去电力、燃气、热力各自"加大供给保障需求"，变成了"1+1+1>3"的局面，其实消费者在用电满足热力需求的时候就不会再用燃气，如果应用系统性思维综合集成进行城市能源综合规划，1+1+1 一定小于 3，而且还有可再生能源的利用问题，先地下后地上，先可再生能源后石化能源，这样的模式也使我们迫切需要统筹考虑研究与供应侧的绿色建筑、超低能耗建筑等问题。如果绿色建筑、超低能耗建筑得到大规模应用，可能 1+1+1 要小于 2，那么城市节能效益的最大化就为时不远。我衷心希望今天的论坛是一个新的更好的开端，不断启发得出更有益的结论。希望今天的讨论和头脑风暴可以为城市规划建设运行各阶段的节能工作提供有益借鉴和科学依据，有利推动绿色建筑向规模化方向发展，向绿色生态城区、向城乡建设高质量绿色发展迈进。

最后预祝此次论坛取得圆满成功，与会代表健康快乐，谢谢各位。

我国房地产行业绿色发展的形势与思考 [①]

　　怎样理解习近平总书记对"房子是用来住的，不是用来炒的"定位以及"人民群众对美好生活的向往就是我们的奋斗目标"的指示精神，贯彻落实习近平总书记关于绿色发展的思想需要进一步深入讨论。

　　在我国"以人为本"的新型城镇化建设中，不同的企业都在对市场和运作模式进行更为细致的研究。魔方公寓对租赁市场的细致研究，万科集团对养老产业的关注，蓝城集团针对高端人群的小镇模式开发等都是很好的案例。成功的房地产开发企业不再靠简单地卖房子获得利润，而是靠科学优质的配套、专业化精细化的分工和便捷温馨的服务实现企业的可持续发展，更是靠创新驱动、绿色生态、共享服务等先进理念提升企业长远的核心的综合竞争力。因此，绿色发展是未来房地产企业发展的核心和重点，也是实现成功转型跨越的关键所在。

　　作为住房和城乡建设部直属科研事业单位，科技与产业化发展中心（住宅产业化促进中心）要更好地发挥上承战略、下接民生承上启下的作用，一方面为中央和部里的有关工作服务，另一方面落实上级的工作部署，为全行业搭建一个科技创新服务交流平台。如何利用现有的绿色技术（如被动式低能耗建筑）把房地产业发展得更好，是我们必须思考的重要问题。下面，我从中央对绿色发展的总体要求和房地产企业绿色发展要点讲几点意见。

一、中央对绿色发展的总体要求

　　党的十八大以来我国的发展战略已不是先生产后生活，就经济论经济了，而是统筹推进"五位一体"总体布局，协调推进"四个全面"战略布局。"五位一体"总体布局把生态文明摆到了突出的位置。2015 年 9 月，党中央、国务院出台了《生态文明体制改革总体方案》，强调"三生空间"要优化，即生产空间要集约高效，生活空间要宜居适度，生态空间要山清水秀。今年 10 月 18 日，习近平

---

① 原载于《住宅产业》2017 年第 11 期，源自房地产企业绿色发展经验交流会上的讲话。

总书记在党的十九大报告中将生态文明上升到关系中华民族永续发展的千年大计的高度，首次把美丽中国建设作为新时代中国特色社会主义强国建设的重要目标。因此，贯彻落实和践行党的十九大精神，必须让绿色产品、生态产品成为生产力，强调推动形成绿色发展方式和生活方式是贯彻新发展理念的必然要求，是发展观的一场深刻革命。通过学习党的十九大精神，对房地产行业来说，推进绿色发展、建设美丽中国的总体要求具体体现在以下几个方面。

一是人与自然是生命共同体，人类必须尊重自然、顺应自然、保护自然。必须坚持节约优先、保护优先、自然恢复为主的方针，形成节约资源和保护环境的空间格局、产业结构、生产方式、生活方式，还自然以宁静、和谐、美丽。

二是构建市场导向的绿色技术创新体系，发展绿色金融，壮大节能环保产业、清洁生产产业、清洁能源产业。

三是推进能源生产和消费革命，构建清洁低碳、安全高效的能源体系。

四是推进资源全面节约和循环利用，实施国家节水行动，降低能耗、物耗，实现生产系统和生活系统循环链接。

五是倡导简约适度、绿色低碳的生活方式，反对奢侈浪费和不合理消费，开展创建节约型机关、绿色家庭、绿色学校、绿色社区和绿色出行等行动。

房地产企业是践行绿色发展的重要参与者、建设者和实施者。推进绿色发展，房地产行业当务之急是要加快建立绿色生产和消费的法律制度与政策导向，建立健全绿色低碳循环发展的经济体系。

二、房地产企业绿色发展的建议思考

从中央对绿色发展的总体要求看，涉及房地产领域的方面有绿色技术、绿色材料、绿色管理、绿色施工、绿色建筑、绿色能源等。在前不久发布的《中共中央国务院关于开展质量提升行动的指导意见》中提出，加快推进工程质量管理标准化，提高工程项目管理水平。《建筑节能与绿色建筑发展"十三五"规划》提出推进品质高、性能优的新区住房建设、改造低性能老旧小区和发展装配式建筑。新城、新区的绿色建设和开发也是当今中央高度关注的重大问题。例如，中央对雄安新区提出要建设绿色智慧新城和优美生态城市，这一创新性要求也是我国未来城市的理想模式。习近平总书记提出要按世界眼光、国际标准、中国特色、高点定位来规划建设雄安新区。从中心角度出发，雄安新区的建设应该是一个非常好的样板，需要总结国际及我国自身的先进经验和教训，尤其是改革开放以来我们的建设体会。

中央对绿色发展的要求是总体系统的谋划。房地产行业近年来的快速发展取得了举世瞩目的成就，人均住房面积显著提高，房屋价值量的增加给老百姓带来切实的获得感。从国家战略层面看，绿色健康应该成为房地产供给侧结构性改革、转型升级的一个大的方向。房地产企业和行业提高建筑质量、控制建筑能耗、推动绿色发展的工作任重道远。结合当前形势，对房地产企业绿色发展提出以下几个方面建议。

首先，创新绿色建筑设计和策划理念，构建市场导向的房地产行业的绿色技术标准体系。绿色设计和策划是房地产企业践行绿色发展的起步工作。要秉承尊重自然、节约资源、降低能耗、以人为本等原则，积极推进被动屋设计、绿色建筑设计甚至绿色建筑物创意等，从源头工作上把好关。

其次，加强新型绿色材料的研究和运用，推进环保产业发展，建立资源节约、保护环境的生产方式。集约利用资源、优化资源配置，推进建筑节能和绿色建筑发展具有重要意义。房地产企业要改变钢材、水泥等传统建材的使用模式，积极构建绿色建材主导的材料体系，尽量减少对资源的消耗和生态的破坏。

再次，建立绿色施工制度，推进装配式建筑主导的施工体制。装配式建筑是环保型施工模式，对施工场地的污染较弱。

最后，建立绿色项目管理质量认证体系，保障绿色发展全方位实践。改变传统房地产企业质量认证体系，构建绿色设计、绿色施工、绿色材料、绿色建筑、绿色节能等为核心指标的新质量认证体系。绿色管理要体现以人为本，突出人的需求，绿色物业体现智能云。

按照国际惯例，即"四个尊重"，尊重自然、尊重历史文化、尊重人的多样化需求、尊重法治的标准，通过绿色发展方式、完善生活方式，是可以降低房地产业生产成本、提高住宅品质的。尤其是按照全生命周期来算大账、算细账是值得的。从地下、地基绿到屋顶，从室内绿到室外，实现房屋的"绿壳、绿芯、绿魂"。从这个角度讲，出精品、出佳作，房地产企业的责任很大，为安居乐业服务还有很大的提升空间。

从住房和城乡建设部科技与产业化发展中心最近服务的几个项目可以看出，绿色发展从规划设计到施工都有很多可以提高的地方，在项目建设中怎样提高效率、降低成本值得进一步研究。例如，如何建造更为宜居的住宅、怎样降低公共建筑和设施的能耗、再生能源的利用，尤其是被动式低能耗建筑应用等。房地产企业在当前践行绿色发展、推进"美丽中国"建设的形势下应从过去高投入、低产出的粗放发展向绿色生态、集约发展方式转变，打造以绿色发展为"基因"的全产业链服务。住房和城乡建设部科技与产业化发展中心正在开展一项工作，指导服务有关省市，开展规划和设计环节由"浅绿"变"深绿"，由"部分绿"变"全绿"的整体城乡建设绿色发展策划服务，效果明显。房地产开发企业应该考虑全方位推进绿色发展，形成自己的绿色发展战略，大企业更应发挥行业引领作用，小企业也应有相应的战略定位、实施途径以及绿色指标、标准、制度、技术体系，有绿色标杆项目。

习近平总书记强调指出，生态文明建设功在当代、利在千秋。我们要牢固树立社会主义生态文明观，推动形成人与自然和谐发展的现代化建设新格局，为保护生态环境作出我们这代人的努力。在党的十九大开启的新时代，在全面建成小康社会的关键时期以及第二个一百年达到社会主义现代化强国的历史时刻，房地产企业和行业要更多地研究绿色文化、绿色科技、绿色的老百姓舒适度，如何建造好房子，如何建造功能好、交通畅、环境优、形象美的社区和城市。住房和城乡建设部科技与产业化发展中心愿为全行业提供绿色发展服务平台，发挥技术支撑作用。

新时期城乡建设高质量可持续发展方略 [①]

    2018 年 6 月 4~8 日，我有幸参加了"北京大学科技前沿与创新驱动专题"学习，时间虽短，但含金量很高、启示很多、收获很大。科技创新驱动事关上承国家民族复兴战略，下接以人民为中心的安居乐业和美好幸福生活地气，是一项值得关注、必须投入、长期不断努力奋斗的巨系统工程！而城乡建设绿色可持续发展是推动我国高质量发展、创业创新安居乐业的重要路径和模式，现结合本职工作，谈几点初步体会和思考。

    我国的城乡建设行业是关系国计民生的支柱产业，包含建筑业、房地产业、建材业以及与之相配套的科技服务业、会展金融业等上、中、下游全产业链。以建筑业为例，按照传统的建筑业（勘察设计、施工、监理、物业管理等）统计，2017 年全国建筑业总产值 21 万亿元，增加值 5.5 万亿元，占 GDP6.8 个百分点，涉及 5185 万就业人口。若将建筑业拓展为城乡建设产业（包括房地产业、建筑业、建材业以及相关科技服务业、会展金融等），据统计占 GDP 比重超过 40%。因此，城乡建设产业在过去以及未来一段时间内都是我国当之无愧的支柱产业。但是这一支柱产业还主要是靠人力投入和资本拉动，科技进步贡献率很低，科技创新驱动远远不足，绿色、高质量的内涵更不足，俗称"傻大笨粗"。大数据、人工智能、云计算、物联网、移动互联网、虚拟现实、增强现实等高科技技术手段与城乡建设产业缺乏深度融合，急需加快我国城乡建设产业科技创新与转型升级以及"走出去"战略实施。推动全国城乡建设产业的科技创新驱动与绿色发展迫切需要顶层设计、科学精神、综合集成、脚踏实地、求真务实，也迫切需要解决好几个重点问题，如可持续发展、借鉴与创新、因地制宜、稳扎稳打与跨越式发展等。

    为此，本文应用"三面"（面向世界、面向国情、面向未来）、"五定"（定性、定量、定位、定景、定施）、"六化"（国际化、现代化、市场化、特色化、绿色化、信息化）、"十个集成"（政策、技术、专家、产业、产品、工程、资本、市场、知识、信息）的理论，综合处理六大关系，即前瞻性和现实性、抄与超、分工与协作、

---

① 2018 年参加北京大学科技前沿与创新驱动专题班学习体会。

科普与激励、政府与市场等，全面贯彻落实党的十九大精神，以习近平新时代中国特色社会主义思想为指导，践行"八个明确"与"十四个坚持"，以推动城乡建设事业高质量可持续发展为中心，聚焦绿色发展、科技创新和产业升级三大方向，形成了围绕城乡建设高质量可持续发展、建筑节能与绿色建筑、装配式建筑、建设信息化、住房与房地产市场发展、建设科技创新与成果转化六个方面的可持续发展方略，宏观、中观、微观相结合，推动城乡建设高质量可持续发展、建筑产业科技创新与转型升级以及建筑工程质量性能提升。

一、持续推动城乡建设高质量可持续发展，将绿色可持续发展的理念系统融入城乡规划、建设、管理全过程，形成城乡建设高质量可持续发展的创新模式，包括指标体系、标准体系、技术体系、产业体系、制度体系、示范项目等，助力中国城乡建设高质量可持续发展。

二、持续推动中国绿色建筑发展回归"以人为本"，助力中国建筑工程质量性能提升。以雄安新区绿色建筑建设发展为契机，围绕中国绿色建筑升级，在"四节一环保"的基础上增加六个"获得感"，即质量获得感（安全耐久）、舒适获得感（健康宜居）、环境获得感（绿色节能）、智能获得感（数字智慧）、经济获得感（适用经济）、人文获得感（美观风貌）等，并形成与之相配套的设计导则、施工导则、建材准则、机制创新等，逐步形成政策、标准、技术、产业、项目全生态链的发展模式。

三、持续推动装配式建筑发展，助力建筑产业转型升级与走出去。以提升建筑产业科技进步贡献率为目标，促进建筑产业转型升级，围绕装配式建筑发展规划、经济政策、技术和标准、科研项目、全产业链整合、技术集成、示范项目建设、宣传推广、信息化建设等领域开展工作，同时全面推进国际交流与合作，助力建筑产业走出去。努力与联合国人居署、美国加利福尼亚州能源委员会、法国建筑科学研究院、德国能源署、加拿大木业协会、英国建筑科学研究院、美国劳伦斯伯克利国家实验室等建设科技领域国际知名机构开展战略合作。

四、深入贯彻落实国家大数据发展战略和数字中国战略，持续推动建设领域信息化发展水平，助力建筑产业数字建设。推动信息技术与住房和城乡建设行业发展深度融合，充分发挥信息化的引领和支撑作用，推动住房和城乡建设行业转变发展方式、提质增效，塑造住房和城乡建设新业态。

五、坚持在发展中保障和改善民生，持续推动中国住房新制度研究，助力中国住房与房地产市场健康发展。推动中国住房新制度研究，围绕房地产市场健康发展，充分整合经济政策研究、统计监测数据、咨询服务能力、绿色高品质提升等手段，在住房新制度研究和房地产市场科学发展、转型升级、机构出租住房建设等领域开展工作。

六、持续推动建设科技创新与成果转化，以建设科技评估推广认证为手段，开展技术创新，推进新技术、新材料、新工艺、新产品产业化，推动建筑行业技术进步。落实科技创新战略，积极开展科技成果推广转化；研究建筑产业围绕"一带一路"走出去，标准融通、认证融通和人才培养，服务地方政府和大型建材设备生产企业。

新时期城乡文化改革与发展思考和建议 [①]

2016年5月4~24日，经组织安排，我时隔10年之后重返上海浦东干部学院学习，由此感到十分荣幸和高兴。本次学习恰逢处在全党开展"两学一做"活动过程的关键环节，学习主题虽然是"城乡文化改革与发展"，学习时间虽然是如此短暂，但对我而言又是一次十分难得的党性锻炼的好机会，启发很大且收获颇丰！

此次培训主题鲜明、内容丰富、形式多样、组织到位，课堂与现场相结合、校内外相结合、理论与实践相结合、借鉴与创新相结合，规定动作和自选动作相结合。除参加学院精心安排丰富多彩的校内外教学和考察外，我还利用休息时间考察了1920年毛泽东旧居、中共上海地下组织斗争史陈列馆暨刘长胜故居、上海犹太难民纪念馆、中国新地标——上海中心、上海新外滩、上海城市规划展示馆、世博遗产——中华艺术宫和迪士尼小镇，还去同济大学参加了"第五届金经昌中国青年规划师创新论坛"等三次城市规划学术交流活动，购买通读了《我们应有的文化》，学习体会了《以改革创新精神谱写"中国梦"的文化篇章——党的十八大以来文化体制改革述评》《深圳文博会提质重效塑造"文创第一展"品牌》等文章和视频；虽然学习量比较大，但学习效果比较明显。

在学习过程中，我以党中央十八大以及三中、五中全会及中央城市工作会议的精神为指导，虚心向老师学习，诚恳向先进典型取经，勤于向同学们取长补短，这使我开阔了视野、拓展了思路、提高了认识、坚定了自信，尤其是提高了对文化建设在我党"五位一体"总布局中越发重要的战略地位的认识，增强了下大气力真抓实干搞好城乡规划、大力弘扬中华民族优秀文化的责任感和紧迫感！十分感谢学院领导和带班老师对我的信任，安排我当第三党小组组长，我明确党小组长五项职责，认真贯彻落实老师和支部班委各项要求，积极为同学服务，顺利地完成各项学习任务，大家感到比较满意！

---

① 2016年在浦东干部学院学习结束时的自我小结。

一、对新时期城乡文化改革与发展重大意义的新认识

1. 城乡文化改革与发展是一项伟大的系统工程。站在历史的经纬线上看，一个国家、一个民族的兴衰，总是与文化的兴衰息息相关！习近平总书记指出："中华民族创造了源远流长的中华文化，也一定能够创造出中华文化新的辉煌。"党的十八大以来提出的"五位一体""四个全面"等新战略是真正的可持续发展战略，不是就经济论经济、就物质文明论物质文明，而是从中华民族迎接新时期全球化下生死存亡挑战的高度，统筹政治、经济、文化、社会、生态五大方面，统筹物质文明和精神文明两手抓、两手硬的方法手段。为优化生存环境、创造发展条件的英明决策，文化建设覆盖神州大地，城与乡是统领"两个一百年"全面建成小康社会和中华民族伟大复兴中国梦实现的灵魂！党的十八届三中全会提出了"构建现代公共文化服务体系"作为全面深化改革的重要任务之一，2015年中央出台了《关于加快构建现代公共文化服务体系的意见》和《国家基本公共文化服务保障标准》，确定了全面建成小康社会、基本建成现代公共文化服务体系的目标。从宏观到微观留足优化城乡文化各项事业可持续发展空间，为城乡文化大发展、大繁荣创造条件，这是社会主义核心价值观硬件建设具体落地的具体要求和体现，必须引起社会各界高度重视。

2. 上海、深圳以及浙江德清等地城乡文化改革与发展的实践表明，城乡文化建设既是精神财富也是物质财富。上海市民文化节、深圳文博会、德清民宿旅游不仅形成了文化改革与发展的知名品牌，而且带来很好的经济效益和社会效益。深圳的文化产业占据GDP十分之一以上，已经成为城市可持续发展的支柱产业，更是城市迎接由简单粗放变集约节约、由适应计划经济变市场经济的转型发展、创新发展的重要支撑。

3. 各行各业都肩负文化改革与发展的重任。千斤重担人人挑，人人肩上有指标。城乡规划工作应该全面贯彻落实中央要求，一方面加大配合力度，进一步"按照国家颁布的标准规划建设文化设施"，因地因时制宜促进公共文化服务体系科学规划和精心建设；另一方面，积极营造良好的氛围，为保护利用好历史文化名城、名镇、名村和培育创造高品位的具有中国特色的城乡规划文化和建筑文化奠定基础。

二、对城乡文化改革与发展几个重点问题的认识

1.坚持"三个面向",进一步搞好城乡文化改革与发展顶层设计的实施方案。新一轮文化改革总的思路和布局是紧紧围绕"一个核心目标",着力抓住"两个关键环节",加快构建"五个体系"。面向全球突出中华文明文化传承创新、面向实际因地制宜突出各地各行各业文化重点、面向未来构筑公共文化和六大产业重要项目库!应加大以下"四个尊重"留足优化城乡文化空间(公共空间和市场空间),创新文化产业体系。在进一步摸清城乡文化建设区域不平衡、行业不平衡、城乡不平衡等地域分异和组合特点的基础上,进一步尊重自然,弘扬天人合一、"道法自然"、人与自然和谐共生的生态环境文化;进一步尊重历史,保护好老品牌,弘扬中华民族优秀传统文化,搞好中国历史文化名城、名镇、名村和传统村落保护与利用;进一步尊重人的多样化需求,在推进新型城镇化健康发展中,构建民族性、地域性和时代性的多元文化体系,如适应"十三五"规划,重点打造创新文化、绿色文化、开放文化、和谐文化、共享文化,创造新品牌;适应市场经济打造健康的健身文化、饮食文化、消费文化、旅游文化;进一步尊重法治,加强法制建设,进一步依托大数据建立完善城乡文化改革与发展的统计、评估、反馈、调控制度,跟踪服务、监督检查、奖惩分明。应加大走出去、请进来的力度,应加大评论、评优和宣传力度。

2.落实中央城市工作会议精神,加强文脉延续性,我们应该抓紧草拟"既好看又好吃"的工作方案,各级政府、社会各方面应加大历史文化名城保护和利用力度,彰显城镇风貌特色。具体重点如下:一是加强历史文化名城名镇名村、历史文化街区、历史建筑保护和监管;二是法制建设,如出台历史文化街区保护办法;启动研究《名城、名镇、名村保护条例》升格为保护法或在《城乡规划法》修订中增加名城保护专篇;三是好案例总结宣传,讲好中国故事,让名城、名镇、名村美名扬四海;四是加强国际合作,引进国际经验、国际惯例;五是专项规划编制全覆盖;六是保护与利用"十个一"评优,信息系统建设与监控;七是"紫线"扩大内涵与外延并实施全天候监控;八是全国历史文化遗产保护体系网络建立;九是加强人才培养;十是加强奖惩力度,设立中国历史文化名城保护奖章。

三、两点建议

1. 贯彻中央城市工作会议精神，最好在每个班次都安排讲一堂与城乡规划科普有关的课。可以考虑增加社会调查的课程，直接与市民互动，更加准确把握社情民意，为科学民主决策创造条件。

2. 关于加强绿色城乡文化空间规划的建议与畅想。绿色文化统领新型城镇空间规划和建设，应该是"十三五"乃至到 2049 年住房和城乡建设部落实国家生态文明战略，实现"美丽中国"的核心抓手，要从全局性角度构建可操作的关键指标体系。从绿色产业、宜居空间、生态节能、创新发展、协调共享构建定性和定量相结合的指标体系与实施保障体系。每年开展绿色城市评比，然后与建设用地面积和建筑面积量等供给挂钩，采用奖优罚劣并重的方法管理，这样有利于推动生态文明和"美丽中国"建设。还有绿色建筑、绿色技术、绿色材料、绿色城市基础设施、生态园林城市、绿色生态新城区试点，要与绿色GDP 挂钩……绿色应是今后城乡规划的灵魂和主旋律。这一切都是尊重绿色规律。城镇建设从"绿壳"到"绿芯"再到"绿魂"就是生态文化贯穿"五位一体"建设布局全过程，先布绿色大棋盘，再下好绿色棋，绿色格局结构佳、功能好、交通畅、环境优、形象美、品质高……这个时代是绿色大舞台，可以唱响绿色文化大戏，产出绿色文化大效益，有富民强国绿色文化大账可算，值得深入研究和探索，即规划打造安居乐业的绿色幸福家园，这个目标应该是深入贯彻落实中央城市工作会议，尤其十八大以来习近平总书记系列重要讲话精神的重要抓手。城市规划尊重、保护好祖国名山大川、青山绿水（龙脉、梧桐树）和神州大地山水格局中万绿丛中点点红的历史文化遗产（文脉、金凤凰），城市规划设计建设呈"显山露水、透绿见蓝"龙凤呈祥态势。这实乃中国特色之文化大发展、大繁荣之大手笔、大模样！

忆人生足迹　悟规划真知①

今年是我国改革开放的 40 周年，也是我人生成长的关键性 40 年。40 年来，我亲身经历、全身投入城乡规划工作，在老师、同学、同行身上学到很多宝贵的做人道理、做事本领。可以说，我人生中学习能力最强、精力最充沛的金色年华，是在城乡规划行业中度过的，因此也对城乡规划行业充满了感情。

一、忆地理到规划的足迹悟得：新时代城乡规划跨学科高度融合的空间任务更加艰巨

伴随改革的春风，怀着立志报国的梦想，我在 1980 年顺利考入东北师范大学地理系经济地理学与城乡区域规划专业学习，有幸与地理、规划两个学科结下人生成长之缘，进而谱写了我丰富多彩的人生足迹。由于地理院系设置的规划专业的局限性，导致我的知识体系以经济地理学理论体系为主，擅长运用经济地理学的相关理论知识进行区域分析和区域规划，折射到具体规划实践以城镇体系规划为主。1984 年我顺利毕业分配到黑龙江省城市规划勘测设计研究院工作，主持编制研究完成了《黑龙江省国土整治规划城镇布局规划（1984—1985 年）》《黑龙江省城镇体系规划（1995 年、2000 年）》《黑龙江省土地利用总体规划建设用地专项规划（1997 年）》《黑龙江省设市预测规划（1995 年）》《哈尔滨城市总体规划（2011—2020 年）》、大庆城市总体规划与黑河、绥芬河、抚远等边境口岸城市总体规划以及哈尔滨城市总体城市设计、哈尔滨科技创新城城市设计等城市和区域规划设计研究百余项。近几年参与组织编制完成了《京津冀城乡规划（2015—2030 年）》《长三角城市群发展规划（2015 年）》《成渝城市群发展规划（2015 年）》《哈长城市群发展规划（2015 年）》《北部湾城市群发展规划（2016 年）》。

从 4 年的专业学习到 34 年的规划实践，作为我国城乡规划一线的规划老兵，我深刻领悟到当时在大学里徐效坡老师传授的真谛：地理学尤其是城乡规划学科难在综合、贵在协作！正如徐老师所言，城乡规划是一门跨学科高度综合的空间

任务，地理学在城乡规划工作中能发挥很大的作用。运用经济地理学的城市和区域规划理论和方法，解决城市宏观、中观和微观问题都有不可替代的作用和很高价值，尤其是在打破千城一面，突出城市特色上十分有效，比如对黑龙江省城镇化与人居环境可持续发展的研究成果，应突出资源、边都、寒地的特色，构建以哈大齐城市群为重心的点轴群带空间体系，面向全国走向世界！对哈尔滨可持续发展的系列研究成果不断地被采纳和验证：国际冰雪文化名城，冰城夏都，中国对北美航空大都市，哈尔滨科技创新城，哈尔滨都市圈。

"规划一盘棋"是对城乡规划综合性特点的高度概括，"多规合一或融合"是对城乡规划跨学科特点的直接诠释。当前，国家空间格局变迁处于关键拐点时期，国家空间治理体系处于转型变革时期，国家空间规划类型处于整合创新时期，构建适应生态文明建设、促进"五位一体"战略实施的国家空间规划新体系，具有重大长远的战略意义。其目标任务是让国家空间格局结构高效、功能完善、交通畅通、环境优美、形象独特，使之具有世界竞争力和可持续能力。因此，新时代城乡规划更加强调跨学科的综合和协同，应坚持面向世界竞争的功能体系、面向未来可持续发展的安全格局、面向实际国情的规划体制三个基本原则，形成"发展战略＋空间管控＋实施引导"内容框架、"定性、定量、定位、定形、定景、定界、定线、定施、定项（目）"九定方面的技术内容体系。随着时间的推移、政策的变化、工作的积累，从"三面五定"延伸发展到"三面九定"，实为多年实践工作的总结，也是对徐老师谆谆教导的具体落实和表达。

二、忆技术到管理的足迹悟得：新时代城乡规划上承战略、下接地气的公共空间政策转换任重道远

自从 1984 年毕业分配到黑龙江省城市规划勘测设计研究院担任规划一室技术员开始，到 2000 年 8 月被提拔担任黑龙江省建设厅副厅长，我一直在城乡规

划技术单位一线做设计和研究工作。在这 16 年期间，我共主持和参与大大小小项目百余项，涉及类型囊括城镇体系规划、城镇群规划、城市总体规划、城市控制性详细规划、城市修建性详细规划、城市设计、景观设计、生态规划、环境保护规划、产业发展规划、设市规划、市政规划、防灾规划等。2000 年 8 月之后开始从一线技术人员转换为一线管理人员，先后在省建设厅、省会城市规划局、住房和城乡建设部稽查办、规划司、科技住宅中心等五个不同的管理岗位工作。在这 18 年期间，我先后涉及的管理领域有城市规划、项目审批、规划督察、区域规划、名城保护、城市设计、行业管理、绿色建筑、规划审批等。为了让规划更具有可操作性，让技术性管理更具有公共政策性，我在哈尔滨规划局开展了领导重视好案例、服务民生好案例、国际合作好案例、宣传好案例、创新好案例、协作好案例、策划好案例、借鉴好案例、名城保护好案例、廉政好案例、公共参与好案例、变废为宝好案例、研究课题好案例、正面典型好案例、反面教训好案例等各种类型活动，我的初衷是让城乡规划技术成果能够真正成为上承国家战略、下接人民地气的公共空间政策。城乡规划技术不是专业理想的落实，城乡规划管理更不是管理权力的施展，城乡规划应从知识宣传抓起，从公众意识抓起，从全民参与抓起。

从 16 年的技术业务经历到 18 年的管理工作经历，我深刻体会到城乡规划是上承国家战略、下接人民地气的公共空间政策。"人民城市为人民"的核心是城乡规划要充分体现以人为本，实质是要充分考虑城乡社会各阶层尤其是弱势群体的生存和发展空间，要充分尊重生态安全的发展格局，要充分重视城乡空间资源对生产、生活和生态空间的合理配置，最终目标是提高城乡发展的宜居性、持续性、包容性。譬如，我在哈尔滨规划局任局长时，亲自主抓了哈尔滨群力新区建设规划的全过程，当时我的宗旨就是以人为本，科学规划。群力新区原属城乡接合部，占地面积 1363 公顷，城市垃圾填埋场和大量小工厂、养殖场占据其中，8000 多户居民住在 20 世纪五六十年代自建的房屋中，无上水、下水、燃气、供热，无城市市政道路，环境污染严重，生活条件恶劣。按照"对垃圾无害化处理、恢复绿化生态系统、建设宜居环境"的思路，坚持"政府主导、专业规划、公众参与、综合治理"的原则，经过5年来的多方努力，使群力新区焕发了活力，展现出宜居新城的迷人风采。为此，创新适应包容性发展管治的、保障人民切身利益、关系城市长远发展的城乡规划技术体系、管理体系、法治体系迫在眉睫。譬如在空间布局方面要以留好市民公共空间、留住城市历史文化空间、留足生态安全空间为基本底线，构建"生产、生活、生态"空间合理布局的技术方法体系；规划组织方面要强调官、产、学、研、管、民的共同参与，健全适应"人民城市为人民"的依法决策的体制机制；规划内容方面要借鉴成功经验开展城市设计，进行城市双修，加大"四增四减"力度，即增加开放空间、增加绿化、增加现代服务设施、增加人的宜居舒适度；减少过度开发强度、减少交通堵塞、减少环境污染、减少低水平重复建设，充分体现绿色城市发展模式。

另一方面，我深刻体会到城乡规划要突出严谨规划、严格实施、严肃监督的"三严"规划先行工作主线，实现向市场规制、公共政策转变。为更好贯彻党的十九大新时代发展理念和要求，城乡规划工作要从计划导向到市场规制转变，从规划技术到公共政策的转变，规划改革既要体现战略性和科学性，也要体现政策性尤其是合法性。具体阐述如下：一是由为经济发展服务的传统发展观，向以人为本，进一步向尊重人、自然、历史文化、法治，为城乡居民更好生活和就业提供优质环境的科学发展观转变。二是由市场经济对资源配置起基础作用向起决定作用转变，进一步由粗放向集约、由庞大专业技术向配套实用技术和公共政策转变。三是由就城市论城市、就乡村论乡村向构筑城乡空间一流的公共服务、基础设施、交通网络、生态环境、特色风貌体系转变，构建绿色生态、功能联动、资源共享的城乡一体化。四是由主城区物质空间规划向不断增加科技、文化、法制、智慧、绿色、人文、幸福、健康含量的覆盖城乡的全域规划、政策规划转变。五是由定性为主的传统规划向面向复杂系统以大数据为依据的规划分析、预测目标、实施评估、适时调整全过程的定性与定量综合集成规划转变。六是由住房和城乡建设部门主导的专业规划向政府主导、住房和城乡建设部门牵头管帮结合、加强监督、相关部门积极配合、专家咨询、公众参与的综合性权威规划转变。

三、忆宏观到微观的足迹悟得：新时代城乡规划更要以高质量的生态文明建设为宗旨

在 34 年的规划事业中，我的人生轨迹还有从宏观领域到微观领域的独特成长足迹，恰好这一经历丰富了我对城乡规划的深刻领悟和认知。在技术成长经历中，由于出身经济地理专业，分配到规划设计单位后首当其冲的工作是承担城镇体系规划任务。随着对规划市场的深度开拓，我开始鼓足勇气尝试用平时积累的规划知识做城市总体规划、城市详细规划、城市设计等微观层面的规划工作。在管理岗位经历中，我也是从管理省级城乡规划的宏观政策业务开始，2000 年调任管理省会城市市级城乡规划业务，2013 年调任住房和城乡建设部管理规划督察、历史名城保护、城市设计、绿色建筑等偏微观的工作。

对于我来说，宏观到微观的技术和管理的工作经历是我人生成长的幸运和财富，也是我深度领悟城乡规划博大精深、无穷奥妙的轨迹场所。城乡规划之所以能够蓬勃发展，焕发勃勃生机，其关键所在是城乡规划追求的是高质量发展、高品质生活、高水平保障，时时刻刻以人为本、以人民为中心，把公共利益、国家利益、区域利益的底线保障和管控约束作为城乡规划的重点。另外城乡规划充分体现包容性，十分尊重自然本底、尊重历史文脉、尊重法治力度、尊重人的多样化需求，认识、顺应和尊重城市发展的自然过程和规律，将环境容量和城市综合承载力作为基本依据，切实践行创新、绿色、协调、共享、开放理念，提高城乡规划科学性和可实施性。"四个尊重"的认识体系是我在规划人生轨迹中逐渐形成的，尤其在哈尔滨历史文化保护建设规划管理期间我正担任哈尔滨规划局局长，

当时既肩负着对老旧历史街区的环境整治任务，更肩负着500万市民对历史文化文脉保护的重任。我按照"四个尊重"的原则探索哈尔滨历史文化名城保护规划管理工作的新途径。一是在技术审核方面面向实际，尊重历史，传承文脉，如圣索非亚教堂、哈尔滨一中、依都锦商厦等几十处。二是在规划实施方面面向未来，立法把关，尊重法威。我当时不断向市政府建议健全保护建筑保护街区管理法规，确保历史文化名城保护工作依法推进。1997年哈尔滨市政府批准实施了《哈尔滨市保护建筑街道街坊和地区管理办法》《关于加强保护建筑街坊街道和地区管理的决议》等十余项法规并颁布实施。

党的十八大以来党中央确定了"五位一体"总体布局、协调推进"四个全面"战略布局、树立"十三五规划"五个新的发展理念，全力推进全面建设小康社会进程，不断把实现"两个一百年"奋斗目标推向前进，尤其是中央城市工作会议强调"一个尊重""五个统筹"，规划建设好美丽幸福家园，为我们搞好新时期城市规划工作进一步指明了方向。当前重规模、轻生态的"扩容"型规划体制亟待变革。实际上当前的理念不落后，但如何具体落实始终存在问题。这方面我的体会比较深，之前从事规划编制、规划管理、规划督察，最近又进入到规划实施的岗位。事实上，"绿色的转型"是亟待落实的中央精神，应该说也是习近平总书记城市工作思想的具体要求，且部署是非常系统的。习总书记不仅仅是在首都，而且还在很多重点城市谈及，我们需要认真思考回应。我个人认为从原始文明人们追求天然美，到工业文明追求形式美、追求经济效益，再进入到生态文明，人们追求人地和谐美、人与自然空间共融共生，建设绿色、创新、智慧引领的高质量绿色城市应是未来城乡规划工作的主导方向。现在绿色建筑的升级版，不仅要"四节一环保"（节能、节地、节材、节水、环保），还要增加安全耐久、健康宜居、绿色节能、智能感知、实用经济和文化美观。这样扩展到城市再回到乡村，才是美丽建筑、美丽城市、美丽中国。因此，我认为新时代城乡规划是以高质量发展为核心的生态文明调控手段，也是国民经济和社会发展绿色生态调控的重要手段。

首先，绿色文化统领新型城镇空间规划和建设，应该是"十三五"乃至到2049年，落实国家生态文明战略、实现美丽中国的核心抓手，要从全局性角度去构建可操作的关键指标体系。从绿色产业、宜居空间、生态节能、创新发展、协调共享构建定性和定量相结合的指标体系和实施保障体系。每年开展绿色城市评比，然后与建设用地面积和建筑面积等供给挂钩，采用奖优罚劣并重的方法管理，这样有利于推动生态文明和美丽中国建设。还有绿色建筑、绿色技术、绿色材料、绿色城市基础设施、生态园林城市、中新天津生态城、绿色生态新城区试点、与绿色 GDP 挂钩等，以及绿色交通、绿色城市治理，可以说是绿色城镇化建设，"绿色"应是今后城乡规划的灵魂和主旋律，这一切都是尊重绿色规律。

　　其次，城镇建设从"绿壳"到"绿芯"再到"绿魂"，是生态文化贯穿"五位一体"建设布局全过程中，先布绿色大棋盘，再下好绿色棋，绿色格局结构佳、功能好、交通畅、环境优、形象美、品质高……这个时代是个绿色大舞台，可以唱响绿色文化大戏，产出绿色文化大效益，这值得深入研究和探索，即规划打造安居乐业之绿色幸福家园，这个目标（还有指标、坐标、风貌、责任）应该是深入贯彻落实中央城市工作会议，尤其是党的十八大以来习总书记系列重要讲话精神的重要抓手。城市规划应尊重、保护好祖国名山大川、青山绿水和神州大地山水格局中万绿丛中点点红的历史文化遗产，使城乡规划建设呈现显山露水、透绿见蓝的态势！

　　最后，今后城市建设的重点不仅在于规划建设单一的非农业产业聚集地，促进经济增长，而且也在于推动生态文明建设、人文社会建设，以人为本，辟建适于人居、适于创业、适于人的全面发展，与城市所在的自然山水地理格局和历史文化遗产相敬相容，结构布局合理，"功能好、交通畅、环境优、形象美"的综合性的人性化载体空间。作为国家健全治理体系和提升治理能力不可或缺的关键调控手段，城乡规划"三分规划七分实施管理"是否能够"管用合法有效"特别关键。促进城乡规划转型升级，不断增加科学性、可操作性和实效性，使市民和游客在新型城市安居乐业中更安全、更方便、更舒适、更幸福、更快乐、更自豪、更美好……其理论和现实意义特别重大。

迈入城乡规划行业是我一生的荣幸，在这里我受到同仁的深刻启发和行业的艰苦磨炼，在丰富的工作实践中不断增长知识和才干，体会到了当年老师"难在综合、贵在协作"的真谛，体会到了社会同仁相互学习、勇于担当的精神，获得了兢兢业业做事和踏踏实实做人的宝贵经验。38年的城乡规划记忆丰富而美好，厚重而欣慰，快乐而荣幸。38年的城乡规划认知零零散散，既有深刻的规律领悟，也有不少的遗憾教训；要沟通交流的真知很多，要破解研究的难题不少。以上认知仅仅是我规划人生感悟的一部分，也是我从人生规划实践视角透视认知新时代城乡规划未来发展方向和价值取向。长江后浪推前浪，一代更比一代强！面对新时代两个一百年中国梦的空前机遇，在党的十九大新精神的指导下，我相信我国的城乡规划事业会不断走向新的辉煌。

作者简介

俞滨洋（1963—2019），福建省福清人。东北师范大学人文地理学博士，研究员级高级城市规划师，长期从事城乡规划、城乡监督管理、科技与产业化工作，为住房和城乡建设事业作出了突出贡献。

曾任住房和城乡建设部科技与产业发展中心（住房和城乡建设部住宅产业促进中心）主任（正司长级），中国城市规划学会区域规划和城市经济学术委员会副主任；历任黑龙江省城市规划勘测设计研究院院长兼总规划师、黑龙江省建设厅副厅长、哈尔滨市城乡规划局局长、住房和城乡建设部稽查办公室副主任、住房和城乡建设部城乡规划司副司长等职务。

1995年被建设部评为全国城市规划先进工作者；1997年被黑龙江省自然科学基金委员会评为省杰出青年科学基金获得者；1998年荣获国务院特殊津贴，1996年荣获省政府特殊津贴；1999年被中共黑龙江省委授予全国优秀共产党员称号；1999年被黑龙江省青联等单位评为黑龙江省第八届十大杰出青年；1999年被黑龙江省科协评为黑龙江省首届优秀科技工作者；2012年被中国城市规划学会评为全国优秀科技工作者。

在黑龙江省城市规划勘测设计研究院工作期间，主持完成《黑龙江省国土开发整治总体规划》《大庆市城市总体规划》等70余项重点规划设计和研究工作，为城市和区域规划建设做出了重要贡献。担任哈尔滨市城乡规划局局长期间，构筑了规划编制、审批、批后管理的调控体系，组织完成《哈尔滨城市总体规划修编》

等规划任务，积极推动《哈尔滨市城乡规划条例》等地方性法规出台，不断增加规划中科技、文化、绿色含量，进一步提升城市建设品质。担任部稽查办公室副主任期间，主持修订《住房城乡建设领域违法违规行为举报管理暂行办法》，规范举报受理程序，提高工作质量效能。担任部城乡规划司副司长期间，积极推进省域空间规划试点和市县多规合一，大力推动工业遗产保护与利用的研究和实践，力主城市文化对于城市发展的价值，为我国城市设计发展奉献了力量。担任部科技与产业发展中心主任期间，积极开展《雄安新区绿色发展方案》《山东省绿色城镇化发展战略》《青岛市绿色建设科技城战略规划与推进机制》等研究，将其创立的"三面五定"城市发展战略研究方法与城乡建设绿色发展工作深度融合；积极做大做强中国国际住宅产业暨建筑工业化产品与设备博览会，使之逐步成为住房城乡建设领域科技与产业化发展最具品牌价值的平台，推动了住房城乡建设领域科技与产业化的发展。出版《寒地、边境、资源型城市发展战略规划初探》专著，主编《哈尔滨印象》《凝固的乐章》等 10 余部著作。

图书在版编目（CIP）数据

规划韬略　绿色筑梦 = Planning through Strategy，
Dreaming through Green / 俞滨洋著 . —北京：中国
建筑工业出版社，2021.5
　　ISBN 978-7-112-26106-2

　　Ⅰ . ①规… 　Ⅱ . ①俞… 　Ⅲ . ①城市规划—研究　Ⅳ .
① TU984

中国版本图书馆 CIP 数据核字（2021）第 073429 号

责任编辑：徐　冉
文字编辑：黄习习
书籍设计：付金红　李永晶
责任校对：姜小莲

规划韬略　绿色筑梦
Planning through Strategy，Dreaming through Green
俞滨洋　著
＊
中国建筑工业出版社出版、发行（北京海淀三里河路 9 号）
各地新华书店、建筑书店经销
北京雅盈中佳图文设计公司制版
北京富诚彩色印刷有限公司印刷
＊
开本：787 毫米 × 1092 毫米　1/16　印张：23$\frac{1}{2}$　字数：424 千字
2021 年 8 月第一版　2021 年 8 月第一次印刷
定价：**99.00** 元
ISBN 978-7-112-26106-2
　　　（37618）